"十四五"时期国家重点出版物出版专项规划项目

空天推进技术系列丛书

复合固体推进剂损伤与断裂失效

庞维强　李　群　李宏岩　职世君　石小兵　著

西北工业大学出版社

西　安

【内容简介】 本书以复合固体推进剂为研究对象,分6章对复合固体推进剂的宏细观损伤与断裂失效进行了系统的分析阐述。

本书可供从事复合固体推进剂力学性能研究的科研工作者和从事复合固体推进剂、双基固体推进剂、火炸药及和烟火药科研、生产的专业技术人员阅读,也可供高等院校从事相关研究和教学工作的教师及研究生参考。

图书在版编目(CIP)数据

复合固体推进剂损伤与断裂失效 / 庞维强等著 . —西安 : 西北工业大学出版社,2022.3

(空天推进技术系列丛书)

ISBN 978 - 7 - 5612 - 8114 - 7

Ⅰ.①复…   Ⅱ.①庞…   Ⅲ.①复合推进剂-研究   Ⅳ.①V512

中国版本图书馆 CIP 数据核字(2022)第 036690 号

FUHE GUTI TUIJINJI SUNSHANG YU DUANLIE SHIXIAO

复合固体推进剂损伤与断裂失效

责任编辑:朱晓娟		策划编辑:华一瑾	
责任校对:张　友		装帧设计:李　飞	

出版发行:西北工业大学出版社

通信地址:西安市友谊西路 127 号　　邮编:710072

电　　话:(029)88491757,88493844

网　　址:www.nwpup.com

印 刷 者:兴平市博闻印务有限公司

开　　本:787 mm×1 092 mm　　1/16

印　　张:12.5

字　　数:328 千字

版　　次:2022 年 3 月第 1 版　　2022 年 3 月第 1 次印刷

定　　价:68.00 元

前　言

复合固体推进剂作为发动机的主要能量来源,是一种高填充比颗粒复合含能材料。其在固化、冷却、运输、贮存和发射等过程中受到外载荷、热应力以及老化等因素的影响,会出现微裂纹、扩展、断裂,甚至形成宏观裂纹,使推进剂及装药遭到破坏,进而导致事故的发生。复合固体推进剂的宏观力学性能强烈依赖于细观结构,其力学性能不仅取决于各组成部分的基本材料属性,更依赖于材料的其他一系列细观结构因素,如颗粒的尺寸形状、空间分布情况、各组分体积分数及颗粒/基体界面传递载荷的能力等。可以说,颗粒与基体之间的界面性能在决定复合固体推进剂力学性能方面起到了至关重要的作用。复合固体推进剂在外载荷作用下的损伤、断裂等性能是影响固体推进剂本构性能的关键因素,也影响着固体火箭发动机装药结构完整性。对于复合固体推进剂的损伤及断裂失效来说,迄今为止,尚未见到公开发表的系统阐述这方面的论著,仅有部分书中的某些章节曾涉及复合或双基推进剂损伤或断裂方面的介绍。本书试图将多年来在本领域应用基础研究中公开发表的部分文章进行较系统的总结和提升,奉献给从事固体推进剂力学性能研究的工程技术人员,为他们提供一部有借鉴作用的技术参考书。

本书主要介绍了复合固体推进剂的三维细观结构及模型的构建方法,采用实验与模拟相结合的方法论述了复合固体推进剂的界面脱湿和复合固体推进剂细观损伤萌生、裂纹扩展及演化规律,获取了推进剂的起裂、断裂准则,分析了复合固体推进剂的破坏模式,探究了推进剂的破坏机理。本书反映了目前复合固体推进剂损伤与断裂失效的最新研究发展水平,对提升固体推进剂的力学性能、推进剂的损伤与断裂及失效等研究具有重要的指导作用。

本书共6章,第1章主要介绍复合固体推进剂的主要组成、性能特点,总结了推进剂的力学损伤、断裂与失效的最新研究进展;第2章介绍复合固体推进剂的三维细观结构及模型的构建方法,并基于分子动力学开展了颗粒填充的细观建模与实现研究,重点论述复合固体推进剂的界面脱湿数值模拟与实验研究;第3章介绍复合固体推进剂三维宏观有限元模拟,重点研究黏弹性材料的损伤本构方程和损伤本构的数值实现;第4章介绍复合固体推进剂细观损伤实验和模拟,研究推进剂的损伤萌生、裂纹扩展及演化规律,比较端羟基聚丁二烯(HTPB)复合固体推进剂在拉伸和压缩不同载荷下的损伤;第5章介绍复合固体推进剂在载荷下的断裂性能,论述推进剂的断裂与失效,获取推进剂的起裂、断裂准则;第6章分析复合固体推进剂的破坏模式,探究推进剂的破坏机理,获取推进剂的破坏失效判据,并提出固体推进剂损伤及断裂失效研究的建议及思考,为从事复合固体推进剂力学性能研究的科研工作者提供研究思路和方向。

本书中的大部分内容为笔者在固体推进剂及损伤断裂领域研究的重要成果，是笔者及研究团队多年研究工作的结晶，同时也介绍了国内外同行的相关研究成果。本书的撰写工作由庞维强、李群、职世君和石小兵合作完成。庞维强撰写第 1 章、第 4 章和第 5 章；李群撰写了第 2 章和第 3 章；职世君撰写第 1 章和第 2 章，石小兵撰写了第 6 章。全书由庞维强负责统稿。

本书的出版得到了各方面的支持和悉心帮助。在此，特别感谢总装备部国防科技重点实验室基金、国家国防科技工业局的项目资助。笔者特别感谢海军航空大学的李高春教授，北京理工大学的陈鹏万教授，南京理工大学的沈瑞琪教授和西北工业大学的李葆萱、胡松启等教授给本书提出的宝贵建议和在本书撰写过程中给予的帮助和支持。同时，非常感谢西安近代化学研究所的赵凤起、樊学忠、王伯周、李军强等研究员，张恒宁、龚建良等博士及各级领导和同事对本著作的大力支持和悉心帮助，在此表示衷心的感谢。

需要说明的是，鉴于篇幅和研究结果的深入程度等原因，本书并未覆盖复合固体推进剂的所有方面，特别是有关推进剂剪切、三点弯等不同载荷形式的损伤、推进剂装药结构完整性、贮存及老化对推进剂性能的影响等，需要以后逐步深入并完善。写作本书曾参阅了相关文献资料。在此，谨向其作者表示诚挚的谢意！

由于水平有限，书中难免存在疏漏和不足之处，敬请指正。同时，希望本书的出版对提升国内固体推进剂力学性能的研究有所帮助。

著 者

2021 年 6 月

目　　录

第1章 绪 论

1.1 引 言

复合固体推进剂作为火箭、导弹的推进能源，是一种固体颗粒含量在 80%（质量分数，下同）以上的高固体填充的复合含能材料，在严重的冲击载荷下比导弹系统的其他部件更容易受到冲击。由于其在固化、冷却、运输、贮存和发射等过程中受到外载荷、热应力以及老化等因素的影响，因此会出现微裂纹、扩展及固体填充颗粒与黏结剂基体的界面及其邻近区域产生很高的局部应力、应变场，使固体颗粒与黏结剂基体黏结的细观结构改变，从而导致沿颗粒界面出现孔洞的显微结构，宏观力学性能也随之变化，出现断裂甚至失效。推进剂药柱通常暴露于不同形式的冲击载荷下，如意外坠落、发射过载和受攻击碎片撞击，其对应的应变速度范围为 $10^3 \sim 10^4 \, \mathrm{s}^{-1}$，这些类型的冲击载荷会造成严重的失效，甚至导致固体推进剂的被动起爆，对导弹武器的生存能力和可靠性构成了极大的威胁。这不仅影响了发动机结构的完整性，而且破坏了原药柱的设计燃烧规律，进而对发动机的内弹道性能产生影响，甚至可能导致爆炸等危险。因此，研究复合固体推进剂在冲击载荷作用下的力学损伤和断裂失效具有重要意义，也一直是国内外研究的热点。此外，这些研究也有助于评估复合固体推进剂的安全性和结构完整性。

1.2 复合固体推进剂主要组成及性能特点

1.2.1 主要组成

复合固体推进剂的主要成分包括黏结剂、氧化剂、金属燃料、固化剂、增塑剂和其他（工艺助剂、燃烧催化剂等）。在复合推进剂中还通常需要添加不同功能的助剂和性能调节剂来满足复合推进剂特定性能的需求。

端羟基聚丁二烯（HTPB）推进剂作为一种重要的固体推进剂，因其具有能量水平高、加工性能好、力学性能优良等突出优点，被广泛应用于军用和民用固体火箭发动机中。从材料组成来看，HTPB 推进剂是一种典型的高填充非均相聚合物复合材料，在 HTPB 复合推进剂中所占比例最大的成分就是氧化剂，氧化剂必须具有含氧量高、能量高、密度大、生成气体量大、稳定性好且与黏结剂有良好的相容性。目前，国际上最广泛使用的氧化剂是高氯酸铵（AP），其比例通常都要达到 70%以上。氧化剂的主要作用是：①为推进剂的燃烧提供能量；②提高推进剂的机械强度和弹性模量；③燃烧产生气体为导弹提供动力；④调节推进的燃烧速度，从而控制导弹的飞行速度。

黏结剂在推进剂中的作用是很大的,复合推进剂性能的高低取决于黏结剂的好坏,各种新型黏结剂的发展决定了复合固体推进剂的发展。HTPB 推进剂也正是因使用了 HTPB 这种黏结剂而得名,可见黏结剂在固体推进剂中的地位。黏结剂的主要作用是:①是复合固体推进剂的弹性基体;②它的燃烧为导弹提供能量。

目前,固体推进剂主要使用铝粉作为金属燃烧剂。金属燃烧剂的主要作用是:①通过提高推进剂燃烧时所释放的热量来提高比冲,提高导弹的飞行速度;②提高推进剂的密度,使推进剂的燃烧更稳定。

固化剂在推进剂生产中,使推进剂稳定固化,即使推进剂由本来的低机械强度且不稳定的线型预聚物变成机械强度较高、耐寒性较好、化学性质稳定的适度交联的网状高聚物。因此固化剂的作用是:①使推进剂稳定成型;②保障推进剂适应变换的温度条件;③提高推进剂的化学性能。

1.2.2　性能特点

复合固体推进剂的性能主要包括能量性能、工艺性能、力学性能、燃烧性能、老化性能及其他性能等。推进剂的力学性能包括静态力学性能和动态力学性能,其与推进剂损伤与断裂失效有着非常重要且密切的关系,因此,下述主要介绍和总结复合固体推进剂的力学性能特点及其与推进剂损伤和断裂的关系。

1. 静态力学性能

复合推进剂是以高聚物为黏结剂组成的复合含能材料,其基本力学性能取决于黏结剂的力学性能。线型高聚物存在着三种力学状态,即玻璃态、高弹态和黏流态。对于固体推进剂来说,其力学性能特性的表现与时间有明显的依赖关系,也就是说高聚物分子各种形式的运动都需要一定的时间(即松弛时间)才能表现出来,且松弛时间与温度有关:温度升高,松弛时间缩短。同一个力学松弛,既可以在较高的温度下短时间内观察到,也可以在较低的温度下长时间观察到,这就是时间-温度等效原理,即升高温度与延长作用时间或降低温度与缩短作用时间对分子运动是等效的。固体推进剂在受到外载荷作用下,其结构和性能会发生一定的变化,表现为基体撕裂、固体颗粒断裂以及固体颗粒与基体的"脱湿",如图 1-1 所示。① 基体裂纹(撕裂)。复合固体推进剂在制造、加工、运输等过程中,由于外力作用会产生微裂纹,这些微裂纹不断聚集或者发生扩展,最终形成宏观的基体裂纹,导致基体撕裂。② 固体颗粒断裂。固体颗粒在受到外载荷作用下,其内部会产生细小的微裂纹,当载荷持续施加时,微裂纹会不断增多、聚集,并向两边不断扩展,最终贯穿固体颗粒内部,导致颗粒断裂。③ 界面破坏("脱湿")。固体颗粒与基体之间在受到外力作用时会造成局部的应力升高而产生孔隙,当受到拉伸或者压缩等外载荷作用时,裂纹逐渐增大,迫使颗粒从基体突出,即"脱湿"。

由于固体填充颗粒是脆性晶体,其断裂韧性为定值,而基体本身的超弹性或黏弹性,使其可承担更大的应力,颗粒的"脱湿"程度主要由粒径、颗粒/基体界面断裂能和基体的弹性模量所决定。当温度降低或应变速度升高时,推进剂颗粒/基体的断裂能和基体的弹性模量变大。因此,低温或高应变速度条件下,推进剂内部的微裂纹更容易在断裂韧性固定的 AP 颗粒内部产生,继而扩展成核,此时的"脱湿"现象不明显。

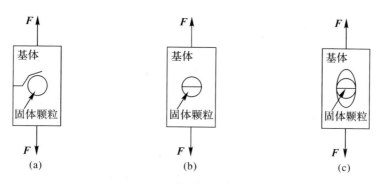

图 1 - 1　固体推进剂细观损伤模式

以典型 HTPB 推进剂为例,推进剂的单轴拉伸应力-应变曲线随应变增加一般呈现四阶段特性,即线弹性段(OA)、"脱湿"损伤段(AB)、应力平台段(BC)、断裂破坏段(CD)(见图 1-2曲线①)。但随加载条件的变化,"脱湿"的表现形式也发生改变。在较低载荷应变速度下,"脱湿"主要表现为 AP 颗粒与基体脱开,形成空穴[见图 1-3(a)],应力-应变曲线具有典型的"应力平台区"(见图 1-2 曲线 BC 段);在低温高载荷应变速度下,"脱湿"则主要表现为 AP 颗粒的穿晶断裂[见图 1-3(b)],且应力-应变曲线具有典型的"双峰现象"(见图 1-2 曲线②BD 段)。两者在"脱湿"机理上有所区别。为了区分,可将前者称为"前脱湿",后者为"后脱湿"。细观上,"脱湿"将诱使微裂纹的萌生、成核、扩展及基体微孔洞的形成;宏观上,"脱湿"会使填料颗粒的增强作用降低,或使推进剂材料发生破坏时黏结剂的弹性作用难以充分发挥出来,导致材料宏观力学性能发生改变,从而影响固体发动机装药结构完整性。

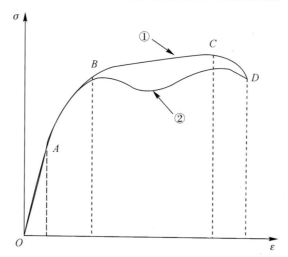

图 1 - 2　单拉条件下 HTPB 推进剂典型应力-应变曲线

2. 动态力学性能

固体推进剂属于低密度、低阻抗、低强度的黏弹性软材料,这就决定了它的宏观力学性能与温度和应变速度密切相关。又因为固体推进剂由黏结剂基体、固体颗粒填料和少量化学助剂组成,其宏观力学性能又与固体填料的体积分数、填料粒径大小和分布、界面作用、基体性质等因素密切相关。固体推进剂动态力学性能的表征手段主要有泰勒杆、落锤冲击、分离式霍普金森压杆、动态热机械分析仪。电液伺服实验机技术不断发展,实验应变速度能达到 $10^2 \, s^{-1}$,近几年也逐步应用到动态力学实验中。目前,固体推进剂动态力学行为实验研究的重点可归纳为:一是固体推进剂内部组分因素对固体推进剂动态力学特性的影响,如颗粒类型、颗粒粒径、工艺助剂、颗粒质量分数等;二是外部实验条件对动态力学特性的影响,如应变速度、实验温度等。不管是在何种实验条件下,实验的目的是获取固体推进剂的初始弹性模量、屈服应力、强度等宏观关键性力学参数,并通过这些参数来表征固体推进剂的动态力学性能。

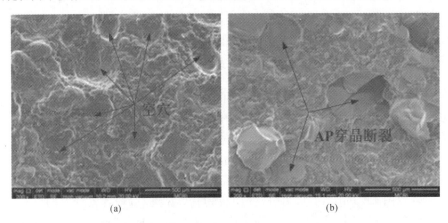

(a)   (b)

图 1-3 单轴拉伸条件下 HTPB 推进剂的扫描电子显微镜图

(a)低载荷应变速度条件;(b)高载荷应变速度条件

图 1-4 所示为典型的固体推进剂在高应变速度条件下应力-应变示意图。图 1-4(a)应力-应变曲线主要发生在含小粒径颗粒的固体推进剂上,曲线主要分为线弹性段、应力恒定段、卸载段 3 段。这是因为填料颗粒粒径越小,越不易"脱湿",颗粒总的活性表面增大和"附加交联点"数量增多,对于抵抗外力的整体作用增强,从宏观上就表现出了应力平台现象。图 1-4(b)应力-应变曲线主要发生在含大粒径颗粒的固体推进剂上,其曲线呈现出上升段—缓慢上升段—缓慢下降段—卸载段的变化规律。含大粒径的推进剂在受压过程中,大颗粒易于"脱湿",相对比表面积较小,颗粒总的活性表面减小和"附加交联点"数量变少,抵御外力的能力变弱,微裂纹、空穴等现象也易于发生,随着缺陷的加剧,损伤明显增加,最终推进剂无法承受载荷,内部发生破坏,发生失效。

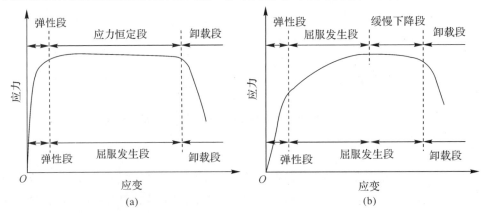

(a)   (b)

图 1-4 高应变速度条件下固体推进剂应力-应变示意图

(a)含小颗粒推进剂;(b)含大颗粒推进剂

1.2.3 力学性能的细观影响因素

复合固体推进剂的宏观力学性能与其各组分的细观结构特征和力学特性密切相关,在复合固体推进剂中颗粒填充比可达 80%,甚至以上,填充颗粒的强度通常比黏结剂基体的强度高,起到增强作用,颗粒/基体界面的强度相对较低,在拉伸载荷作用下,填充颗粒易发生"脱湿"而导致颗粒的增强作用降低。另外,细观颗粒的体积分数、尺寸、形状、分布与取向等结构特性都会对推进剂的宏观力学性能产生影响。

1. 细观结构特征对宏观力学性能的影响

(1)填充颗粒体积分数对宏观力学性能的影响

复合固体推进剂填充颗粒相的体积分数大小不仅决定着推进剂的能量特性,还对复合固体推进剂的力学性能有很大的影响。国内外许多学者对填充颗粒体积分数对推进剂宏观力学性能的影响做过研究。研究表明,颗粒体积分数越高,颗粒间的应力集中现象越强,颗粒与基体的脱湿作用更加明显。相关文献基于三维线黏弹性模型和内聚力界面脱黏模型对复合固体推进剂力学性能进行数值计算研究。结果表明,随着颗粒体积分数增加,推进剂脱黏过程中的最大抗拉强度逐渐降低,推进剂的初始弹性模量逐渐增大,材料更易发生界面脱湿。相关文献基于黏附功对复合推进剂 AP/基体界面损伤进行了细观仿真,结果同样表明,在较高体积分数下,AP 颗粒间的应力集中现象更强,颗粒与基体的脱湿作用更加明显。

(2)填充颗粒尺寸与形状对宏观力学性能的影响

复合固体推进剂黏结剂和填料表面之间的作用力大小与填充颗粒尺寸大小具有相关性。相关文献通过开展不同粗细颗粒配比下复合固体推进剂力学性能实验。研究发现,在填充颗粒体积分数不变的情况下,调整颗粒配比可以调整复合推进剂力学性能。研究表明,在颗粒增强体复合材料中,粒径大的固体颗粒表面应变较大,比粒径小的固体颗粒更易发生脱湿。假设黏结相的泊松比为 0.5,固体填充颗粒相的弹性模量为无穷大,王哲君给出了单轴拉伸时固体推进剂的"脱湿"临界应力表达式:

$$\sigma_d^2 = \frac{4\,E_m\gamma(2+3\,f_s)}{3r(1-f_s)} \qquad (1-1)$$

式中:E_m 为基体的弹性模量;γ 为界面断裂表面能,即产生单位面积的脱黏面所需要的能量;f_s 为固体推进剂内部固体填充颗粒的体积分数;r 为固体推进剂内部固体填充颗粒的半径;σ_d 为脱湿临界应力。

由式(1-1)可知,填充颗粒的半径越小,复合固体推进剂越不容易发生"脱湿",进而推进剂的抗拉强度提高。祝世杰等人对不同级配的氧化剂颗粒对四组元 HTPB 复合固体推进剂力学性能的影响规律进行了研究,发现减小氧化剂颗粒尺寸会使推进剂在常温下的抗拉强度增加,延伸率下降。封涛等人对不同颗粒配方的 HTPB 推进剂进行了单轴拉伸实验,发现随着 AP 颗粒粒径的增大,推进剂的初始弹性模量增大,抗拉强度及断裂延伸率减小。王晨光等人对含纳米铝粉的推进剂力学性能进行了实验研究。研究表明,粒径越小,含纳米铝粉推进剂的延伸率越大。相关文献将界面脱湿、基体断裂和温度的影响同时考虑在内,对低温条件下推进剂细观损伤过程进行了仿真,发现低温条件下基体断裂更容易发生在大颗粒附近。另外,有研究发现,填充颗粒的形状也会影响复合材料的力学性能。例如,对于椭圆形颗粒填充复合固体推进剂,填充颗粒越扁,其增强作用越弱,推进剂的弹性模量越小。因此,研究填充颗粒尺寸和形状对复合固体推进剂力学性能的影响规律,对于调节推进剂性能具有重要意义。

(3)填充颗粒分布与取向对宏观力学性能的影响

在推进剂生产过程中,在黏结剂基体中添加固体填充颗粒,然后进行搅拌,虽然已有研究表明,不规则多边形和球形填料不易发生取向效应,因而复合固体推进剂颗粒分布的随机性不会显著影响推进剂的力学性能。对于不同位置的等效代表性体积单元来说,其应力-应变计算结果都近似重合,不存在明显的差异。但对于复合固体推进剂细观结构来说,其颗粒的分布和取向具有一定的随机性,推进剂内的应力-应变分布很不均匀,这对于推进剂细观损伤有一定的影响。尤其是当填充颗粒为狭长状多边形、椭圆时,易发生取向效应,而造成力学性能的各向异性。由于无法准确控制填充颗粒的分布和取向因素,通过实验获得颗粒分布和取向对复合固体推进剂的力学性能影响规律较为困难,所以目前关于填充颗粒分布与取向对宏观力学性能的影响主要通过仿真计算进行研究。刘著卿等人通过仿真计算发现,颗粒表面界面脱黏主要发生在颗粒聚集区域;赵玖玲等人发现,对于椭圆形填充颗粒的复合固体推进剂,当颗粒长轴方向与拉伸方向一致时,有助于提高其弹性模量和强度。

2. 细观力学性能对宏观力学性能的影响

(1)填充颗粒力学性能对宏观力学性能的影响

在外载荷作用下,复合固体推进剂内部发生细观破坏主要包含三种形式:基体的断裂、填充颗粒的断裂和界面层损伤而导致的颗粒脱湿。对于黏结剂基体、填充颗粒和细观界面这三相来说,填充颗粒的弹性模量、强度都是最高的,推进剂的力学性能会随氧化剂和金属燃料添加剂等填充颗粒的弹性模量变化而产生较大的变化。Nielsen 等人给出了颗粒增强复合材料的模量计算关系式为

$$\frac{E_\mathrm{f}}{E_0} = (1 + AB\,V_\mathrm{f})/(1 - B\varphi\,V_\mathrm{f}) \qquad (1-2)$$

式中:E_f 为颗粒增强复合材料的弹性模量;E_0 为基体的弹性模量;V_f 为填料的体积分数;A,B 和 φ 均为常数,其中常数 A 与颗粒形状以及基体泊松比相关,常数 φ 与颗粒填充体积分数相关,常数 B 与填料和基体弹性模量的比值相关,且常数 B 定义为

$$B = \frac{E_\mathrm{f}/E_0 - 1}{E_\mathrm{f}/E_0 + A} \qquad (1-3)$$

由式(1-2)和式(1-3)可知,填充颗粒的体积、形状和弹性模量都会影响推进剂的弹性模量大小,但是当颗粒弹性模量远大于基体弹性模量时,颗粒弹性模量对推进剂弹性模量的影响较小,填充颗粒的加入一般会导致复合固体推进剂抗拉强度和断裂伸长率减小、初始弹性模量提高,随着填充颗粒弹性模量的提高,固体推进剂更易发生"脱湿",发生脱湿后,推进剂的弹性模量将会显著降低。

(2)基体/颗粒界面对宏观力学性能的影响

在复合固体推进剂中基体与颗粒之间的载荷是通过界面层传递的,而界面层的强度较低,在推进剂承受应力小于基体和填充颗粒的强度时,界面层可能就产生了损伤。在拉伸载荷作用下,推进剂的应力-应变曲线呈现出非线性变化,其主要原因在于基体弹性模量的非线性变化和基体/颗粒界面的不断扩展。因此,界面的力学特性对宏观力学性能的影响规律是推进剂细观力学研究的重点。一般来说,对于颗粒增强复合材料,若填充颗粒的弹性模量较低,则会

使复合材料的弹性模量也降低,更易发生变形,但随着填充颗粒刚度的增大,复合材料更容易发生"脱湿",导致复合材料的微裂纹萌生和扩展加快,强度降低。而界面层的存在,相当于在刚性填充粒子和柔性基体之间包覆了一层柔性界面层,使固体推进剂的强度和刚度同时得到提高。目前,对细观界面的力学参数定量研究还不够深入,界面的力学参数难以通过实验获得或进行定量表征,开展基体/颗粒界面对宏观力学性能影响的研究主要是基于唯象力学模型通过数值模拟展开。常用于基体/颗粒界面力学行为表征的双线性内聚力模型含有 3 个参数:界面初始刚度、界面损伤起始位移(临界脱黏位移)和界面失效距离(完全脱黏位移)。职世君等人应用双线性内聚力模型对高填充比不同界面损伤参数的固体推进剂颗粒夹杂模型进行了模拟计算。结果表明,大颗粒附近更容易产生界面损伤,界面损伤起始应力越大,复合固体推进剂的抗拉强度和最大延伸率越大,增大界面失效距离可使推进剂在宏观尺度上最大延伸率提高,而界面初始刚度对推进剂细观力学性能的影响较小。实际上,在研究基体/颗粒界面对宏观力学性能的影响时,需要将初始界面缺陷、界面层厚度、加载模式和基体的损伤等因素综合考虑在内,才能获得更精确的计算结果。封涛等人研究了界面缺陷含量对复合固体推进剂力学特性的影响规律,发现推进剂的初始弹性模量及拉伸强度随界面缺陷含量的增加呈指数下降的趋势。赵玖玲将界面脱湿与基体损伤同时考虑在内,采用全域双线性内聚力模型模拟了复合固体推进剂损伤破坏的完整演化过程。界面层的力学和结构特性与推进剂的强度和最大延伸率等宏观力学性能密切相关,而当前对界面层用力的性质和大小、界面层的尺寸了解都不够深入,对细观界面力学特性开展的实验研究较少。因此,针对复合固体推进剂细观界面的力学特性,需要开展更全面而深入的实验和理论研究。

(3)基体力学性能对宏观力学性能的影响

目前,对复合固体推进剂力学性能影响因素的研究主要集中于颗粒结构与分布特征以及细观界面等因素,而针对基体材料特性对复合固体推进剂力学行为影响的研究相对较少。复合固体推进剂的黏结剂基体为黏弹性材料,其力学特性与应变速度和温度密切相关,复合推进剂的宏观力学性能与基体的力学性能变化趋势基本相同,而基体对固体推进剂弹性模量、强度和延伸率等力学性的影响本质上主要取决于环境温度和加载速度。根据时温等效原理,对于黏结剂基体,升高温度和减小应变速度对其黏弹行为是等效的,升高温度会加快黏结剂基体的分子热运动,具体表现为黏结剂基体的初始弹性模量及拉伸强度随温度的升高而降低,延伸率随温度的升高而升高,推进剂药柱易发生大变形、脱湿,继而破坏药柱的结构完整性;降低温度起到相反的作用,导致推进剂延伸率降低,刚度提高,易产生微裂纹而发生脆断。另外,由式(1-1)可知,提高基体的弹性模量会使固体推进剂的"脱湿"临界应力相应增大,即填充颗粒越不易发生"脱湿"。

1.3　复合固体推进剂损伤与断裂失效研究进展

1.3.1　固体推进剂损伤研究进展

复合固体推进剂是一种高填充比颗粒复合含能材料,主要由基体和掺入其中的大量含能固体氧化剂颗粒及金属燃料颗粒组成。对于推进剂细观损伤和裂纹扩展研究，大多采用实验测试手段，如单轴拉伸/压缩、扫描电子显微镜、声发射技术、超声波技术、数字图像处理技术及核磁共振成像技术等。这些研究方法都只是从宏观尺度研究固体推进剂的力学性能，而推进剂的宏观力学性能是由推进剂的微细观结构决定的，为了进一步揭示推进剂的力学损伤及演化机理，采用数值模拟技术建立固体推进剂的细观结构模型，研究推进剂在不同载荷下细观损伤的萌生及演化机理已成为主要技术手段，而且，这些模拟研究技术可为推进剂实验研究奠定坚实的基础。

不同推进剂体系中组分不同，黏结剂基体性质差异较大，其力学性能等必然存在差异。Ramshorst 和 Giuseppe 的研究表明 HTPB 推进剂中黏结剂和固体颗粒 AP 的脱湿是拉伸过程发生破坏的主要原因。李敬明等人的研究表明，硝酸酯增塑聚醚（NEPE）推进剂在静态拉伸应力作用下的破坏首先是大颗粒与黏结剂界面脱黏形成微裂纹，微裂纹沿附近的大颗粒扩展形成宏观裂纹，同时黏结剂断裂，最终导致 NEPE 推进剂整体断裂。郑剑等人的研究进一步表明，固体颗粒含量越高、粒径越大，脱湿程度越严重。陈煜等人在定性观察 NEPE 推进剂损伤过程的基础上，采用分形维数定量表征了损伤演化情况。对聚叠氮缩水甘油醚（GAP）推进剂的细观力学性能研究发现，推进剂损伤首先发生在大粒径的 AP 颗粒堆积处，再到 AP 颗粒"脱湿"，最后是黏结剂基体撕裂。

细观力学有限元方法是将有限元计算技术与细观力学和材料力学结合，其本质是根据复合材料的细观结构，建立和设置边界条件，求解受载荷作用下代表性体积单元的应力应变，从而建立起细观局部量和宏观平均量的关系，最终获得复合材料的宏观力学性能。该方法最大的优点在于能够获得细观尺度下的应力应变来反映复合材料的宏观性能。通常，黏结剂基体与固体颗粒的黏结界面的应力应变反映了推进剂的细观结构与力学性能的相关性。为了更准确地表征界面黏结性能，近年来广泛采用的方法是引入表征固体颗粒/基体界面的张开量与界面应力间关系的黏聚区模型（CZM）。

在黏聚区模型中，常用的有双线性、多线性、指数型和多项式等类型，其中双线性界面黏聚区模型应用较广泛。如李高春等人在复合推进剂的黏结剂基体与颗粒间引入黏结界面单元，采用双线性模型描述其界面损伤及扩展特性，并对推进剂内部的细观界面脱黏过程进行有限元分析。研究发现，采用黏结界面单元可有效地模拟推进剂基体/颗粒的界面脱黏过程，且模拟结果与实验结果相吻合（见图 1－5）。

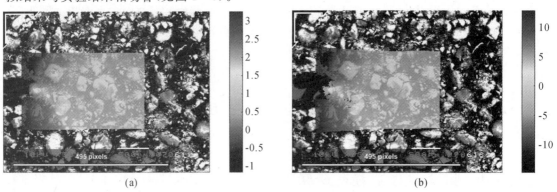

(a)   (b)

图 1－5　不同压缩位移下的 y 方向位移场云图

(a)0mm；(b)0.5mm

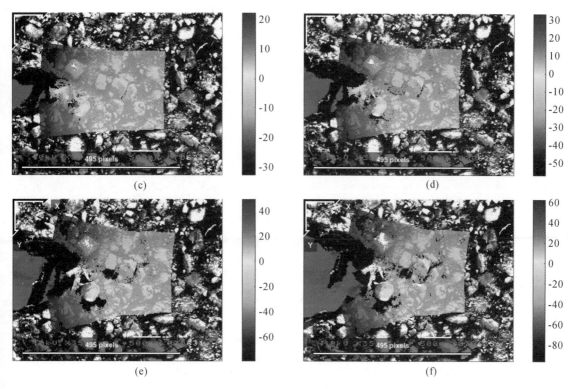

（c）

（d）

（e）

（f）

续图 1-5 不同压缩位移下的 y 方向位移场云图

（c）1mm；（d）1.5mm；（e）2mm；（f）2.5mm

封涛等人基于分子动力学的颗粒填充算法构建了 HTPB 推进剂的细观结构模型，在 HTPB/AP 基体界面处引入界面黏结接触单元，获得了 HTPB 基体与 AP 颗粒界面黏结处的损伤（裂纹）萌生、扩展至宏观裂纹的破坏过程。图 1-6 所示为 HTPB 推进剂的细观填充结构模型［见图 1-6(a)］、在拉伸载荷应力下的应力云图［见图 1-6(b)］和应力-应变曲线［见图 1-6(c)］。通过数值模拟与实验结果对比发现，损伤内聚力模型能准确地表征推进剂在单轴拉伸过程中 HTPB 基体与颗粒界面之的间脱黏（"脱湿"）过程，模拟结果与实验结果的最大偏差仅为 10%，从而验证了所构建的细观模型的可靠性及反演所得界面参数的准确性。

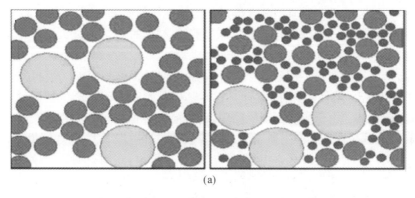

（a）

图 1-6 推进剂细观模型网格划分及边界条件

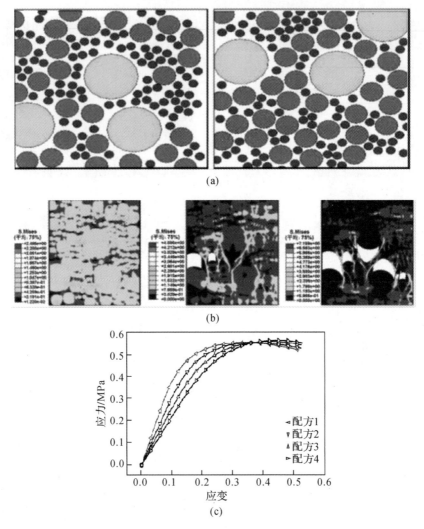

(a)

(b)

(c)

续图 1 - 6　推进剂细观模型网格划分及边界条件

　　为了对模拟结果进行实验验证,职世君等人用表面黏结(Surface - based Cohesive)方法研究了固体推进剂的黏结剂基体/固体颗粒间界面损伤,计算了界面的损伤参数及对推进剂最大延伸率的影响,同时还建立了异质型复合推进剂的细观结构模型,并引入移位因子来体现界面损伤的非线性力学特性。研究发现,随着 AP 含量的增加,推进剂的最大延伸率减小,形成的宏观裂纹越明显,且界面损伤多从大颗粒附近出现。

　　图 1 - 7 所示为推进剂在不同载荷条件下单轴拉伸过程的细观损伤模拟与实验对比图。由图 1 - 7(a)可以看出,随外界拉伸载荷的增加,基体与颗粒界面间产生微裂纹,进一步增大载荷,微裂纹不断扩展。由于界面出现脱黏现象,颗粒在界面脱黏处不再承受应力,使其附近区域的基体在较大载荷作用下产生微裂纹。随着载荷的进一步增大,微裂纹集中,导致宏观裂纹的形成,进而使推进剂遭受破坏。由图 1 - 7(b)可以看出,在加载初始阶段,推进剂内部的位移场较均匀,随外界位移继续增大,位移出现不连续性,在裂纹附近位移场出现阶跃,进而在图像上表现为裂纹宽度的增加。由图 1 - 7(c)可以看出,基体的变形总体上比颗粒的变形大,其中上半部分整体向上移动,下半部分整体向下移动,在基体中间出现较大左右移动。

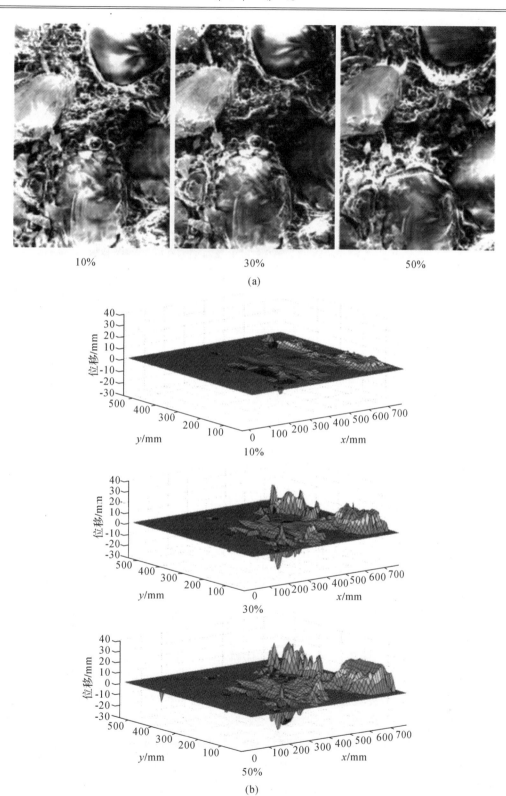

10%   30%   50%

(a)

10%

30%

50%

(b)

图 1-7 不同载荷下拉伸过程的细观损伤模拟与实验对比图

(a)推进剂单轴拉伸条件下的细观形貌；(b)拉伸方向位移场

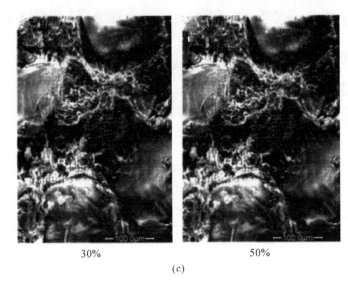

30%   50%

(c)

续图 1-7　不同载荷下拉伸过程的细观损伤模拟与实验对比图

(c)位移矢量

　　基于黏结界面单元的引入,史佩等人建立了二维颗粒填充模型,用双线性界面力学模型对复合推进剂的界面脱黏问题进行了分析,得到了细观结构的 Mises 应力应变分布。韩波等人用双线性黏聚区模型构建了推进剂裂纹扩展过程的物理、数学模型,获得了裂纹尖端损伤的应力场分布及裂纹扩展方式。曲凯等人基于界面内聚力黏结模型,用 Mori - Tanaka 方法研究了非线性界面脱黏对推进剂力学性能的影响。研究发现,固体颗粒的大小、体积分数和基体/颗粒间界面黏结强度对推进剂的力学性能有明显影响,内聚力黏结模型可有效评估推进剂基体/颗粒间的脱黏过程。同时,Tan 等人将 Mori - Tanaka 方法扩展应用到单轴拉伸载荷作用下的颗粒增强复合材料,发现当颗粒尺寸小于临界尺寸时,这些小颗粒起着强化基体力学性能的作用,而当超过这一临界尺寸时,颗粒的脱黏会导致出现应力软化现象。为了进一步了解颗粒增强基体的力学行为,相关文献构建了率相关黏聚区模型,通过实验的反演识别方法确定了黏聚区参数,分析了推进剂的裂纹扩展和界面脱黏失效行为,可为推进剂的力学性能及损伤失效提供技术借鉴。

　　在固体推进剂力学损伤研究过程中,为了获得可压缩基体和近似不可压缩 AP 颗粒的力学行为,Matous 等人将小颗粒与黏结剂体系视为均匀化的基体,采用指数型界面黏聚区模型研究了颗粒的界面脱湿的演化过程,实现了基体和基体/颗粒间界面扩展的非均匀应力和变形场的有限元计算,并采用堆积算法研究了双尺寸颗粒堆积模型中颗粒脱湿对推进剂宏观力学性能的影响。研究发现,通过黏超弹性复合含能材料黏聚区模型的引入,可更精确化模拟推进剂的细观损伤,实现颗粒增强弹性体在有限变形下多尺度模拟研究宏观颗粒的"脱湿"萌生、扩展、演化过程及失效的微细观机理。同时,借助数学图像处理方法,刘著卿等人通过提取出大颗粒的几何模型,对 HTPB 推进剂以 0.4mm/min 的等速度单向拉伸用双线性界面本构关系进行拉伸载荷下的界面脱黏模拟,预测出推进剂细观损伤的萌生与扩展过程,这些都为联系推进剂力学的宏观尺度损伤与细观尺度机理迈进了坚实的一步。典型的颗粒填充复合材料在拉伸载荷作用下的微细观损伤如图 1-8 所示。

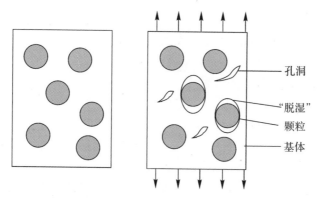

孔洞
"脱湿"
颗粒
基体

图 1-8 典型的颗粒填充复合材料在拉伸载荷作用下的微细观损伤示意图

相关文献引入了泊松比,将 AP 颗粒当作线弹性体,黏结剂基体设定为 Odgen 超弹性本构模型,建立了预测界面微裂纹的单颗粒三维胞元有限元模型,通过对三维胞元模型的有限元计算得到了不同颗粒含量(15%,30% 和 45%)时 3 种界面状况(界面黏结完好、部分脱黏以及完全"脱湿")下推进剂的泊松比变化,并对不同体积分数不同脱黏状态下的界面强度进行对比,发现颗粒的体积分数越大,泊松比降低得越多,泊松比可较好地反映出"脱湿"引起的体积膨胀。另外,彭威和李敬明等人在建立复合推进剂球形颗粒填充正六方体的有限元计算模型的基础上,研究了不同尺寸的填充颗粒在相同应变下的应力大小及分布。研究发现,在颗粒的极区处通常首先出现微裂纹扩展,且大颗粒界面处的应力明显大于小颗粒的,界面/颗粒间的脱湿是主要损伤形式,这为预测颗粒在黏结单元最先出现界面脱黏及破坏的形式及趋势提供了依据。

推进剂细观尺度的损伤模拟是联系推进剂宏观尺度损伤破坏和微观裂纹萌生的纽带,通过在基体/颗粒间界面的黏聚区模型的引入和构建及优化,可有效预估固体推进剂在不同载荷条件下损伤出现的时机和位置,分析应力的分布和大小,这也是研究推进剂宏观力学失效与微观机理的关键所在。

1.3.2 固体推进剂裂纹扩展研究进展

固体推进剂在生产、贮存、运输和使用过程中,承受环境温度变化、重力载荷、冲击载荷和振动载荷等复杂载荷的作用。这些载荷会使推进剂装药内部产生应力和应变,超过其力学性能的允许范围,会使推进剂装药中出现裂纹、脱黏(弱黏)和气泡等缺陷。国内外对固体发动机中缺陷的研究均发现,在固体推进剂装药缺陷中,与脱黏、弱黏和气泡等相比,裂纹是导致发动机性能异常的最重要因素,产生的危害也最大。存在裂纹的推进剂装药在点火增压过程中,高温气体可能进入初始裂纹内部,导致裂纹内表面点燃,进一步发生裂纹扩展形成"超"燃面,从而导致固体火箭发动机不能够正常工作,严重时甚至整个发动机炸毁。因此,装药裂纹成为固体推进技术领域关注的重点问题之一。

由于在贮存和工作过程中裂纹要增长或扩展,而且影响裂纹增长或扩展的因素很多,因此,研究裂纹扩展规律,预测裂纹在燃烧过程中是否扩展是裂纹研究的重要方向。从 20 世纪 60 年代就开始推进剂装药裂纹扩展的实验研究,裂纹扩展理论方面的研究也随之展开。

1. 裂纹扩展实验研究进展

要了解裂纹燃烧和扩展的机理和制约因素,实验必不可少,国内外进行了大量实验方法探讨研究。随着科技的进步,实验方法逐渐精确化、可视化。

(1)拉伸应力实验研究

固体推进剂在拉伸应力作用下进行的裂纹扩展实验,主要研究裂纹起始扩展和极限破坏所需应力值及裂纹随应力变化扩展规律。

Nottin 等人用填充 AP 和铝粉的 HTPB 推进剂进行了实验。试件为圆盘形,直径为 160mm,中心厚为 5mm,圆周 20mm,内厚为 20mm 的凸缘,便于 20 个夹头夹紧试件。试件中心为一圆孔,用来模拟推进剂药柱,用刀片预制不同长度的裂纹。实验得出如下结论:在达到临界负荷之前,裂纹并不扩展;裂纹长度与临界负荷结合在一起可得出临界应力强度因子 K_{IC},当应变速度增加时 K_{IC} 稍许增加;裂纹扩展的速度大约与 K_{IC} 的二次方成正比,而且随 K_{IC} 的变化速度的增加而稍许增加;当试件加工成星形内孔时,裂纹可被对称地诱发。

Liu 等人用一种高填充的复合固体推进剂,在 2.54mm/min 的夹头速度和室温下进行实验,并以统计学来研究裂纹增长数据的特性规律。实验是在 4 种裂纹长度(0.85mm,0.95mm,1.05mm 和 1.15 mm)下进行的。裂纹扩展速度 da/dt 采用割线法和总多项式法进行计算。研究认为,裂纹扩展速度的平均值 $\bar{\alpha}$ 和应力强度因子的平均值 $\bar{K_I}$ 随裂纹长度的增加而增加。

屈文忠依据 Schapery 的黏弹性断裂理论,对 HTPB 推进剂进行了 I 型裂纹扩展实验,试样尺寸为 100mm×50mm×5mm,试样宽度方向两端粘有铝片作为夹具。在试样中心线上分别开了初始长度为 11mm 和 22mm 的穿透裂纹。实验时选定的拉伸速度分别为 $R=1$mm/min,2mm/min,5mm/min。实验得出结论:裂纹开始扩展可以用临界应力强度因子 K_{IC} 来衡量(作为判据);裂纹扩展速度 da/dt 与应力强度因子 K_I 间均存在幂指数关系;复合推进剂材料的断裂能不是常数,而与裂纹扩展速度相关。

成曙等人采用不同拉伸速度开展了复合固体推进剂含 I 型裂纹拉伸实验研究,获得了双向拉伸极限特性主曲线和应力-应变破坏曲线。结果表明,如果复合固体推进剂的断裂阻力被看作是材料常数,则裂纹驱动力必受到平行于裂纹的应力的影响,在一定范围内裂纹驱动力与平行应力成反比关系。在平行应力超过屈服应力以后,因平行应力太大,超过了损伤阈值,在推进剂中造成了损伤,从而断裂韧性下降。但是在实际工作中,推进剂是处于燃烧状态的,裂纹扩展的规律与纯拉伸应力下的裂纹扩展规律还是有区别的,实验方法还需进一步改进。

(2)燃烧条件实验研究

在燃烧条件下进行推进剂裂纹扩展过程实验,研究裂纹变形对裂纹腔内对流燃烧流场的影响,判断有装药裂纹的发动机能否正常工作。

在裂纹燃烧和裂纹扩展机理方面,最有成效的工作是由美国宾夕法尼亚州立大学的 K. K. Kuo 及其合作者完成的。他们利用高速摄影技术、燃烧终止技术和 X 射线分析等手段,对裂纹内的流动燃烧现象进行了研究。他们以规范的扁长六面体形空腔代替裂纹,并假定裂纹不变形、不扩展,腔中参数沿长度方向呈一维分布。在此假设下,讨论裂纹的高度 δ、长度 l、腔内气体流速 v 和燃烧室压力 p 等参数对裂纹腔中流场、火焰传播及裂纹扩展的影响。

Kuo 等人在 1987 年用丁羟推进剂预制了一个楔形裂纹进行实验研究,观察、分析在不同的工作条件下裂纹扩展情况。实验的基本原理是改变初始升压速度而保持其他参数不变,利用中止燃烧的方法,通过摄影观察残留推进剂试件和 p-t 曲线来评定裂纹扩展的情况。实验用推进剂试件和压力传感器安装位置如图 1-9 所示。实验中,由于初始升压速度的不同,在裂纹尖端区域观察到了以下 4 种不同的结构损坏模式:

1)在很低的升压速度 $\left(\dfrac{\partial p}{\partial t}<1\text{GPa/s}\right)$ 时,不产生裂纹扩展,裂纹尖端的位移仅由于推进剂燃面的正常推进所致。

2)在低升压速度 $\left(\dfrac{\partial p}{\partial t}=1.4\sim1.5\text{GPa/s}\right)$ 时,可观察到单一的裂纹扩展,即沿其初始方向存在裂纹扩展。

3)在高升压速度 $\left(\dfrac{\partial p}{\partial t}>30\text{Pa/s}\right)$ 时,裂纹以多个分支在不同的方向上辐射状扩展。

4)在很高升压速度情况下,裂纹扩展在主分支上伴随有局部多分支。

第 3 种和第 4 种结构损坏模式所产生的燃烧表面积远大于第 2 种,所以在真实发动机中可能引起燃烧表面积极大地增加,从而导致发动机的破坏。

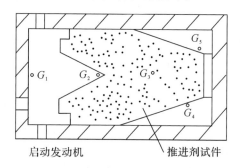

图 1-9　推进剂试样和压力传感器安装位置简图

1993 年,Lu 等人对燃烧诱发的推进剂裂纹现象进行了大量的实验研究和理论分析。他们设计和组装了有透明窗的燃烧室,用高速摄影仪观察了不同增压速度下裂纹的燃烧和扩展情况,根据实验测得的瞬态裂纹扩展速度和数值计算结果,导出了裂纹扩展速度的半经验公式。

2005 年,Todd 在研究裂纹的扩展时也采用了一套高速摄像系统,它包括模拟发动机燃烧室、数据获取系统和点火系统三大部分。模拟发动机燃烧室是一端带透明有机玻璃窗口的圆柱形系统,数据获取系统包括压力测量系统和成像系统。该系统能比较清楚地记录下裂纹扩展过程,并且还能进一步推算出裂纹扩展的速度与时间的关系。实验用裂纹扩展室如图 1-10所示。

当前,国内大都采用 X 射线实时荧屏分析系统作为裂纹扩展实验的测试系统。该系统由 X 射线发生器、实验发动机、高速录影系统、时间控制系统、数据采集系统和高速运动分析仪组成。它的主要工作原理是利用 X 射线成像原理来摄取发动机内部的工作过程,同时利用压力传感器获取压力-时间曲线。但是,该系统只能进行平面成像,实验中所采用的模拟发动机为矩形发动机,与实际发动机工作条件有一定的差距。

熊华等人采用上述实验装置和测试系统,对不同尺寸、不同结构约束条件及不同推进剂制成的试件在不同燃烧室燃气增压速度下进行了大量的燃烧实验。对测试数据和高速摄影图的分析表明：存在一个增压速度的临界值，大于该值时，裂纹发生扩展，小于该值时，无裂纹扩展现象发生；在相同的结构条件和相同的燃气增压速度作用下，推进剂材料的断裂韧性 J_1 值越低，裂纹越容易发生扩展。

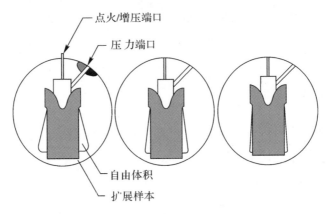

图 1-10 裂纹扩展室示意图

张文普等人利用该 X 射线高速实时荧屏分析系统，设计了一种新式的带透明窗的裂纹燃烧模拟实验器。该实验器用点火装置进行点火，增压用点火药量来控制。装药采用 HTPB 推进剂，将推进剂药浆刷于两条胶木条上，通过改变胶木条厚度和刷药长度来模拟不同尺寸的裂纹。实验表明，裂纹内的火焰传播速度受裂纹几何条件和增压的共同影响，增压越大，裂纹越窄，火焰传播速度越快。裂纹尖端压强与裂纹入口压强比的最大值也受增压和几何条件的影响，增压越大，裂纹越窄，该压强比越大。

综上所述，国内外研究文献报道的实验现象较为一致的结论是发动机燃烧室内增压速度和裂纹几何形状是固体火箭发动机装药裂纹扩展的重要因素。

2. 裂纹扩展理论研究

裂纹扩展理论研究的难度较大，这不仅是因为影响裂纹扩展的因素非常多，而且因为推进剂本身是一个黏弹性体，裂纹的扩展过程是一个强烈耦合的过程。为了便于计算机模拟，研究者对物理模型进行了相应的简化，但是，随着研究的深入和计算手段的提高，计算模型逐步接近实际模型，计算结果更加准确。

（1）经典理论

早期采用经验公式来描述裂纹扩展规律，逐渐发展到采用断裂力学断裂准则来判定裂纹是否发生扩展。

过去，在预测裂纹扩展方面，经典理论是最常用的定律。它是按照弹性材料，在应力强度因子和裂纹扩展速度 da/dt 之间确立了一个幂函数关系，其表达式为

$$da/dt = AK_I^n \tag{1-4}$$

式中：a 是达到最大应力 σ_m 时裂纹尖端区域的长度。

显然，这种关系式不适于确切表示黏弹材料中的裂纹扩展。Schapery 将该理论扩展到黏弹材料中去并被 Swanson 用实验验证，从而导出了同类定律：

$$a_T da/dt = AK_I^n \tag{1-5}$$

式中：a_T 是 WLF 方程中的偏移因子。

Langlois 等人用聚氨酯和 HTPB 推进剂，在单棱缺口试件上预制 2mm 深的裂纹，并在不同的温度和拉伸速度下进行了 3 组实验，得

$$a_T \mathrm{d}a/\mathrm{d}t = Aa/t_m \tag{1-6}$$

式中：t_m 是在单轴拉伸实验期间达到最大应力的时间。

1957 年，Irwin 提出了应力强度因子准则，即裂纹尖端应力强度因子超过表征材料特性的临界应力强度因子时，裂纹失稳扩展。

断裂准则可以写成

$$K = K_{IC}$$

式中：K_{IC} 为平面应变断裂韧性（或临界应力强度因子），与材料性能有关。

Rice 于 1968 年提出了 J 积分理论，该理论可定量地描述裂纹体的应力和应变场的强度，定义明确，且有严格的理论依据。当围绕裂纹尖端的 J 积分达到临界值时，裂纹开始扩展，临界条件为 $J = J_c$（J_c 是临界 J 积分，表示裂纹尖端的 J 积分等于临界值）。J 积分准则的局限性在于，对于弹塑性体而言，J 积分守恒的前提条件是全量理论和单调加载，J 积分定义限于二维情况。

（2）新理论和新模型

从 20 世纪 80 年代末开始，陆续出现了裂纹扩展研究的一些新理论，裂纹扩展的研究逐步量化，裂纹扩展机理和规律逐渐清晰。

Smirnov 建立了一个固体推进剂裂纹对流燃烧模型，不考虑固体推进剂的变形，并假设固体推进剂是线弹性的，气相是无黏性的、不导热的以及绝热的，采用 Lax - Wendroff 法解气-固相守恒方程。这是一个对流燃烧过程的完全模型，但是它忽略了裂纹的扩展和真实气体的效应。

Griffths 和 Nilson 在完全气体状态方程、等温流动线弹性固体推进剂及忽略断裂韧性的假设前提下，研究信号弹内药剂的断裂和火焰传播，采用一维瞬态流场模型和二维裂纹张开位移模型相耦合的方法，在某种约束条件下得到了湍流流场的压力、裂纹宽度和流动速度的相似解。该模型是在上述几个假设前提下得到的，由此给计算结果带来了不精确性。

目前美国正在开发固体火箭发动机一体化模拟的大型计算机程序，已取得了阶段性的成果——GEN2.0 模拟程序。该程序可以求解包括铝粒、烟尘和各种化学成分的流场，模拟推进剂在压力载荷作用下裂纹扩展的过程。但是该程序需要大量的计算机资源，无法在个人计算机上实现，而且它的商业化还需要一段时间。2004 年，唐立强等人为了研究黏性效应作用下的界面动态扩展裂纹尖端渐近场，建立了刚性-黏弹性材料界面 Ⅰ 型和 Ⅱ 型动态扩展裂纹的力学模型，并根据问题的边界条件和连续条件，通过数值计算得到了裂纹尖端连续的分离变量形式的应力、应变和位移场，说明了裂纹尖端场主要受材料的蠕变指数 n 和马赫数（Ma）的控制。2006 年，袁端才等人基于线黏弹性三维有限元法，确定了发动机药柱点火发射时的危险部位，在危险部位设置不同深度的裂纹，于裂纹尖端构建奇异三维裂纹元模拟裂纹扩展，分别计算了随着裂纹扩展所对应裂纹深度的各类应力强度因子，由此判断裂纹的稳定性。2008 年，李东等人用黏弹性断裂力学的方法分析了三维板状试样固体推进剂材料的裂纹扩展特性，建立了三维固体推进剂材料的有限元模型，用最大能量释放率准则模拟了试样承受单向拉伸载荷时

的裂纹扩展方向。结果表明,裂纹在与初始预制裂纹面成 20°~30°的角度方向传播,计算结果与实验结果吻合较好。

由此可以看出,裂纹扩展过程的理论研究一般都是先弄清裂纹尖端及其邻域的应力场和应变场,然后根据断裂力学的相关理论如强度因子断裂准则和 J 积分准则等判断裂纹是否发生扩展。

(3)裂纹扩展影响因素

某些含裂纹药柱固体火箭发动机可以正常工作,其内弹道性能符合设计要求;但大多数药柱的裂纹在工作时发生扩展,燃面增大,从而引起发动机压力突升。因此,对裂纹扩展影响因素开展研究,判断各影响因素的综合作用效果是否引起裂纹扩展,成为一个关键性的问题。

Knauss 从固体力学角度对固体推进剂中裂纹的力学行为和扩展进行了研究。假定裂纹扩展速度仅仅依赖于裂纹尖端的瞬态应变,在给定的时刻如果有裂纹的物体有相同的尖端应力,它们的裂纹将以相同的瞬态速度扩展,裂纹扩展速度是断裂区长度、裂纹尖端处应力强度因子、材料蠕变柔量和断裂能的函数。

Hufferd 等人根据热动力学功率平衡法研究了裂纹扩展。该理论利用缺陷的应变能释放率和材料的断裂阻力来预估裂纹的扩展;应变能克服了材料的断裂阻力,裂纹和脱黏才会发生扩展。

Godai 在 1970 年进行了火焰向推进剂裂纹内传播的实验研究,确定了裂纹宽度的临界值。裂纹宽度低于该临界值,火焰不能进入裂纹,且该临界值随推进剂燃速的增加而减小。

Jacobs 在 20 世纪 70 年代开始研究裂纹和脱黏的燃烧过程。在假定火焰沿尖劈状脱黏通道传播条件下,发现压力实测值与一维准静态模型的分析结果是一致的。研究结果表明,摩擦效应和燃气的压缩效应是裂纹内产生超高压力的主要原因。

李江等人对固体推进剂裂纹腔内对流燃烧的流场进行了数值模拟。研究发现,裂纹尖端压力高于出口压力,而尖端压力正是裂纹扩展的一种驱动力。裂纹长度越长、宽度越小则裂纹尖端压力越高。

韩小云和周建平研究了固体推进剂裂纹对流燃烧和扩展。研究表明,压力波和裂纹顶端拍击作用使得裂纹顶端压力、温度突然升高,这是造成裂纹顶端发生超前点火的原因。裂纹顶端点火延迟时间随燃烧室增压率的增大而缩短。裂纹表面粗糙度越大,点火延迟时间越短。

邢耀国等人研究了各种因素对聚硫推进剂试件内裂纹扩展的影响。他们对含裂纹的推进剂试件进行了大量的燃烧实验,用 X 射线实时成像系统对燃烧过程进行了记录,并用黏弹性有限元方法计算了试件在燃烧过程中的应力应变状态,利用 J 积分法对裂纹扩展的可能性进行了预估。

理论分析和实验结果均表明,燃烧室增压速度、裂纹尺寸和边界条件等因素对裂纹的扩展均有较强的影响。

综合国内外的研究成果,裂纹扩展影响因素主要包括燃烧室的压力和压力梯度、裂纹的初始几何形状及尺寸、推进剂的燃速等。裂纹扩展主要用裂纹的扩展长度、燃烧表面积的增量、产生的宏观裂纹数和裂纹的扩展速度来表征。各影响因素对裂纹扩展的影响程度不同,由于燃烧的复杂性,各影响因素之间精确的函数关系有待以后大量的实验研究和理论分析。

1.3.3 固体推进剂断裂研究进展

裂纹对发动机装药性能的影响主要表现在以下两方面：

1)裂纹将为固体推进剂提供额外的燃烧面积,而且与装药通道中的正常燃烧相比,裂纹内的燃烧受到裂纹面内的压力、侵蚀燃烧等多种因素的影响,会引起发动机内局部流场的异常,并最终导致发动机的内弹道偏离其设计值,进而影响固体火箭的飞行弹道参数。

2)在发动机的点火增压过程中,裂纹内复杂的对流燃烧过程可能会导致裂纹的失稳扩展,并进一步引发燃烧转爆轰现象的发生,从而导致发动机在工作过程中发生爆炸解体等灾难性事故。

因此,研究固体推进剂动态断裂性能具有重要的工程意义。

1. 断裂实验研究进展

目前,对固体推进剂的断裂实验研究主要围绕影响其断裂特性的因素展开,如温度、加载速度、厚度、压强等。相关文献研究发现,在常温及高温时厚试件(厚度 12.7mm)的 K_1 最大值比薄试件(厚度 2.54mm)的小 25%,而在低温时则相反,厚试件的 K_1 最大值比薄试件的大 40%,并认为这种效应不同于金属厚试件中横向约束的作用,而是由于推进剂中裂尖断裂塑性区大小不同而引起的。Smith 研究了温度对推进剂裂纹扩展行为的影响,在 22.2℃ 和 73.9℃ 下,含裂纹试件在钝化裂尖前部出现局部孔洞化,随后呈现高度非线性的钝化—扩展—钝化—扩展机制,但在 −53.9℃ 时由于基体强度的增加,抑制了孔洞的出现。研究发现,随温度的升高推进剂材料的承载能力下降,在 73.9℃ 时断裂塑性区内孔洞之间韧带断裂前基体材料软化,只能承受很小的应力;加载过程中产生的热量促使黏结剂中交互的链段滑动,断裂塑性区内韧带很快变细以致在很低的应力下断裂。此外,随温度的升高,颗粒和基体的界面强度下降,从而导致裂尖产生更大的断裂塑性区和更大的裂纹张开位移。

Liu 等人研究了温度和应变速度对颗粒增强复合材料裂纹扩展的影响,发现在所加载的实验条件下,裂纹尖端的力学性能变化机理(钝化、生成孔穴和裂纹的扩展)基本相同,但是裂纹的扩展速度不同。裂纹扩展速度和 I 型应力强度因子满足幂函数关系,并且应变速度对裂纹扩展速度的影响较小,低温下裂纹扩展速度较大。研究表明,裂纹的扩展与时间相关,并且相对于温度来说,加载速度对裂纹扩展的影响较小。

Bencher 等人使用中间穿透型平板试件,研究了固体推进剂在 3 种加载速度(3.2mm/min,6.4mm/min 和 8.4mm/min)和 3 个温度(−54℃,25℃ 和 71℃)下的微结构损伤和断裂过程。结果表明,裂纹扩展与裂纹尖端前部 1~2 个裂纹尖端张开位移大小的微裂纹区有关,这个微裂纹区主要是由颗粒的脱湿所形成的。在低温下聚合物的强度增加,气穴和颗粒分层增多,产生更大的裂纹尖端塑性区和断裂韧性,但是分析结果没有给出断裂韧性与应变速度之间的关系。

Robert 对固体推进剂的平面应变断裂研究发现,通过 J 积分和裂纹闭合积分计算的应变能释放率相一致,裂纹尖端前缘的 J 积分值随厚度的变化较大。

Liu 等人研究了压强对高填充比弹性体材料裂纹扩展行为的影响,结果表明,在 3.45MPa 和 6.9MPa 下试件中对应的应力状态不同。对填充粒子周围的应力状态的应力分析表明,无论在环境压强还是外加压强下,粒子的表面都存在高的三轴拉伸应力。在环境压强条件下,拉伸应力包围高三轴拉应力区域,而在 6.89MPa 下包围着高三轴拉应力区的是压应力,损伤的萌生和演化被抑制,进而导致更高的材料强度。随着压强的增加裂纹扩展速度降低。

Beckwith 等人研究了双基推进剂单轴和双轴断裂性能。他们研究了不同温度、拉伸速度和压强对裂纹起裂和裂纹传播速度的影响以及预加应变对试件断裂性能的影响。结果表明,在两种应力条件下推进剂的裂纹扩展都表现出很强的温度和压力相关性,并且双轴和单轴的应力强度因子相关性很好,与 Schapery 理论相比,可以得出双基推进剂也满足裂纹扩展的幂函数关系。此外,他们还发现预应变对裂纹扩展具有重要的影响。

Ide 等人研究了热损伤对 HTPB 推进剂断裂性能的影响。结果表明,热损伤后推进剂力学性能劣化程度与热载荷程度有关。在热冲击和热循环条件下,虽然推进剂裂纹扩展的临界应变减小,裂纹扩展速度增加,但裂纹扩展机理没变,存在一个"钝化—损伤—钝化"的反复扩展过程,裂尖损伤区的大小与未损伤试件相近。但在加速老化条件下,不但裂纹扩展的临界应力和应变显著降低,裂纹扩展速度显著升高,而且裂纹扩展机理发生改变。裂纹在较低的应变下发生扩展,并很快贯通整个试样,裂纹尖端不存在明显的以"脱湿"以及黏结剂变形为特征的损伤区,也没有明显的裂尖钝化过程。此外,在加速老化试件的断口上还可以发现 AP 颗粒的穿晶断裂,这主要是由于经过加速老化后 AP 颗粒发生分解同时推进剂变脆,在裂纹扩展中不存在断裂塑性区。

Knauss 对大变形条件下的固体推进剂断裂进行了实验研究,并对裂纹的扩展过程进行监测。研究表明,裂纹尖端的应变不均匀度要比相关文献中提到的大很多,裂纹尖端的应变不均匀度对裂纹扩展有着很大的影响,裂纹的扩展过程与推进剂中固体颗粒的形状、尺寸、颗粒方向及颗粒的相互作用有密切关系,并且裂纹尖端很可能不是连续体。

Giuseppe 应用标准的断裂力学测试方法对推进剂进行了测试,通过线弹性断裂力学和非线性断裂力学方法,使用有限元法分析发动机点火时的临界裂纹尺寸。使用中间穿透型裂纹试件得到断裂韧性的主曲线,实验结果和 Schapery 的理论计算结果一致;使用楔形分裂测试得到非线性断裂力学性能参数断裂能 G_F 和临界裂纹张开位移。

在国内,固体推进剂的断裂实验研究也取得很大进展。屈文忠对国产 HTPB 复合推进剂进行了 I 型裂纹扩展实验研究。结果表明,裂纹扩展开始时存在临界应力强度因子 K_{IC},得出该型推进剂裂纹扩展速度 da/dt 与应力强度因子 K_1 之间的幂函数关系式,讨论了 HTPB 复合推进剂材料断裂能与裂纹扩展速度的关系。

王亚平等人在分析加载速度对丁羟推进剂力学行为影响时指出,由于应力集中在黏结剂连续相中产生微裂纹后,微裂纹增多和聚集成宏观裂纹不仅是受力、形变和消耗能量的过程,而且需要有充分的时间才能完成微观裂纹的产生、发展和汇集。所以,如果受载速度(应变速度)很快,即使材料中的应力已相当高,但由于裂纹尚未来得及发展,大部分材料是不含裂纹的,所以材料仍可以承载而不破坏。但是,如果加载速度(应变速度)很慢,则裂纹发展并汇集,材料中含裂纹的部分增多,因此,材料变得不能承载而破坏。相关文献的研究均证实以上分析,即加载速度升高推进剂的承载能力增强。

张亚等人对含 I-II 复合型裂纹的 HTPB 复合固体推进剂在 2mm/min 的拉伸速度下进行单轴拉伸实验,用摄像机记录了推进剂裂纹扩展至断裂的整个过程,得到了 6 种不同裂纹倾斜角下的变形曲线及裂纹扩展开裂角和断裂载荷。结果表明,可以借助于 T 断裂准则对推进剂裂纹扩展的初始开裂角进行初步理论预测。常新龙等人研究了老化对 HTPB 推进剂断裂性能的影响。结果表明,随着老化时间和老化温度的不断增加,推进剂的断裂韧性值不断降低,裂纹尖端处的"脱湿"较内部断面更严重。

综合以上研究可以得出,固体推进剂的断裂实验主要围绕影响推进剂断裂性能的各个因素展开,主要包括温度、加载速度、裂纹厚度、初始裂纹长度、预损伤、外加压强、热损伤和预加应变等。其中,裂纹厚度、初始裂纹长度和加载速度对断裂性能的影响只是量上的,没有改变裂纹扩展机理,而温度、外加压强和热老化等则改变了推进剂的裂纹扩展机理,其中温度降低和加速老化增强了推进剂材料基体粒子黏结强度和基体强度,从物理上改变了推进剂的性质,且外加压强改变了填充粒子周围的应力状态,导致裂纹扩展行为发生变化。然而,上述关于加载速度的研究只局限于准静态情况(应变速度介于 $10^{-1} \sim 10^{-3} \mathrm{s}^{-1}$ 之间),对于固体推进剂在高应变速度作用下的断裂性能实验研究目前仍未见报道。

2. 断裂理论研究进展

20 世纪 60 年代,研究人员开始对推进剂的裂纹扩展和起裂问题进行理论研究,因为推进剂本身的非线性黏弹特性,这方面研究还是十分困难,但随着研究的深入和计算机技术的发展,理论研究和模拟计算已越来越接近实际情况。

最早的研究一般应用格里菲斯断裂能解决经典的线弹性裂纹起裂问题。Knauss 和 Schapery 对黏弹性裂纹扩展理论做出突出的贡献。Knauss 建立了一种考虑时间和速度效应的失效区长度来近似解决裂纹扩展问题的方法,并将它应用于一种未填充的聚合物材料。

Schapery 通过非线性断裂失效区对线性各向同性黏弹性材料的裂纹扩展进行了理论研究,将远场载荷和塑性区的失效拉力结合起来得到弹性应力和位移场,在假设泊松比为常数的基础上计算了含有裂纹的黏弹性应力应变场。此外,还预测了裂纹的起裂时间和裂纹尖端的扩展速度,并建立了裂纹扩展速度和 I 型应力强度因子的关系($aa_t = AK_1^2$)。

Gamby 等人将 Schapery 理论用于预测碳纤维/环氧树脂复合材料双悬臂梁试件的裂纹扩展,发现 Schapery 断裂模型能够准确预测裂纹扩展速度。上述关于裂纹扩展的理论研究都是基于线黏弹性材料,裂纹尖端的非线性通过与失效应力分布相关的裂尖断裂塑性区进行表征。大多数研究都假设泊松比为常数,但是直到 Hilton 提出泊松比不能完全定义黏弹性材料之前这个假设一直存在争论。

为了分析非线性黏弹性固体中裂纹的传播,Schapery 在传统的弹塑性材料 J 积分的基础上提出了一个适用于非线性黏弹性材料的普遍意义上的积分,记作 J_v。在引入虚应变能密度的概念后,Schapery 计算了非线性黏弹性材料的 J_v 积分值并且推导了 J_v 和能量释放率的关系,然后根据 J_v 积分值计算了裂纹起裂时间和裂纹传播速度。在假设失效应力分布恒定的基础上,得到以 J_v 单一表示的裂纹尖端张开位移和断裂能。

韩波等人使用率不相关幂函数关系的内聚力模型对推进剂的裂纹扩展进行了有限元模拟计算,其中内聚断裂能和内聚强度通过实验得到。预测的裂纹扩展路径和实验结果基本一致,说明率不相关内聚力模型是正确的。James 建立了固体推进剂的裂纹产生和扩展的数学模型,其计算结果和实验结果基本相似。

唐立强等人建立了刚性-黏弹性材料界面 I 型和 II 型动态裂纹扩展的力学模型,并根据问题的边界条件和连续条件,计算得出裂纹尖端连续的分离变量形式的应力、应变和位移场。袁端才、李九天等人基于线黏弹性三维有限元法,确定发动机药柱点火发射时的危险部位,并在危险截面上预设表面裂纹,模拟裂纹扩展,计算得到应力强度因子随裂纹深度的变化规律,并以此为依据探讨了发动机药柱裂纹的扩展趋势,通过对某型固体发动机药柱在点火发射时的数值计算,评估了药柱表面裂纹的稳定性。

随着理论研究的发展,对于固体推进剂类黏弹性介质中裂纹的传播、裂纹尖端应力应变场等都有深入的研究。然而,目前关于推进剂的裂纹传播模型考虑黏弹性材料的时间、温度效应的较少,建立考虑材料的时温相关性裂纹扩展模型很有必要;裂纹尖端场的研究也主要针对简单应力状态与固体发动机药柱的真实应力状态还有较大差距,考虑复杂应力状态的推进剂断裂理论仍有待进一步的研究。

3. 动态断裂研究进展

随着推进剂使用范围越来越广,对其性能要求也越来越高,特别是在低温点火瞬态,推进剂可能遇到低温和高应变速度加载情况,对推进剂的低温及动态断裂性能要求更高。目前,国内已有多家研制单位遇到低温点火试车故障。因此,研究推进剂在低温和高应变速度条件下的断裂特性具有重要意义。

在高应变速度下,推进剂一般表现出典型的脆性断裂特征,其损伤破坏形式主要为微裂纹的成核、生长和聚合。为了研究低温和高应变速度条件下推进剂的断裂性能,Ho 用 Hopkinson 杆研究了高应变速度条件下 HTPB 推进剂的冲击破坏特性对温度的依赖性,分析了不同温度和高应变速度下的应力-应变曲线,得到了屈服应力与温度、应变速度的关系式,得出 HTPB/AP 推进剂具有显著的温度和应变速度依赖性;同时还用 Hopkinson 杆和动态热分析研究了复合推进剂的断裂特性与其动态黏弹特性的关系。结果表明,推进剂的撞击感度不仅和聚合物基体的分子动能有关,还和基体/颗粒界面以及撞击温度有关。

Warren 使用三点弯曲试件进行了双基推进剂的落锤实验,测量了推进剂在 $-100 \sim 120 \, ^\circ\!C$ 的动态模量和损耗峰。结果表明,断裂韧性和试件的厚度相关,裂尖塑性区随着温度的降低而减小,从而导致在低温下推进剂变脆且断裂更多地以平面应变形式出现。Fong 用线弹性断裂力学方法进行了冲击条件下三点弯曲实验,发现推进剂内部颗粒尺寸和方向对冲击断裂韧性具有重要影响,冲击断裂韧性不依赖于应变速度变化(应变速度范围为 $3 \sim 90 \mathrm{s}^{-1}$)。

2002 年,Ho 建立了一种考虑力学损伤、温度和应变速度依赖性的高应变速度本构模型。该模型较好地考虑了损伤和高应变速度情况,能够预测固体推进剂复杂的非线性黏弹性响应,但是对于低温高应变速度条件下响应的预测效果不是很好。

对于推进剂动态性能的研究主要集中在压缩和拉伸性能方面,而对其动态断裂性能关注较少。起裂韧度研究是推进剂断裂性能研究的重要内容,并且它具有一定的应变速度相关性,需要进行动态加载下的断裂实验。动态断裂实验目前主要的实验手段包括 Hopkinson 杆加载、轻气炮加载、落锤实验以及电液伺服实验机等。黄风雷等人用轻气炮驱动飞片技术对复合推进剂进行了动态压缩和层裂实验。结果表明,在动态压缩条件下推进剂主要表现为固体颗粒的破碎,其在动态加载下呈现脆性断裂特性。李东通过建立由三维非线性黏弹性本构关系描述的固体推进剂有限元模型,研究了裂纹尖端应力应变场的分布及其动态场对加载速度的响应,得到固体推进剂表面裂纹在动态加载条件下的力学响应特性、场变化规律和裂纹起裂特征。

关于固体推进剂动态断裂的实验研究虽较少,但是对于高聚物黏结炸药(Polymer bonded explosive,PBX)的动态断裂实验已有较系统的研究。由于 PBX 和复合固体推进剂都属于颗粒增强型含能材料,它的动态断裂实验研究对于固体推进剂的研究具有一定的借鉴意义。罗景润采用有限元计算分析了 PBX 三点弯试件的动态应力强度因子,并根据 PBX 三点弯试件的动力响应特征以及金属材料动态起裂韧性实验测试方法的研究,探讨了 PBX 动态起裂韧性的实验测试技术,认为利用 Hopkinson 杆技术,结合实验-数值法或实验-分析法以及根据声发射技术判定试件的起裂时间,有望能合理地测定 PBX 材料的动态起裂韧性。陈荣建立了 Hopkinson 杆加载带预制裂纹的半圆盘三点弯试样来测试 PBX 动态 I 型断裂参数的实验方法。通过实验得到了动态加载下带预制裂纹 PBX 半圆盘三点弯试样表面的位移场以及应变场详细过程,试样的 I 型起裂韧度及传播韧度均随加载速度及试样密度的增加而增加。试样的表面能及传播韧度均随着裂纹传播速度的增加而增加,且存在裂纹传播的极限速度。

1.3.4 固体推进剂疲劳与失效研究进展

1. 复合固体推进剂的疲劳损伤演化

(1)疲劳裂纹的萌生

对固体推进剂疲劳裂纹萌生的研究是疲劳研究的核心内容之一。固体推进剂中裂纹萌生与增强颗粒的大小、分布等特性有密切的关系,疲劳裂纹主要在以下几类位置萌生:

1)增强颗粒开裂处。此类增强颗粒一般尺寸较大,与小颗粒相比,大颗粒边角部位较多,在这些部位易产生应力集中,同时大颗粒本身存在缺陷或在加工过程中产生缺陷的概率较大,因此易于成为裂纹源。

2)增强颗粒团聚区域。该区域内颗粒密度高,应力集中,有利于疲劳裂纹的萌生。团聚区域内一般还存在颗粒/基体界面结合不良的现象,更加易于发生界面脱黏成为疲劳源。

3)颗粒贫化区域。颗粒分布不均导致推进剂内部存在颗粒贫化区域,该区域因缺乏增强颗粒的强化而强度偏低,成为疲劳裂纹源之一。

4)粗大的颗粒间化合物。固体推进剂制备过程中易引入杂质元素,从而形成粗大的颗粒间化合物,这些化合物通常强度较低或者脆性较大,位于材料表层时,易于萌生疲劳裂纹。

5)固体推进剂制备过程中,内部产生的裂纹。

(2)疲劳裂纹的扩展

应力强度因子 K_{I} 通常被用来定量分析裂纹扩展过程中的尖端损伤,其值可由下式确定,即

$$K_{\mathrm{I}} = Y\sigma\sqrt{\pi a} \tag{1-7}$$

式中:Y 为构件的形状因子,与试样及其裂纹形状有关;σ 为应力幅值;a 为裂纹长度。

线弹性断裂力学认为疲劳裂纹扩展速度($\mathrm{d}a/\mathrm{d}N$)与应力强度因子的幅值 ΔK 有关,ΔK 可由通过下式进行计算,即

$$\Delta K = K_{\mathrm{Imax}} - K_{\mathrm{Imin}} = Y\Delta\sigma\sqrt{\pi a} = Y(\sigma_{\max} - \sigma_{\min})\sqrt{\pi a} \tag{1-8}$$

式中:K_{Imax} 为循环应力强度因子最大值;K_{Imin} 为循环应力强度因子最小值;$\sigma_{\max}$ 为循环最大应力;$\sigma_{\min}$ 为循环最小应力。

通常用 $\mathrm{d}a/\mathrm{d}N$-ΔK 对双对数坐标下的裂纹扩展速度曲线描述疲劳裂纹扩展的一般规律,传统的双对数坐标下的关系曲线一般包括三个阶段,主要描述长裂纹的扩展,即没有考虑到小裂纹扩展阶段。而相关研究表明,小裂纹扩展阶段占整个疲劳裂纹扩展全寿命的 70% 以

上。因此有必要将小裂纹扩展阶段纳入裂纹扩展曲线当中，从而得到广义的疲劳裂纹扩展行为全曲线（见图 1-11）。图 1-11 中，ΔK_{th} 为疲劳裂纹扩展的阈值，当应力强度因子幅值 ΔK 低于阈值 ΔK_{th} 时，裂纹不扩展，或者扩展速度非常缓慢，可忽略不计。根据相关标准，通常将裂纹扩展速度低于 10^{-7} mm/循环定义为长裂纹阈值，一般 ΔK_{th} 值是材料 K_{IC} 值（材料断裂韧度）的 5%～15%，ΔK_{th} 值对材料、环境及载荷比 $R(R=\sigma_{min}/\sigma_{max})$ 都比较敏感。

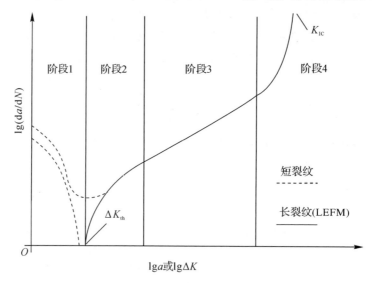

图 1-11　疲劳裂纹扩展曲线

图 1-11 中曲线主要分为以下 4 个阶段：

阶段 1：小裂纹扩展阶段。线弹性断裂力学认为当作用于裂纹尖端的应力强度因子幅值 ΔK 小于阈值 ΔK_{th} 时，裂纹不会扩展；然而小裂纹在阈值以下易燃会出现瞬态减速和加速扩展，故小裂纹扩展规律并不能用传统的线弹性断裂力学的基本原理进行描述，这是小裂纹扩展行为和长裂纹扩展行为的最主要差异。小裂纹扩展可按下式的数学模型进行描述，即

$$\frac{\mathrm{d}a}{\mathrm{d}N} = C a^a (d-a)^{1-a} \tag{1-9}$$

式中：C 为材料常数；N 为失效循环次数；d 和 a 分别为裂纹长度和材料微观组织单元尺度，一般为平均粒子尺寸。

阶段 2：当 ΔK 稍大于阈值时，裂纹开始低速扩展，通常将这一阶段的扩展称为近阈值扩展，裂纹扩展速度为 10^{-7}～10^{-6} mm/循环。

阶段 3：随着 ΔK 继续增加，裂纹扩展速度进入中部稳态扩展区，其主要特征是裂纹扩展速度与 ΔK 呈线性关系，其扩展速度为 10^{-6}～10^{-3} mm/循环，且受载荷比 R、材料类型和环境影响较小。中部稳态扩展区又称 Paris 区，此阶段裂纹扩展速度满足 Paris 公式，即

$$\frac{\mathrm{d}a}{\mathrm{d}N} = C(\Delta K)^m \tag{1-10}$$

式中：C,m 为材料常数，m 在数值上等于亚稳态扩展中 lg(da/dN)-lgΔK 直线部分斜率的大小，对于同一材料，m 不随构件的形状和载荷性质而改变，常数 C 与材料的力学性能（如屈服强度和硬化指数）、实验条件等有关。

阶段 4:随着 ΔK 的进一步增大,裂纹扩展速度快速升高直至最终断裂,进入快速扩展区。当 ΔK 的最大值达到临界应力强度因子 K_{IC} 时,裂纹扩展达到临界值,最终达到断裂。

复合材料的疲劳断裂扩展与颗粒自身的断裂与否直接相关。裂纹遇到增强颗粒、晶界等障碍时,只有绕过障碍才能进一步扩展。

裂纹闭合效应是指疲劳载荷循环的卸载过程中裂纹面过早接触并且载荷通过裂纹传递的一种现象。裂纹闭合效应越大,材料疲劳裂纹扩展抗力越大。通常,裂纹扩展的表现驱动力为

$$\Delta K = K_{Imax} - K_{Imin} \tag{1-11}$$

在一个完整的疲劳循环中,当 $K_I = K_{Imin}$ 时,裂纹前端并不张开,只是当 K_I 增大到某一临界值 K_{op} 时,裂纹才完全张开,才可能实现扩展,此时裂纹扩展的有效驱动力为

$$\Delta K_{eff} = K_{Imax} - K_{op} \tag{1-12}$$

由裂纹闭合效应可知,裂纹面越早接触,K_{op} 越大,ΔK_{eff} 也就越小。在近门槛区阶段,裂纹不能破坏增强颗粒,必须绕过增强颗粒,造成断口粗糙不平。与未增强颗粒相比,复合材料断口也因增强颗粒的存在而获得"额外"的表面粗糙度,循环中断口由于几何错配而过早接触的概率也随之增大,造成固体推进剂裂纹闭口效应增大,裂纹扩展速度降低。

疲劳裂纹偏折效应同样是近门槛区疲劳裂纹扩展减速或停止的重要机制之一。固体推进剂的增强颗粒和晶界造成疲劳裂纹偏折。与未增强颗粒相比,增强颗粒会"额外"增大疲劳裂纹扩展的偏折次数和偏折程度,使裂纹扩展方向偏离名义上的 Ⅰ 型裂纹扩展面。这种裂纹与具有相同投影长度的直裂纹相比具有较低的驱动力,同时裂纹扩展的路径也增多。上述两个方面的影响均使裂纹扩展的驱动力下降。

中部稳态扩展及最终断裂阶段裂纹尖端应力强度因子增大,裂纹尖端的塑性区面积比近门槛区时明显增大,可包围几个晶粒大小,此时裂纹闭合效应的影响已不明显,疲劳裂纹扩展的有效驱动力较大,裂纹可以克服其尖端遇到的多数障碍。与近门槛区相比,该阶段的断口形貌及疲劳机理均发生深刻变化。固体推进剂的稳态扩展区、最终裂纹区的断口形貌与未增强颗粒的显著不同,未增强颗粒在该阶段的疲劳断口主要为疲劳条纹组织,而固体推进剂的断口主要由撕裂脊、微孔和韧窝、开裂的增强颗粒、颗粒/基体界面脱黏等形貌构成。

颗粒增强复合材料的疲劳性能影响因素有增强颗粒的尺寸、体积分数、分布状态、颗粒/基体界面结合强度、界面应力状态等。减小增强颗粒尺寸可以抑制疲劳裂纹扩展。首先,当颗粒的体积分数相同时,颗粒粒径越小,复合材料中颗粒间距也越小,裂纹扩展过程中裂纹尖端遇到颗粒的概率增大,从而造成疲劳裂纹闭合和疲劳裂纹偏折,有效提高了复合材料疲劳极限,并降低了疲劳裂纹扩展速度。其次,大颗粒本身含有缺陷的概率以及颗粒周围产生的应力集中均较大,易于成为疲劳裂纹源并有利于裂纹扩展,造成复合材料的疲劳裂纹扩展速度提高,疲劳寿命降低。

增强颗粒体积分数增大,复合材料疲劳极限提高,这首先是由载荷传递原理决定的。复合材料中,增强颗粒比基体承担更大的载荷。随着颗粒体积分数的增大,更多的载荷由基体传递到颗粒,因此相同载荷条件下,颗粒体积分数大的复合材料的变形量小,疲劳裂纹不易萌生和扩展。另外,由于成分及制备工艺复杂,很难制备出无杂质的复合材料,由杂质所生成的脆性颗粒间化合物有利于疲劳裂纹的萌生和扩展,使其疲劳性能降低。而强度、刚度较高的增强颗粒在塑性加工过程尤其是大变形量的挤压中可以破碎颗粒间化合物,使其分布均匀,颗粒体积分数越大,这一效果也越明显。颗粒体积分数越大,基体含量就越小,因此在相同的循环塑性

应变条件下,基体上发生的塑性应变增大,而基体可以承担的总的塑性应变有限,最终造成颗粒体积分数较大的材料首先发生低周疲劳失效。增强颗粒分布的均匀性越好,越有利于复合材料获得较高的疲劳性能。增强颗粒的分布均会造成复合材料中分别存在增强颗粒团聚和"基体富集"的区域,与颗粒分布均匀区域相比,颗粒团聚区域存在更大的应力集中,并且增强颗粒/基体界面结合不良的概率也较大,这有利于疲劳裂纹萌生和扩展。

2. 疲劳寿命预估

复合材料的疲劳寿命预估理论大致分为两类:一类是应力-寿命($S-N$)曲线理论,另一类是疲劳累积损伤理论。基于这两种理论,发展了两类疲劳寿命预估模型:一类是 $S-N$ 曲线模型,另一类是疲劳累积损伤模型。

$S-N$ 曲线法最简单的公式为

$$\sigma_a = \sigma_\mu - b \lg N \tag{1-13}$$

式中:σ_a 为最大应力;σ_μ 为材料的静态强度;b 为材料常数;N 为失效循环次数,即疲劳寿命。这种方法也称为疲劳寿命与静态强度相关性法。

为了考虑平均应力对疲劳寿命的影响,Lessard 等人提出了量纲为 1 的应力的概念,用一条 $S-N$ 曲线预测不同平均应力条件下的疲劳寿命,即

$$\mu = \frac{\ln(a/k)}{\ln[(1-q)(c+q)]} = A + B \lg N \tag{1-14}$$

式中:μ 为量纲为 1 的应力参数;q,a,c 为量纲为 1 的应力,且 $q = \sigma_m/\sigma_t$,$c = \sigma_c/\sigma_t$,σ_m 为平均应力,σ_a 为交变应力幅,σ_c 为抗压强度,σ_t 为拉伸应力;k 为实验常数;A,B 为曲线拟合常数,确定 A,B 后,即可对不同平均应力下的单轴疲劳寿命进行预测。

与合金相比,在相同的应力幅值下,复合材料通常具有更高的疲劳寿命,这主要是因为复合材料具有较高的弹性模量。除了与弹性模量相关外,复合材料较高的 $S-N$ 曲线还与其微观结构之间存在密切联系。研究表明,在相同体积分数下,不同尺寸的复合材料可能具有相同的弹性模量,以及不同的 $S-N$ 疲劳曲线。虽然 $S-N$ 曲线能对复合材料疲劳寿命进行一定程度的预测,但是 $S-N$ 曲线是在恒幅循环加载应力条件下得到的,只能提供复合材料基本的疲劳特性参数,无法描述多级应力或复杂循环加载应力条件下复合材料的实际疲劳过程。由于 $S-N$ 曲线不能充分地解释伴有复杂疲劳损伤机理发生的复合材料疲劳响应,因此,出现了基于疲劳损伤机理和累积损伤理论的复合材料疲劳寿命预测模型。基于累积损伤理论的疲劳寿命预测模型包括基于剩余刚度、剩余强度、剩余能量、疲劳模量等损伤参量的模型,以及疲劳渐进损伤模型和其他非线性疲劳累积损伤模型。其中,常见的疲劳损伤累积模型主要包括剩余强度模型和剩余刚度模型等。

强度是复合材料的一项重要的力学性能,它宏观反映了材料抵抗破坏的能力。在疲劳交变载荷作用下,复合材料的剩余强度不断衰减,剩余强度是材料性能退化的宏观反映。材料的剩余强度与所加载荷的循环次数为非线性关系,剩余强度随循环次数的增加而下降,当剩余强度达到外载荷的应力幅值 σ_{max} 时,材料即被破坏,其剩余强度模型为

$$\frac{d\sigma(n)}{dn} = -\frac{-F(\sigma_{max})}{m[\sigma(n)]^{m-1}} \tag{1-15}$$

式中:$\sigma(n)$ 为循环次数为 n 时的剩余强度,剩余强度与载荷循环次数 n、应力水平 σ 以及应力比 R(加载的最小应力与最大应力的比值)有关;$F(\sigma_{max})$ 和 m 是与最大循环应力 σ_{max} 相关的函数,

通过剩余强度实验确定。

材料的剩余强度满足两个边界条件：

1）未加载时，$n=0$，$\sigma(n)=\sigma_{ult}$，σ_{ult}是复合材料载荷方向的静强度。

2）疲劳断裂时，$n=N$，$\sigma(n)=\sigma_{max}$。

但是，剩余强度模型中的参数需要通过破坏性实验测得，因此实验耗费多，工作量大。另外，剩余强度模型认为所有疲劳数据的分散性是由于初始静强度的分散性造成的，这未必符合实际情况。同时，这种模型通过疲劳实验仅对剩余强度变化率进行描述，而整个疲劳过程还有其他材料属性发生变化，因此只用剩余强度疲劳变化率一个参量来描述疲劳过程的演化规律是不全面的。

在疲劳实验过程中，无须进行破坏性实验即可连续测得材料的刚度变化，而且材料的刚度与内部的微观损伤扩展有紧密的联系。因此，刚度是表征疲劳性能的一个很有潜力的宏观无损测试参数，能够实时描述加载过程中材料的损伤状态以及损伤过程中的剩余强度和疲劳寿命衰减情况。在复合材料的疲劳研究中，依据描述角度的不同，常用的刚度主要包括切线模型 $E_T(n)$、割线模量 $E_C(n)$ 和疲劳模量 $E_F(n)$ 等。剩余刚度模型主要是建立在实验数据分析基础上的经验性模型，没有考虑复合材料结构内部的复杂损伤机理。

为了满足工程上的需要，研究者从宏观角度出发建立了很多经验性的刚度模型，其中最早提出的宏观剩余刚度模型，认为刚度的下降与循环次数的幂次方成正比：

$$E(n)=E(0)(1-Qn^v) \tag{1-16}$$

式中：$E(0)$为沿主轴方向的初始弹性模量；$Q=a_1+a_2v$；v 与所加载的应力水平 S 呈线性关系，a_1，a_2 为材料常数，由实验确定。

用剩余刚度度量复合材料的疲劳损伤也存在缺点，其原因在于剩余刚度的破坏准则难以确定，且刚度对疲劳损伤的敏感度较低。用剩余刚度模型描述具有各向异性的复合材料时，至少需要四个模量，即轴向弹性模量 E_{11}、横向弹性模量 E_{12}、面内切变模量 G_{12} 和泊松比 v_{12}，因此，测试难度较大。

国内外学者针对压强对固体弹性材料力学性能的影响开展了一系列研究。实验结果表明，复合材料属于压力敏感材料。Tra 及 Paip 研究表明，固体弹性材料在不同压强环境下的力学行为规律与常压下的变化规律差异很大。Liu 等人针对围压对高填充弹性体内裂纹扩展的影响机理展开了研究。Sayeed 及 Alim 分别研究了围压对粒状弹性材料强度和变形特性的影响。何铁山等人研究了室温下环境压强对 NEPE 推进剂力学行为的影响。王广等人从微观、细观和宏观角度分析了围压对 NEPE 推进剂强度的影响。王小英等人指出环境压强对 NEPE 推进剂力学行为的影响存在一个阈值。目前，国内外进行药柱失效评估时，一般仍采用常压条件下单向拉伸的最大伸长率作为失效判据。姚东等人指出压力环境下 NEPE 推进剂的破坏研究，采用基于常规拉伸实验的 Mises 准则是过于保守的。如某型固体发动机以常压下最大伸长率进行工作内压下安全裕度评估时，评估结果已小于极限值（1.0），理论上药柱结构应发生破坏，但实际上发动机全程工作正常，表明该失效判据已不再适用。

强洪夫等人基于三组元 HTPB 复合固体推进剂在不同热加速老化时间（0，32d，74d，98d）和不同加载温度（$-50\,^{\circ}C$，$-40\,^{\circ}C$，$-30\,^{\circ}C$，$-20\,^{\circ}C$，$25\,^{\circ}C$）以及不同应变速度（$0.40s^{-1}$，$4.00s^{-1}$，$14.29s^{-1}$，$42.86s^{-1}$，$63s^{-1}$）条件下的单轴和准双轴拉伸力学性能及细观损伤实验，分析了加载条件对推进剂初始弹性模量、强度和最大伸长率的影响规律，研究了单轴和准双轴拉伸加载下三组元 HTPB 复合固体推进剂的失效。结果表明,动态单轴加载下推进剂易因拉伸应力作用而失效,且热老化后推进剂抵抗破坏的能力降低,拉伸时的最大伸长率可选为失效判据。另外,拉压强度比更能反映推进剂的动态单轴拉压差异性,室温和低温条件下,其数值分别接近于 0.4 和 0.2。动态准双轴拉伸加载下,推进剂的最大伸长率较单轴加载时明显降低,降低的幅度随热老化时间增长而增大,且温度越低,降低越明显。低温高应变速度条件下,最大伸长率不受应力状态和应变速度变化的影响。动态双轴拉伸条件下的最大伸长率可选为相应加载下推进剂的失效判据以及点火减压条件下战术导弹固体火箭发动机药柱结构完整性分析的判据。

在固体发动机工作过程中,燃烧室药柱处于三向受压状态下,围压条件对推进剂力学性能有增强。该增强作用在细观结构上表现为延缓推进剂中微裂纹与真空孔穴(脱湿)的出现,并限制其在固体填料周围黏结剂中的扩展;在宏观力学性能上表现为在低温高应变速度下推进剂的最大伸长率 ε_m 由常压下的较小值增大到接近断裂伸长率 ε_b。为了准确分析和评估火箭发动机在点火工作期间药柱的结构完整性,刘梅等人提出了围压环境下的失效判据,Abaqus使用超弹性模型,通过围压环境对推进剂力学性能的影响分析,提出以推进剂断裂伸长率 ε_b 作为药柱在工作内压下的失效判据,并结合某翼柱型装药结构的有限元分析、完整性评估及地面实验,验证了该判据的合理性(见图 1-12)。

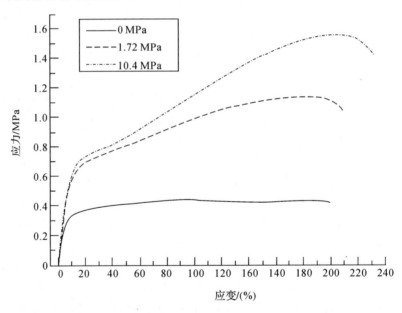

图 1-12　常压、低压及高压下的单向拉伸测试结果

参 考 文 献

[1]　庞维强,李高春,许进升,等. 固体推进剂损伤多尺度模拟[M]. 北京:科学出版社,2021.

[2] 徐学文,邢耀国,彭军. 固体火箭发动机装药裂纹危险性研究综述[J]. 海军航空工程学院学报,2007,22(1):101 - 105.

[3] 庞爱民. 固体火箭推进剂理论与工程[M]. 北京:中国宇航出版社,2014.

[4] 庞爱民,郑剑. 高能固体推进剂技术未来发展展望[J]. 固体火箭技术,2004,27(4):289 - 293.

[5] 陈向东,常新龙,刘宏博,等. 固体推进剂动态力学行为研究进展[J]. 固体火箭技术,2017,40(2):176 - 182.

[6] 宋丹平. 固体推进剂细观力学与本构关系研究[D]. 武汉:武汉理工大学,2008.

[7] 刘新国,刘佩进,强洪夫. 复合固体推进剂脱湿研究进展[J]. 固体火箭技术,2018,41(3):313 - 318.

[8] 王稼祥,强洪夫,王哲君. 复合固体推进剂细观力学研究进展[J]. 固体火箭技术,2020,43(6):787 - 798.

[9] 龚建良,刘佩进,李强. 一种粒子增强体复合材料的线粘弹性模型[J]. 固体火箭技术,2012,35(6):756 - 759.

[10] 申柳雷,申志彬,李晶钰,等. 复合固体推进剂等效力学性能 VCFEM 细观预示方法[J]. 国防科技大学学报,2018,40(4):53 - 58.

[11] 曲凯,张旭东,李高春. 基于内聚力界面脱黏的复合固体推进剂力学性能研究[J]. 火炸药学报,2008,31(6):77 - 81.

[12] 赵玖玲,强洪夫. 基于黏附功的复合推进剂 AP/基体界面损伤宏细观仿真[J]. 固体火箭技术,2011,34(5):614 - 618.

[13] 赵玖玲,强洪夫. 复合固体推进剂宏细观损伤机理[M]. 北京:中国宇航出版社,2014.

[14] 刘著卿,李高春,邢耀国,等. 复合固体推进剂细观损伤扫描电子显微镜实验及数值模拟[J]. 推进技术,2011,32(3):412 - 416.

[15] KERNER E H. The elastic and thermo - elastic properties of composite media [J]. Proceedings of the Physical Society B,1956,69:808 - 813.

[16] 王哲君. 低温动态加载下 HTPB 推进剂力学行为的实验和理论研究[D]. 西安:火箭军工程大学,2016.

[17] 祝世杰,王菲,范晓峰. 氧化剂对四组元 HTPB 推进剂力学性能的影响[J]. 航天制造技术,2015(5):7 - 10.

[18] 封涛,许进升,陈雄,等. 复合固体推进剂颗粒/基体界面参数反演优化[J]. 计算机仿真,2018,35(9):25 - 30.

[19] 王晨光. 纳米铝粉在固体推进剂中的应用研究[D]. 长沙:国防科学技术大学,2008.

[20] 周红梅,袁军,赖建伟,等. 固体推进剂低温细观损伤仿真研究[J]. 固体火箭技术,2017(6):736 - 740.

[11] NIELSE N,AWRENCE E. Generalized equation for the elastic moduli of composite materials [J]. Journal of Applied Physics,1970,41(11):4626 - 4627.

[22] 李高春,邢耀国,戢治洪,等. 复合固体推进剂细观界面脱黏有限元分析[J]. 复合材料学报,2011,28(3):229 - 235.

[23] 职世君，曹付齐，申志彬，等. 复合固体推进剂双折线脱湿损伤模型参数影响分析[J]. 固体火箭技术，2017，40(2)：183-188.

[24] 封涛，郑健，许进升，等. 复合固体推进剂细观结构建模及脱黏过程数值模拟[J]. 航空动力学报，2018，33(1)：223-231.

[25] 封涛，许进升，李昊，等. 考虑初始界面缺陷的复合固体推进剂力学性能研究[J]. 弹箭与制导学报，2018，38(3)：87-90.

[26] 赵玖玲. 基于全域 CZM 的复合推进剂细观损伤与断裂研究[J]. 固体火箭技术，2019，42(3)：269-274.

[27] 职世君，孙冰，张建伟. 基于细观颗粒夹杂模型的固体推进剂导热系数预测[J]. 航空动力学报，2013，28(5)：1187-1191.

[28] 职世君，孙冰，张建伟. 基于表面黏结损伤的复合固体推进剂细观损伤数值模拟[J]. 推进技术，2013，34(2)：273-279.

[29] 刘红岩，杨军. 冲击载荷作用下岩体破坏规律的数值流形方法模拟研究[J]. 爆炸与冲击，2005，25(3)：255-259.

[30] 王晓明，沈亚鹏. 一种固体推进剂破坏的细观实验研究[J]. 应用力学学报，1993，10(3)：98-102.

[31] 黄涛. 高聚物黏结炸药损伤破坏的流形元法模拟研究[D]. 北京：北京理工大学，2006.

[32] 马昌兵. 复合固体推进剂细观结构建模及其力学行为数值模拟[D]. 西安：第二炮兵工程学院，2011.

[33] 韩龙. 复合固体推进剂细观损伤机理及本构模型研究[D]. 南京：南京理工大学，2017.

[34] RAMSHORST M C J, BENEDETTO G L D, DUVALOIS W, et al. Investigation of the failure mechanism of HTPB/AP/Al propellant by in-situ uniaxial tensile experimentation in SEM [J]. Propellants Explosives Pyrotechnics, 2016, 41: 700-708.

[35] GIUSEPPE L, MARTHINUS C J, WILLEM D. In-situ tensile testing of propellants in SEM: influence of temperature [J]. Propellants Explosives Pyrotechnics 2017, 42: 1396-1400.

[36] 李敬明，郑雪，李伟，等. NEPE 推进剂拉伸破坏过程实验研究[J]. 含能材料，2009，17(2)：241-250.

[37] 郑剑. 高能固体推进剂性能及配方设计专家系统[M]. 北京：国防工业出版社，2014.

[38] 陈煜，刘云飞，谭惠民. NEPE 推进剂的细观力学性能研究[J]. 火炸药学报，2008，31(1)：56-59.

[39] 杨秋秋，蔡如琳，徐胜良，等. 原位拉伸扫描电子显微镜法研究 GAP 推进剂的损伤行为[J]. 火炸药学报，2019，42(5)：511-516.

[40] 李高春，邢耀国，王玉峰，等. 基于细观力学的复合固体推进剂模量预估方法[J]. 推进技术，2007，28(4)：441-444.

[41] 李高春，刘著卿，张璇，等. SEM 与数字图像法分析复合推进剂细观破坏[J]. 含能材

料，2013，21(3)：330 - 333.

[42] 封涛，许进升，韩龙，等. 细观结构对 HTPB 推进剂力学性能影响的数值研究[J]. 功能材料，2018，49(1)：01078 - 01082.

[43] 职世君，张建伟，张泽远. 复合固体推进剂细观损伤形貌数值模拟[J]. 固体火箭技术，2015 (2)：239 - 244.

[44] 职世君，曹付齐，申志彬，等. 复合固体推进剂颗粒脱湿损伤参数反演[J]. 推进技术，2016，37 (10)：1977 - 1983.

[45] 史佩，李高春，王玉峰，等. 复合推进剂颗粒填充模型的分子动力学模拟方法[J]. 计算机与应用化学，2007，24(5)：665 - 668.

[46] 韩波，鞠玉涛，周长省，等. HTPB 推进剂黏聚断裂研究[J]. 固体火箭技术，2013，36(1)：89 - 93.

[47] 曲凯，张旭东，李高春. 定应力和拉伸速度对复合固体推进剂反复拉伸实验的影响[J]. 火炸药学报，2011，34(3)：79 - 82.

[48] TAN H. The uniaxial tension of particulate composite materials with nonlinear interface debonding [J]. International Journal of Solid and Structures，2007，44：1809 - 1822.

[49] 许进升. 复合推进剂热粘弹性本构模型实验及数值模拟研究[D]. 南京：南京理工大学，2013.

[50] 韩波，鞠玉涛，周长省，等. HTPB 推进剂黏聚区本构模型反演识别研究[J]. 兵工学报，2012，33(11)：1335 - 1341.

[51] MATOUS K，GEUBELLE P H. Multiscale modeling of particle debonding in reinforced elastomers subjected to finite deformations [J]. International Journal for Numerical Methods in Engineering，2006，65：190 - 223.

[52] MATOUS K，GEUBELLE P H. Finite element formulation for modeling particle debonding in reinforced elastomers subjected to finite deformations [J]. Computer Methods in Applied Mechanics and Engineering，2006，196：620 - 633.

[53] 刘著卿，李高春，张勇，等. 基于数字图像处理的复合推进剂细观颗粒填充模型[J]. 计算机与应用化学，2010，27(7)：983 - 986.

[54] HUBNER C. The importance of micromechanical phenomena in energetic materials [J]. Propellant Explosives Pyrotechnics，1999(24)：119 - 125.

[55] KWON Y W，LIU C T. Damage growth in a particulate composite under a high strain rate loading [J]. Mechanics Research Communication，1998，25(3)：329 - 336.

[56] KWON Y W，BERNER J M. Micromechanics model for damage and failure analyses of laminated fibrous composites [J]. Engineering Fracture Mechanics，1995，52(2)：231 - 242.

[57] 彭威. 复合固体推进剂粘弹损伤本构模型的细观力学研究[D]. 长沙：国防科学技术大学，2001.

[58] 李敬明，温茂萍，黄毅民. 热循环对 TATB 基高聚物黏结炸药性能的影响研究[J]. 含能材料，2005，13(4)：208 - 210.

[59] 陈广南，张为华. 固体火箭发动机撞击与热安全性分析[M]. 北京：国防工业出版社，2008.

[60] 葛爱学. 固体火箭发动机点火过程与装药裂纹相互作机理研究[D]. 长沙：国防科学技术大学，2004.

[61] 刘著卿，颜世东，丁彪. 药柱裂纹对固体火箭发动机工作过程的影响[J]. 海军航空工程学院学报，2007，22(4)：443-446.

[62] 吕光珍. 固体推进剂裂纹扩展的实验研究[J]. 推进技术，1988(6)：41-47.

[63] LIU C T，SMITH C W. Temperature and rate effects on stable crack growth in a particulate composite material [J]. Experimental Mechanics，1996(36)：290-295.

[64] 屈文忠. 国产 HTPB 复合推进剂裂纹扩展特性的实验研究[J]. 推进技术，1994(6)：88-92.

[65] 成曙，路延镇，蔡国飙，等. 含Ⅰ型裂纹复合固体推进剂双轴拉伸实验研究[J]. 宇航材料工艺，2007(5)：63-66.

[66] KUO K K，CHEN A T，DAVIS T R. Convective burning in solid-propellant cracks [J]. AIAA Journal，1978，16(6)：600-607.

[67] KUMAR M，KUO K K. Ignition of solid propellant crack tip under rapid pressurization[J]. AIAA Journal，1980,18(7)：825-833.

[68] KUO K K，KUMAR M，MANTZARAS J. Different modes of cracke propagation in burning solid propellants [J]. Journal of Propulsion and Power，1987，3(1)：22-26.

[69] 熊华. 固体推进剂裂纹燃烧时扩展条件的实验研究和理论分析[D]. 烟台：海军航空工程学院，1999.

[70] 沈伟. 固体推进剂裂纹燃烧与扩展的研究[D]. 烟台：海军航空工程学院，2000.

[71] 张文普，何国强，刘佩进，等. 固体推进剂装药裂纹内燃烧流动的实验研究[J]. 推进技术，2000，21(5)：58-60.

[72] SCHAPERY R A. A theory of crack initiation and growth in viscoelastic media Ⅰ. Theoretical development [J]. International Journal of Fracture，1975，11(1)：141-159.

[73] SWANSON S R. Application of schapery's theory of viscoelastic fracture of solid propellant [J]. J Spacecraft and Rockets，1976，13(9)：528-535.

[74] 陈光学. 固体推进剂中裂纹扩展的一条新定律[J]. 国外固体火箭技术，1987(4)：40-45.

[75] RICE J R，ROSENGREN G F. Plane strain deformation near crack tip in a power law hardening material [J]. Journal of Mechanics and Physics of Solids，1968，16(1)：1-12.

[76] SMIRNOV N N. Convective burning in channels and cracks in solid propellants [J]. Fizika Goreniyai Varyva，1985，21：29-36.

[77] 唐立强，谭英杰，蔡艳红. 刚性-粘弹性材料界面Ⅰ型动态扩展裂纹的尖端场[J]. 力学季刊,2004，25(2)：188-194.

[78] 唐立强，谭英杰，蔡艳红. 刚性-粘弹性材料界面Ⅱ型动态扩展裂纹的尖端场[J]. 哈尔

滨工业大学学报，2004，36(9)：1206 - 1209.

[79] 袁端才，唐国金，雷勇军. 固体发动机药柱表面裂纹分析[J]. 实验技术与实验机，2006 (1)：9 - 13.

[80] 李东，黄国臣，周长省，等. 双基固体推进剂裂纹开裂方向的研究[J]. 弹道学报，2008，20(3)：24 - 28.

[81] KNAUSS W G. The mechanics of polymer fracture [J]. Applied Mechanics Reviews，1973，26：1 - 17.

[82] GODAI T. Flame propagation into the crack of a solid propellant cracks [J]. AIAA Journal，1970 (8)：1322 - 1327.

[83] 李江，何国强，蔡体敏. 固体推进剂裂纹燃烧流场的数值模拟[J]. 推进技术，1999，20(3)：36 - 39.

[84] 韩小云，周建平. 固体推进剂裂纹对流燃烧和扩展的研究分析[J]. 推进技术，1997，18(6)：42 - 45.

[85] 韩小云，周建平. 固体推进剂燃烧断裂边界二维流场特性[J]. 推进技术，1998，19(6)：20 - 23.

[86] 邢耀国，熊华，董可海，等. 聚硫推进剂燃烧条件下裂纹扩展过程的研究[J]. 推进技术，2000，21(3)：71 - 74.

[87] MILLER T C，LIU C T. Pressure effects and fracture of a rubbery particulate composite [J]. Experimental Mechanics，2001，41：254 - 259.

[88] LIU C T. Crack growth behavior in a solid propellant [J]. Engineering Fracture Mechanics，1997，56(1)：127 - 135.

[89] BENCHER C D，DAUSKARDT R H，RITEHIE R O. Micro - structural damage and fracture processes in a composite solid rocket propellant[J]. Journal of Spacecraft and Rockets，1995，32(2)：328 - 334.

[90] LITTLE R R. An Investigation of fracture characterization for composite solid propellants[D]. Tuscaloosa：The University of Alabama，1998.

[91] LIU C T，RAVICHANDRAN G. Influence of confining pressure on the crack growth behavior in highly filled elastomer [J]. Journal of Applied Mechanics，2006，73：778 - 782.

[92] IER K M，HO S Y，WILLIAMS D. Fracture behavior of accelerated aged solid rocket propellants[J]. Journal of Materials Science，1999，34：4209 - 4218.

[93] Giuseppe S T，Victor E S，Robert T，et al. Fracture mechanics of composite solid rocket propellant grains：material testing[J]. Journal of Propulsion and Power，2009，25(1)：60 - 73.

[94] 屈文忠. 国产 HTPB 复合推进剂中裂纹扩展特性的研究[D]. 西安：第二炮兵工程学院，1994.

[95] 王亚平，王北海. 丁羟推进剂拉伸脱湿的电子显微镜观测[J]. 固体火箭技术，1999，21(2)：71 - 74.

[96] 职世君，孙冰，张建伟. 固体推进剂复合型裂纹扩展数值计算[J]. 固体火箭技术，

2011，34(2)：28－31.

［97］ 张亚，强洪夫，杨月诚. 国产 HTPB 复合固体推进剂Ⅰ-Ⅱ型裂纹断裂性能实验研究 [J]. 含能材料，2007，15(4)：359－362.

［98］ 常新龙，余堰峰，张有宏，等. HTPB 推进剂老化断裂性能实验[J]. 推进技术，2011，32(4)：564－568.

［99］ KNAUSS W G. Delayed failure, the griffith problem for linearly viscoelastic materials[J]. International Journal of Fracture Mechanics, 1970, 6(1)：7－20.

［100］ SCHAPERY R A. Analysis of damage growth in particulate composites using a work potential [J]. Composites Engineering, 1991, 3(1)：167－182.

［101］ KNAUSS W G. Stable and unstable crack growth in viscoelastic media [J]. Transactions of the Society of Rheology, 1969, 13(3)：291－313.

［102］ SEHAPERY R A. A theory of crack initiation and growth in viscoelastic media Ⅱ. Approximate methods of analysis[J]. International Journal of Fracture, 1975, 11(3)：369－388.

［103］ SCHAPERY R A. A theory of crack initiation and growth in viscoelastic media Ⅲ. Analysis of continuous growth [J]. International Journal of Fracture, 1975, 11(4)：549－562.

［104］ GAMBY D, DELAUMENIE V. Measurement and modeling of crack propagation velocity in a viscoelastic matrix composite[J]. Composites Part A, 1997, 28A：875－881.

［105］ HILTON H H. Implications and constraints of time－independent poisson ratios in linear isotropic and aniaotropic viscoelasticity[J]. Journal of Elasticity, 2001, 635：151－221.

［106］ SCHAPERY R A. Correspondence principles and generalized J integral for large deformation and fracture analysis of viscoelastic media [J]. International Journal of Fracture, 1984, 25：195－223.

［107］ SCHAPERY R A. A theory of mechanical behavior of elastic media with growing damage and other changes in structure[J]. Journal of the Mechanics and Physics of Solids, 1990, 38(2)：215－253.

［108］ HAN B, JU Y T, ZHOU C S. Simulation of crack propagation in HTPB propellant using cohesive zone model [J]. Engineering Failure Analysis, 2012, 26：304－317.

［109］ 李九天，雷勇军，唐国金，等. 固体火箭发动机药柱表面裂纹分析[J]. 固体火箭技术，2008，31(5)：471－474.

［110］ 于洋，王宁飞，张平. 一种自由装填式组合药柱的低温三维结构完整性分析[J]. 固体火箭技术，2007，30(1)：34－38.

［111］ MULLI W J, CURRAN D R, SEAMAN L. Fracture model for high energy propellant[J]. Shock Waves in Condensed Matters, 1981, 78：460－464.

［112］ 赖建伟，常新龙，王朝霞，等. 固体推进剂低温力学性能的研究进展[J]. 火炸药学报，2013，36(2)：1－8.

[113] 索涛，邓琼，苗应刚，等. 基于 Hopkinson 压杆实验技术的含能材料动态力学性能测试方法研究进展[J]. 火炸药学报，2010，33(2)：5 - 9.

[114] 卢芳云，林玉亮，王晓燕，等. 含能材料的高应变速度响应实验[J]. 火炸药学报，2006，29(1)：1 - 4.

[115] HO S Y, FONG C W. Temperature dependence of high strain - rate impact fracture behavior in highly filled polymeric composite and plasticized thermoplastic propellants[J]. Journal of Material Science，1987，22：3023 - 3031.

[116] HO S Y, FONG C W. Correlation between fracture properties and dynamic mechanical relaxations in composite propellants [J]. Polymer，1987，28：739 - 744.

[117] WARREN R C. Impact fracture behavior of double - base gun propellants[J]. Journal of Materials Science，1985，20：3131 - 3140.

[118] FONG C W, WARREN R C. The effect of filler particle size and orientation on the impact fracture toughness of a highly filled plasticized polymeric material [J]. Journal of Materials Science，1985，20：3101 - 3110.

[119] HO S Y. High strain - rate constitutive models for solid rocket propellants[J]. Journal of Propulsion and Power，2002，18(5)：1106 - 1111.

[120] 黄风雷，王泽平，丁敬. 复合固体推进剂动态断裂研究[J]. 兵工学报，1995(2)：47 - 50.

[121] 李东. 固体推进剂药柱表面裂纹动态力学特性研究[D]. 南京：南京理工大学，2009.

[122] 罗景润. PBX 的损伤、断裂及本构关系研究[D]. 绵阳：中国工程物理研究院，2001.

[123] 陈荣. 一种 PBX 炸药试样在复杂应力动态加载下的力学性能实验研究[D]. 长沙：国防科学技术大学，2010.

[124] 赵玉涛，陈刚. 金属基复合材料[M]. 北京：机械工业出版社，2019.

[125] 俞茂宏. 强度理论百年总结[J]. 力学进展，2004，34(4)：529 - 560.

[126] TRA I Y, NINOUS J, NEVIRER R, et al. Mechnical behavior of a solid composite preopellant during motro ignition [J]. Rubber Chemistry and Technology，1994，68(1)：146 - 157.

[127] PAIP C H, MEIER D J. The effect of pressure on the ultimate preoperties of elastomers [J]. Rubber Chemistry and Technology，1991，65(2)：396 - 410.

[128] ABU S, KIICHI S, MIZANUR R. Strength and deformation characterisics of granular materials under extremely low to high cofining pressures in triaxial compression [J]. International Journal of Civil & Enviromental Engineering，2011，11(4)：1 - 6.

[129] ABU A, KIICHI S, KAZUYOSHI I, et al. Effect of confining pressure on the strength behavior of granular material simulated by the discrete element method [J]. International Journal of Civil & Enviromental Engineering，2006，372(4)：1 - 4.

[130] 何铁山，张劲民. 环境压强对固体推进剂力学行为的影响[J]. 推进技术，2005，26(4)：368 - 370.

[131] 王广，陈刚. 围压对 NEPE 推进剂强度的影响[J]. 上海航天，2011，28(3)：55 - 59.

[132] 王小英，何铁山，张林，等. 环境压强对 NEPE 推进剂单向拉伸力学行为的影响[J].

固体火箭技术，2017，40(4)：466-470.

[133] 姚东，高波，杨月诚，等. 压力环境下 NEPE 推进剂强度参数预测[J]. 强度与环境，2013,40(1)：23-28.

[134] 强洪夫，王哲君，王广，等. 低温动态加载下三组元 HTPB 复合固体推进剂的失效[J]. 含能材料，2019，27(4)：274-281.

[135] 刘梅，高波，董新刚，等. 固体发动机药柱完整性失效的判据[J]. 固体火箭技术，2018，41(4)：424-428.

第 2 章　复合固体推进剂三维细观结构建模

2.1　引　言

要从细观角度出发研究复合固体推进剂的力学行为,首先要建立能够有效表征复合固体推进剂三维细观结构的颗粒填充模型。从细观尺度上看,复合固体推进剂是一种高填充比颗粒复合黏弹性材料,主要由黏结剂基体 HTPB、固体氧化剂颗粒 AP、金属燃料颗粒 Al 及其他助剂组成,且各组分在三维空间内的分布具有任意性和随机性。为了达到复合固体推进剂高填充比的要求,AP 颗粒的粒径呈多级配分布,粒径一般从几十到几百微米不等。在外载荷作用下,AP 颗粒的弹性模量远大于黏结剂基体 HTPB 的弹性模量,极易导致局部应力-应变不均匀,引发损伤和断裂。复合固体推进剂中基体弹性模量、颗粒/基体界面性能、固体填料体积分数、形状因素、级配及孔穴率等细观结构因素都会影响其宏观力学性能。因此,建立能够有效表征复合固体推进剂三维细观结构的高体积分数颗粒填充模型,通过数值模拟方法研究其力学行为具有重要意义。

2.2　复合固体推进剂三维细观结构

在复合固体推进剂工艺制造过程中,为了满足其功能特性,需要先将除固体氧化剂颗粒以外的组分与黏结剂基体混合均匀,形成黏结剂体系,再将固体氧化剂颗粒在黏结剂体系中混合、搅拌,使固体氧化剂颗粒均匀分布在黏结剂体系中且表面均匀涂满黏结剂体系。颗粒复合材料的三维细观结构主要指固体颗粒的几何形状及其空间分布情况。本书将 AP 颗粒简化为球形,因此所提及的复合固体推进剂三维细观结构主要指固体氧化剂颗粒的空间分布情况,所要解决的关键问题是,所建三维细观结构颗粒填充模型中固体氧化剂颗粒的体积分数能够达到复合固体推进剂配方所要求的体积分数,且提高建立颗粒填充模型的建模效率。

早期关于复合固体推进剂力学行为的研究,主要是从连续介质力学角度基于唯象理论建立其本构关系,这些理论均将复合固体推进剂作为连续均匀介质来处理,且仅对推进剂表面的损伤演化规律进行了初步的研究。然而,从细观尺度上看,复合固体推进剂是一种高填充比颗粒增强复合黏弹性材料,主要由以高分子聚合物为基体的黏结剂(HTPB)和大量的固体氧化剂颗粒(AP)及金属燃料颗粒(Al)组成。近年来,随着微电子计算机断层扫描(CT)技术及相关图像处理技术的迅速发展,能够实现颗粒形状和尺寸等几何信息的参数化处理,并重现复合固体推进剂内部的真实结构。相关文献给出了复合固体推进剂三维细观结构的微 CT 图,如图 2-1 所示。从扫描截面图可以明显看出,在细观尺度上,复合固体推进剂的颗粒尺寸呈多级配分布,颗粒形状为不规则的多边形或近似于圆形,大颗粒在基体中的分布比较均匀,小颗粒分布在大颗粒之间,且小颗粒的数量远大于大颗粒的数量。目前,在有限元数值模拟中,学者大多将氧化剂颗粒简化成圆形(或球体)和椭圆形(球),将其他组分对复合固体推进剂宏观力学性能的影响等效到基体中考虑。

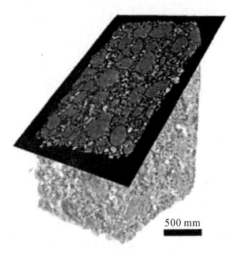

500 mm

图 2-1　复合固体推进剂微 CT 结构

2.3　复合固体推进剂颗粒填充模型建模方法

2.3.1　传统随机序列吸附法基本原理

传统的 RSA 算法的基本原理,预设一个计算区域,先将一个颗粒随机投放到该区域内,然后根据预先设定的判定准则逐个投放其余的颗粒。例如,对于球形颗粒,其投放过程如下:

1)根据颗粒尺寸分布情况(如正态分布),随机生成一组颗粒粒径,计算颗粒的体积分数;

2)将第一个颗粒随机投放到计算区域中,记录颗粒的位置坐标和粒径等数据;

3)在计算区域内,投放新的颗粒,随机赋予颗粒位置;

4)判断正在投放的颗粒与已经投放的颗粒是否重叠,如果出现了颗粒重叠,则删除该颗粒,跳转至步骤3);如果没有出现颗粒重叠,那么判断其是否与计算区域的边界重叠;如果出现了边界重叠,则跳转至步骤3);如果没有出现边界重叠,那么记录该颗粒的位置坐标和粒径等数据后,跳转至步骤3),直至所有颗粒都投放完毕。

传统的 RSA 算法的流程图如图 2-2 所示。一般地,在已知颗粒体积分数,获取颗粒粒径时,若颗粒粒径满足正态分布规律,而不知多少个颗粒才能达到预设体积分数,则可以先随机生成多组不同数量的颗粒,再根据颗粒体积分数选择一组合适的粒径尺寸。图 2-3 所示为根据期望 $m=213.64$,方差 $s=20$,采用 Matlab 中 randn 函数随机生成的 100 组粒径参数。若预设颗粒体积分数为 40%,则选择颗粒数为 80 的这一组粒径参数比较合适。

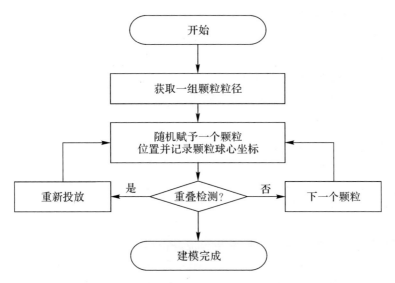

图 2 - 2　传统的 RSA 算法建模流程

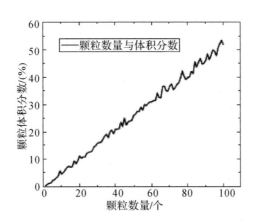

图 2 - 3　颗粒数量与颗粒体积分数关系曲线

如图 2 - 4 所示,若颗粒形状为球形,在判断两个颗粒是否重叠时,只需要计算两球心间的距离是否大于两个颗粒的半径之和,即

$$\sqrt{[x(i+1)-x(i)]^2+[y(i+1)-y(i)]^2+[z(i+1)-z(i)]^2}>R(i+1)+R(i)$$

$$(2-1)$$

式中:$(i+1)$ 是正在投放颗粒的编号;$R(i+1)$ 表示第 $(i+1)$ 个颗粒的半径;$[x(i+1)$,$y(i+1)$,$z(i+1)]$ 表示第 $(i+1)$ 个颗粒的坐标;i 指已经投放的某一颗粒;$R(i)$ 表示第 i 个颗粒的半径;$[x(i)$,$y(i)$,$z(i)]$ 表示第 i 个颗粒的坐标。

判定是否出现边界重叠,则需满足以下判定条件:

$$\left.\begin{array}{l}R(i+1)<x(i+1)<L-R(i+1)\\R(i+1)<y(i+1)<L-R(i+1)\\R(i+1)<z(i+1)<L-R(i+1)\end{array}\right\}$$

$$(2-2)$$

式中:L 表示计算域尺寸;其他表达式含义同式(2-1)。

传统的 RSA 算法思路简单,方便快捷,但存在以下缺陷:一般地,当颗粒体积分数高于 30% 时,往往会出现新投放的颗粒重叠检测迭代次数大、建模时间过长甚至失效的问题,导致所建模型的颗粒体积分数无法达到材料配方的要求。但是,复合固体推进剂颗粒体积分数对其宏观力学行为影响又较大。因此,需要开发一种高效的建立高体积分数三维细观结构颗粒填充模型的算法,以便开展高体积分数颗粒填充复合材料的数值模拟研究。

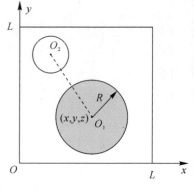

图 2-4 重叠判定示意图

2.3.2 热膨胀原理法

本节以 HTPB 推进剂为研究对象,其主要成分包括 HTPB 基体、固体氧化剂颗粒(AP)、固体燃料颗粒(Al)以及其他助剂,其基本组分的比例见表 2-1,从配方中可以看出,为达到高能量的特性,固体填料的体积分数高达 76.1%。HTPB 推进剂是一种典型的颗粒填充复合材料,其颗粒的粒径分布情况如图 2-5 所示。

表 2-1 HTPB 推进剂基本组分

组分	HTPB	AP	Al	其他
质量分数/(%)	8.0	69.5	18.5	4
体积分数/(%)	23.9	63.8	12.3	—
密度/(g·cm⁻³)	0.90	1.95	2.70	—

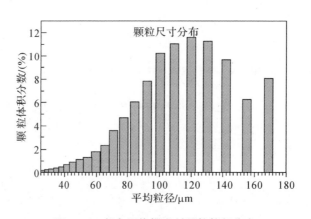

图 2-5 复合固体推进剂颗粒粒径分布

基于传统的 RSA 算法、热膨胀原理及分步填充的思想,实现了高体积分数颗粒填充,详细颗粒填充流程如图 2-6 所示。在三维细观结构颗粒填充过程中,首先将颗粒粒径等比例缩小,基于传统的 RSA 算法,运用 Matlab 编程语言,向胞元区域内随机投放小颗粒,记录小颗粒的粒径、热膨胀系数和球心位置坐标信息。然后,使用 Python 脚本语言进行 Abaqus 二次开发建立小颗粒填充的初始模型,通过有限元热膨胀分析过程提高颗粒粒径。在热膨胀分析过程中,为了提高计算效率,每一轮填充的颗粒数不宜过多,因此需要经过多步填充和热膨胀分析过程,才能够建立高体积分数三维细观结构模型。同时,特别需要注意的是,在等比例缩小颗粒粒径时,若颗粒初始粒径过小,会造成热膨胀分析过程中有限元网格畸变和收敛的困难,降低建模效率。所以,为了规避上述问题,小颗粒粒径的选取应以颗粒初始体积分数不小于实际体积分数的33%为宜。

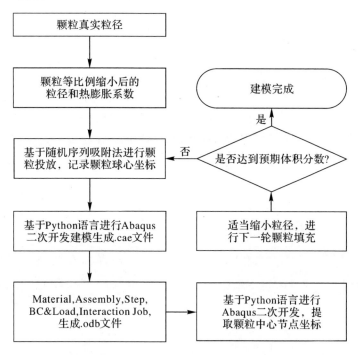

图2-6　热膨胀原理法建模流程图

三维细观结构建模过程详细说明如下:

(1)第一轮颗粒填充

考虑到大颗粒对复合固体推进剂的宏观力学性能影响较大,首先基于传统的RSA算法,运用Matlab编程语言,将大颗粒以真实粒径依次填充进胞元内,直至单个颗粒的重叠检测次数等于预设值。颗粒填充效果如图2-7(a)所示,颗粒数为6,颗粒体积分数为31.49%。由于大颗粒是以真实粒径填充的,因此不需要进行热膨胀分析。

(2)第二轮颗粒填充

在第一轮填充颗粒的基础上,进行第二轮颗粒填充时,为了保证热膨胀分析的收敛性并减小计算量,第二轮填充进12个颗粒,此时胞元内共有18个颗粒,颗粒体积分数达到40.72%,第二轮颗粒填充初始状态及网格划分如图2-7(b)所示。特别需要注意的是,在有限元热膨胀分析建模阶段,装配体只包含颗粒部件,不包含黏结剂基体和颗粒/基体界面部件,只需在颗粒填充完成后,通过几何合并的方式(布尔运算 merge)将黏结剂基体和颗粒/基体界面加入装配体即可,同时在模型中引入通用接触以防止颗粒之间的相互重叠。

(3)第二轮填充颗粒热膨胀分析

在热膨胀分析过程中,需要建立6个薄壁面并完全固定,并将其弹性模量设置为无限大,以保证颗粒在热膨胀分析过程中始终处于胞元所在的空间内。颗粒热膨胀分析后的应变和位移云图分别如图 2-7(c)(d)所示,热膨胀分析后颗粒体积分数为 45.05%,较第二轮填充的初始状态提高了 4.33%。从图 2-7(c)(d)中可以看出,在颗粒热膨胀分析过程中,随着温度逐渐升高,第二轮填充的颗粒粒径不断增大,并可以通过颗粒与薄壁面、颗粒与颗粒之间的相互作用,使颗粒产生刚性位移,将每一个颗粒重新分配到合适的位置,不断提高颗粒体积分数。但是,当其中某些颗粒不存在理论膨胀空间时,即使在其他颗粒仍有膨胀空间的情况下,热膨胀分析过程也会出现不收敛的情况,导致热膨胀分析终止。

(4)第二轮部分颗粒热膨胀分析

基于 Python 脚本语言进行 Abaqus 二次开发,提取所有颗粒中心节点的坐标,并根据热膨胀系数和有限元热膨胀分析时间计算颗粒当前粒径,重新建立模型。同时,将第二轮没有理论膨胀空间的颗粒热膨胀系数置为零,仅对有膨胀空间的颗粒进行热膨胀分析,再次提高颗粒体积分数。图 2-7(e)(f)分别为仅对某一个颗粒进行热膨胀分析的应变和位移云图,实际建模时,可以同时选择多个颗粒。同理,对其他有膨胀空间的颗粒进行热膨胀分析,直至所有颗粒都不存在理论膨胀空间时,第二轮热膨胀分析结束,此时颗粒体积分数为 47.95%,再次提高 2.9%。

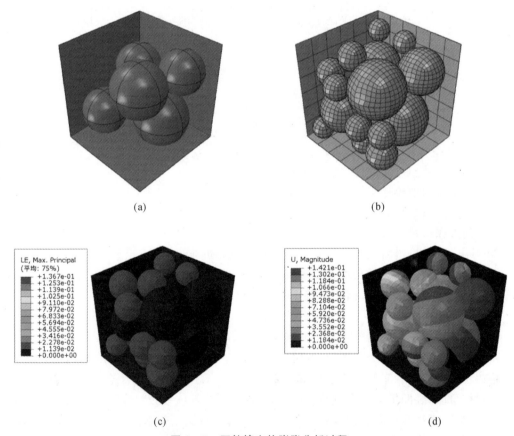

(a)

(b)

(c)

(d)

图 2-7　颗粒填充热膨胀分析过程

(a)第一轮颗粒填充效果(体积分数为 31.49%);(b)第二轮颗粒填充初始状态及网格划分(体积分数为 40.72%);

(c)第二轮颗粒热膨胀分析应变云图(体积分数为 45.05%);(d)第二轮颗粒热膨胀分析位移云图(体积分数为 45.05%)

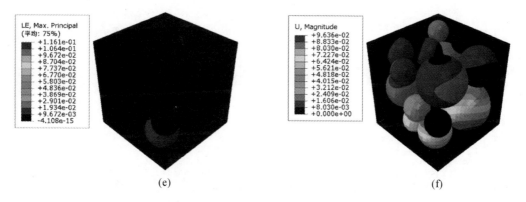

(e)　　　　　　　　　　　　　　　　　(f)

续图 2 - 7　颗粒填充热膨胀分析过程

(e)第二轮单颗粒热膨胀分析应变云图(体积分数为 47.95%);

(f)第二轮单颗粒热膨胀分析位移云图(体积分数为 47.95%)

(5)重复步骤(2)～(4)工作

将更多颗粒填充进胞元内,最终可得到胞元尺寸为 0.8 mm³、颗粒数为 150、颗粒体积分数为 63.8% 的三维细观结构颗粒填充模型,如图 2 - 8 所示。

图 2 - 8　颗粒填充细观模型(体积分数为 63.8%)

图 2 - 9 所示为颗粒数量-体积分数曲线,从图中可以看出,随着颗粒数量增加,颗粒的体积分数增加越来越缓慢。在颗粒数量为 40 个时,颗粒体积分数已经达到 55%,不仅颗粒数量少,而且颗粒体积分数远远超过了传统的 RSA 算法所能达到的极限。这是因为,在热膨胀分析过程中,随着温度的升高,颗粒粒径不断增大,当颗粒表面相切时,颗粒之间相互挤压使颗粒产生刚性位移,将每一个颗粒分配至合适的位置,由于颗粒之间处于相切的状态,大大提高了空间的利用率,所以能达到很高的颗粒体积分数。颗粒数量的减少,一方面可以减少建模所用时间,另一方面可以减少有限元数值模拟的网格数量,提高计算效率,而且会大大减少后续数据处理的工作量。

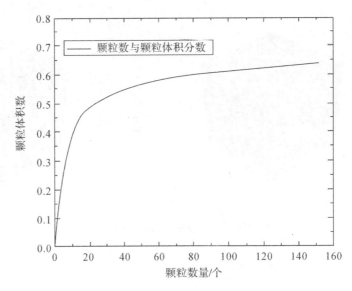

图 2-9　颗粒数量-体积分数曲线

2.4　复合固体推进剂界面"脱湿"模拟

复合固体推进剂是一种高填充比颗粒增强复合含能材料,其力学性能的优劣不仅取决于各组成部分的基本材料属性,更依赖于材料的其他一系列细观结构因素,如颗粒的尺寸形状、空间分布情况、各组分体积分数及颗粒/基体界面传递载荷的能力等。对于复合固体推进剂来说,颗粒与基体之间的界面性能在决定其力学性能方面起到了至关重要的作用。当界面发生脱黏时,小的空隙会逐渐成核,同时周围基体材料的塑性变形使得空隙逐渐增长,直到它们最终聚集合并。通过实验方法研究材料特性对于复合固体推进剂界面"脱湿"过程的研究是非常困难的。因此,基于细观结构模型的复合固体推进剂宏观力学性能的研究成为近年来的热点。然而,鉴于细观力学实验的复杂性和实验装置及测试手段等方面存在的局限性,目前还无法直接进行复合固体推进剂细观尺度上的实验研究,对于定量表征细观结构损伤及损伤演化规律的研究也较少。作为复合固体推进剂料设计中一种最为经济、有效的方法,界面"脱湿"预测模型的建立已经变得越来越重要。所以,基于细观层面的复合固体推进剂数值模拟研究及定量表征具有非常重要的意义,而数值模拟研究的复杂性在于它是各种尺度范围内相互矛盾的物理化学过程相互耦合形成的,如颗粒/基体界面"脱湿"、近乎不可压缩的黏结剂基体的大变形、基体与固体颗粒的刚度严重不匹配、基体受损及撕裂、微孔洞的成核及生长和颗粒之间的相互作用等。由于颗粒尺寸是不均匀的,在整个基体中是不规则分布的,因此,对于这些形态复杂三相系统的宏观力学行为,一种较为有效的预测方法是引入周期性的三维代表性体积单元。尽管许多学者已经研究了复合固体推进剂的变形和界面脱黏性能,但是界面强度和脱黏过程的研究仍然非常有限,因此,建立复合固体推进剂界面"脱湿"问题更为有效的预测模型是必要的。

2.4.1 推进剂力学参数

HTPB 推进剂在数值模拟过程中,主要参数为固体填充颗粒的弹性模量和泊松比,以及黏结剂基体的松弛模量。由于 AP 颗粒的弹性模量远大于黏结剂基体的弹性模量,在相同载荷的作用下,相较于基体的变形,AP 颗粒的变形可忽略不计,因此可以假设 AP 颗粒为弹性体,其弹性模量 $E_{AP} = 32\ 450\text{MPa}$,泊松比 $\nu_{AP} = 0.143\ 3$。

由于 Al 颗粒及小颗粒 AP 的半径较小,会极大地增加画网格的难度并提高计算成本,本书根据均匀化理论将 Al,AP 小颗粒及 HTPB 基体等效为复合基体,进而数值模型只有 AP 大颗粒和复合基体,一定程度上减小了数值模拟的收敛难度,研究中 Al,AP 小颗粒和 HTPB 基体混合物的复合基体初始弹性模量设为 7.39MPa。

HTPB 推进剂黏结剂基体具备黏弹性材料的基本性质,是导致推进剂具有黏弹性的根本原因。本节中黏结剂基体黏弹性通过松弛模量进行表征,松弛模量依据相关文献中推进剂应力松弛实验结果选取,对松弛曲线用 Prony 级数的形式进行拟合,其拟合的表达式为

$$E(t) = E_\infty + \sum_{i=1}^{n} E_i \exp\left(-\frac{t}{\tau_i}\right) \tag{2-3}$$

式中:t 为时间;E_∞ 为平衡模量,即 $t \to \infty$ 时模量 $E(t)$ 的稳态模量;E_i 和 τ_i 分别为第 i 个 Maxwell 单元的模量和松弛时间,所得 Prony 级数表达式的各项系数见表 2 - 2,进而得到黏结剂基体的松弛模量应力应变关系,拟合曲线如图 2 - 10 所示。

表 2 - 2 HTPB 推进剂松弛模量 Prony 级数表达式系数

i	τ_i	E_i	i	τ_i	E_i	i	τ_i	E_i
1	1.38e^{-3}	1.43	4	0.96	1.00	7	2324.3	0.20
2	9.68e^{-3}	2.09	5	18.98	0.35	8	20 431	0.19
3	9.64e^{-2}	0.83	6	232.43	0.29	9	∞	0.99

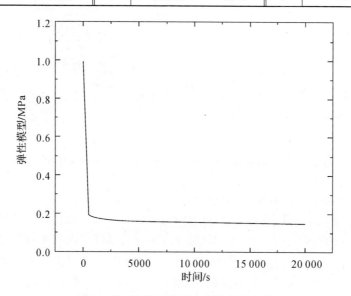

图 2 - 10 复合基体应力松弛拟合曲线

内聚力模型依据相关文献选取,初始刚度取为基体模量的 10 倍,界面损伤起始应力取为 0.73MPa,界面最大失效位移取为 $37\mu m$。

2.4.2 数值模型

1. 细观力学模型

对于复合固体推进剂细观力学模型的建立,一种方式是选择可以描述复合推进剂细观结构特征的代表性体积单元,通过建立相应的数值模型来得到复合推进剂的力学性能。这样的建模方式较为复杂,并且计算量很大。另一种建模方式是通过周期性代表体积单元,其中复合推进剂被近似看作是颗粒理想化交错排列,颗粒交错排列的主要目的是获得颗粒与颗粒之间的相互作用。这样的模型更利于结构化网格的划分及分析结果和数据的提取。同时,内聚力区域模型可以通过界面单元很容易地嵌入有限元程序中,而界面单元在应用中必须为规则的几何单元,而对于真实的复合推进剂,增强颗粒的形状又经常是球形的。因此,我们假设球形颗粒分布在基体中。在复合推进剂的模拟中,颗粒的周期性分布主要包括单胞立方体(SC)、面心立方体(FCC)和体心立方体(BCC)分布等。同时,为了使模型中包含一个完整的颗粒并考虑颗粒间的相互作用,离散的颗粒分布被近似理想化为体心立方体晶格分布,如图 2-11(a)所示。体心立方体颗粒分布的代表性体积单元如图2-11(b)所示。一个代表性体积单元包含有两个颗粒,颗粒的体积分数可以表示为

$$V = \frac{8}{3}\pi(\frac{r}{R})^3 \tag{2-4}$$

式中,r 和 R 分别是颗粒半径和代表性体积单元的长度。

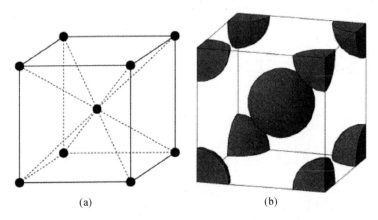

(a)　　　　　　　　　　(b)

图 2-11　体心立方体晶格分布和固体推进剂的代表性体积单元

采用 Abaqus/Standard 有限元软件建立并分析所提出的细观力学模型,代表性体积单元的有限元网格如图 2-12 所示,其中颗粒的体积分数为 20%。基体和颗粒将采用沙漏控制的 8 节点六面体线性减缩积分单元(C3D8R)划分。颗粒与基体之间的界面采用 8 节点三维内聚力单元(COH3D8)进行划分。为了研究的方便,在模拟中将建立 $100\mu m \times 100\mu m \times 100\mu m$ 的代表性体积单元。在不同的模型中,界面厚度均为 $0.1\mu m$。单位时间内所施加的位移载荷为 $u=10\mu m$,当前时刻的施加位移取决于当前的加载时刻。在代表性体积单元中,单元和节点的

数目分别近似为 164 800 个和 175 000 个,网格尺寸大约为 $1\mu m$,不同颗粒体积分数的模型系统的网格划分是相同的。

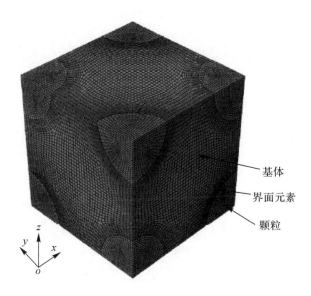

基体

界面元素

颗粒

z

y　x

O

图 2 - 12　代表性体积单元的有限元网格

代表性体积单元的表面将施加周期性边界条件,对应于各个表面的边界方程可以表示为

当 $x=0$ 时 $\qquad u_x = 0,\ t_y = 0$ $\qquad\qquad$ (2 - 5a)

当 $y=0$ 时 $\qquad u_y = 0,\ t_x = 0$ $\qquad\qquad$ (2 - 5b)

当 $z=0$ 时 $\qquad u_z = 0,\ t_x = t_y$ $\qquad\qquad$ (2 - 5c)

当 $x=R$ 时 $\qquad u_x = U_x\, t_y = t_z = 0$ $\qquad\quad$ (2 - 6a)

当 $y=R$ 时 $\qquad u_y = U_y\, t_x = t_z = 0$ $\qquad\quad$ (2 - 6b)

当 $z=R$ 时 $\qquad u_z = U_z\, t_x = t_y = 0$ $\qquad\quad$ (2 - 6c)

式中:R 是代表性体积单元的长度;u_x,u_y 和 u_z 表示位移矢量 $\boldsymbol{u}$ 沿 x,y 和 z 方向的分量;t_x,t_y 和 t_z 表示表面应力矢量 $\boldsymbol{t}$ 沿 x,y 和 z 方向的分量;U_x,U_y 和 U_z 表示沿 x,y 和 z 方向的位移载荷。

边界条件的周期性表示表面 $x=0$,$y=0$ 和 $z=0$ 是对称平面,在载荷作用下表面 $x=a$,$y=a$ 和 $z=a$ 保持平整并相对于初始的形状平行地移动。拉伸载荷作用在代表性体积单元的 z 方向上,而在 x 和 y 方向上没有载荷作用,边界条件可以表示为

当 $x=R$ 时 $\qquad\qquad \int_A \sigma_x \mathrm{d}A = 0$ $\qquad\qquad$ (2 - 7a)

当 $y=R$ 时 $\qquad\qquad \int_A \sigma_y \mathrm{d}A = 0$ $\qquad\qquad$ (2 - 7b)

当 $z=R$ 时 $\qquad\qquad U_z = u$ $\qquad\qquad$ (2 - 7c)

式中:A 是代表性体积单元任意表面的面积;u 是所施加的位移载荷。

施加在 z 方向上的平均应力可以通过下列公式得到:

$$\bar{\sigma}_z = \frac{\int_A \sigma_z \mathrm{d}A}{A} = \frac{\sum_{i=1}^{n} \sigma_z A_i}{A} \qquad\qquad (2 - 8)$$

式中：σ_z 表示面积为 A_i 单元上的应力；A_i 表示面积为 A 的面上任意单元的面积；n 是总的单元数目。

由平均应力和平均应变的比值可以得到材料的弹性模量，可表示为

$$E = \frac{\overline{\sigma_z}}{\overline{\varepsilon_z}} \qquad (2-9)$$

式中：平均应变 $\overline{\varepsilon_z}$ 等于所施加唯一与代表性体积单元长度的比值。

2. 内聚力区域模型

内聚力区域模型已经成为模拟复合材料界面失效特征的有力工具。内聚力区域模型最早是由 Dugdale 和 Barenblatt 引入的，其基本思想如图 2 - 13 所示。在界面裂纹扩展的过程中，会产生两个新的表面，在裂纹形成之前，两个表面在内聚力区域内通过牵引力连接在一起，牵引力随着表面的相对位移而变化，同时，在断裂过程中，牵引的裂纹表面逐渐分离。

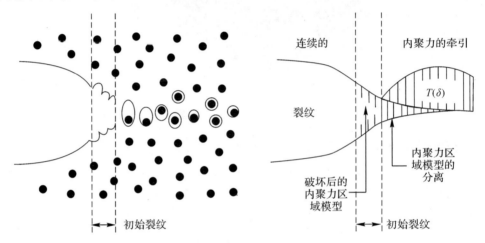

图 2 - 13　内聚力区域模型基本思想示意图

在内聚力区域模型中，内聚力区域的行为是通过牵引-分离法则来描述的。在实际应用中，牵引-分离法则的形状通常是预定义的。由于双线性牵引-分离法则的形式很简单，它已经被广泛应用在复合材料的界面失效分析中。同时，一些其他形式的牵引-分离法则也被提出，如多项式形式、指数形式、梯形形式等等，如图 2 - 14 所示。为了研究复合材料界面的空隙成核与扩展，Needleman 提出了多项式形式的牵引-分离法则，并预测了双材料界面的失效性能。同时，Segurado 和 Lorca，Freed 和 Banks - Sills 和 Paggi 和 Wriggers 又进一步改进了多项式形式牵引-分离法则的基本势能函数。指数形式的牵引-分离法则是由 Xu 和 Needleman 首先提出的，基于所提出的牵引-分离法则，Xu 和 Needleman 分析了脆性材料的裂纹扩展和双材料界面失效问题。为了适应不同的材料属性及加载条件，许多学者又提出了多种指数牵引-分离法则的改进形式。双线性形式牵引-分离法则最早是由 Camacho 和 Ortizt 提出的，他们还分析了材料的冲击损伤和动态裂纹扩展。Mi 等人提出了混合模式的双线性牵引-分离法则，并预测了复合材料的界面分层问题。Alfano，Crisfield 和 Samimi 等人进一步发展了混合模式的牵引-分离法则的改进形式，并研究了界面裂纹和分层问题。基于热动力学内变量理论，Ma 和 Kishimoto 提出了界面损伤牵引-分离法，该方法被应用于双材料界面裂纹问题的分析。应用断裂力学的基本理论，Gongalves 等人提出了一种混合模式的牵引-分离法则，并分析了复

合材料层合板的界面分层失效。基于所提出的双线性牵引-分离法则,Wagner 等人和 Balzani 和 Wagner 研究了复合材料层合板的界面分层失效。Camanho 等人提出了一种基于位移的混合模式界面损伤牵引-分离法则,该法则被应用于复合材料层合板的界面分层的研究。为了模拟晶界裂纹开裂和剪切滑移,Espinosa 和 Zavattier 发展了一种可以调整初始斜率的双线性牵引-分离法则,基于这个牵引-分离法则,Song 等人分析了沥青混凝土的断裂性能。为了表征混合模式的材料断裂行为,Li 等人提出了依赖于失效模式的双线性牵引-分离法则,应用此牵引-分离法则,研究了复合材料黏结失效性能和断裂性能。梯形形式的牵引-分离法则又称为弹塑性牵引-分离法则,它是由 Tvergaard 和 Hutchinson 首先提出的,并被广泛应用于界面失效问题的分析。Yang 等人提出了基于 3 种断裂模式的弹塑性牵引-分离法则,并分析了复合材料层合板的损伤演化。为了研究材料的断裂及复合材料的黏结性能和界面失效,一些学者又进一步提出了多种形式的弹塑性牵引-分离法则。

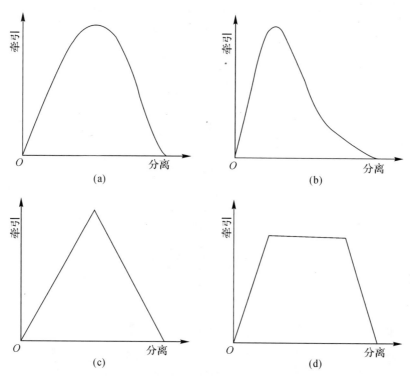

图 2-14 内聚力区域模型的牵引-分离法则

在材料断裂或界面失效过程中,裂纹扩展不仅会受到材料基本性能的影响,而且会受到失效模式、加载条件和材料尺度的影响。为了克服时间尺度对于裂纹扩展的影响,Zhou 提出了一种率相关的内聚力区域模型,并分析了脆性材料的动态裂纹扩展问题。考虑材料损伤和黏弹性性能,Musto 提出了一种率相关的内聚力区域模型,并研究了双材料黏结界面的失效性能。基于韧性材料裂纹尖端场的理论分析,Wu 提出了与速度相关的内聚力区域模型。结合相关的物理参数,如断裂能、内聚力强度和形状等,Park 等人提出了一种以势能为基础的广义混合模式内聚力区域模型,其中,内聚力形状参数主要表征材料的软化响应,如脆性、稳态及准脆性。在原子尺度上,尤其是对于非共价键组成的界面,在载荷作用下界面的分子键之间会同时进行结合和断裂。如果作用时间足够长，在给定的状态下可以到达平衡状态。为了描述上述情况下非共价键界面的性能，Wei 提出一种分子尺度的内聚力区域模型，并以此实现从微观尺度到细观尺度界面特性的连接。

八节点三维内聚力单元如图 2-15 所示。内聚力单元的本构方程主要与界面的相对位移和牵引力有关。牵引力张量 $\boldsymbol{\sigma}$ 包含 3 个分量 σ_n，τ_s 和 τ_t，它们分别表示正向和两个剪切方向的分量。局部坐标向量 $\boldsymbol{n}$ 表示垂直于厚度方向，对应于 I 型裂纹，向量表示界面内平面的两个方向，分别对应于 II 型和 III 型裂纹。相应的分量可以通过 δ_n，δ_s 和 δ_t 表示，则应变分量可以表示为

$$
\left.
\begin{aligned}
\varepsilon_n &= \frac{\delta_n}{T} \\
\varepsilon_s &= \frac{\delta_s}{T} \\
\varepsilon_t &= \frac{\delta_t}{T}
\end{aligned}
\right\}
\tag{2-10}
$$

式中，T 表示内聚力单元的本构厚度。

内聚力单元的弹性本构关系可以表示为

$$
\boldsymbol{\sigma} = \begin{bmatrix} \sigma_n \\ \tau_s \\ \tau_t \end{bmatrix} = \begin{bmatrix} K_{nn} & 0 & 0 \\ 0 & K_{ss} & 0 \\ 0 & 0 & K_{tt} \end{bmatrix} \begin{bmatrix} \varepsilon_n \\ \varepsilon_s \\ \varepsilon_t \end{bmatrix} = K\boldsymbol{\varepsilon}
\tag{2-11}
$$

这里假设正向分量和剪切分量之间不存在耦合关系，使得弹性矩阵的非对角项为 0。对角项 K_{nn}，K_{ss} 和 K_{tt} 分别是内聚力单元正向、第一和第二剪切方向的弹性常数。

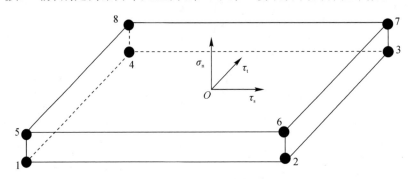

图 2-15　八节点三维内聚力单元

内聚力单元的失效机制主要包括三个方面：损伤起始、损伤演化和单元完全损伤时的删除。损伤起始指的是材料响应退化的开始，当材料的应力或应变满足特定的损伤起始准则时，材料将开始其退化过程。这里，我们通过二次应力失效准则决定材料的损伤起始。当与名义应力比相关的二次函数达到特定值时，材料开始出现损伤。该准则可以表示为

$$
\left(\frac{\sigma_n}{\sigma_n^0}\right)^2 + \left(\frac{\tau_s}{\tau_s^0}\right)^2 + \left(\frac{\tau_t}{\tau_t^0}\right)^2 = 1
\tag{2-12}
$$

式中：σ_n^0，τ_s^0 和 τ_t^0 分别是界面正向、第一和第二剪切方向名义应力的峰值。

损伤演化法则描述的是材料损伤起始以后材料刚度下降的速度。损伤变量 D 表示考虑所有机制综合效应的材料整体损伤状况。在损伤演化过程中，随着载荷的增加，损伤变量 D

从 0～1 逐渐增大。同时,牵引-分离模型中的应力分量会受到损伤变量的影响,表示为

$$\sigma_n = \begin{cases} (1-D)\,\bar{\sigma}_n, & \bar{\sigma}_n \geqslant 0 \\ \bar{\sigma}_n, & \bar{\sigma}_n < 0 \end{cases} \tag{2-13a}$$

$$\tau_s = (1-D)\,\bar{\tau}_s \tag{2-13b}$$

$$\tau_t = (1-D)\,\bar{\tau}_t \tag{2-13c}$$

式中:$\bar{\sigma}_n$,$\bar{\tau}_s$ 和 $\bar{\tau}_t$ 是无损伤条件下弹性牵引-分离曲线中当前应变对应的应力分量。

为了描述界面正向和剪切方向耦合变形的损伤演化,有必要引入有效位移 δ_m,则有

$$\delta_m = \sqrt{\delta_n^2 + \delta_s^2 + \delta_t^2} \tag{2-14}$$

同时,基于有效位移的线性损伤演化法则如图 2-16 所示,损伤变量 D 的演化可以表示为

$$D = \frac{\delta_m^f(\delta_m^{max} - \delta_m^0)}{\delta_m^{max}(\delta_m^f - \delta_m^0)} \tag{2-15}$$

式中:δ_m^0 和 δ_m^f 分别表示起始损伤和完全失效时的有效位移;δ_m^{max} 是加载过程中所得到的有效位移的最大值。

同时,断裂能等于牵引-分离位移曲线的闭合面积,即

$$\phi = \frac{1}{2}\,\sigma_n^0\,\delta_m^f \tag{2-16}$$

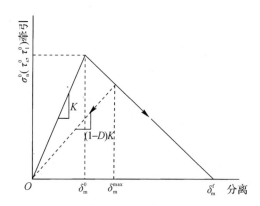

图 2-16　基于有效位移的双线性牵引-分离法则

2.4.3　计算条件设置

1. 分析步设置

本节主要研究在均布位移载荷作用下颗粒/基体界面的脱湿损伤演化行为,考虑黏结剂基体所表现出的与时间相关的黏弹特性,采用 Abaqus 软件提供的"黏性"分析步进行数值模拟分析。其中,"黏性"分析步的容差设置为 $1e^{-5}$,这个容差可以根据具体计算做调整。为了降低收敛难度,初始分析步长设置为 $1e^{-5}$,最小分析步长设置为 $1e^{-25}$,严重不迭代次数设置为 20,输出变量包括应变 E、应力 Mises、反作用力 RF、位移 U、积分点体积 IVOL 和刚度衰减率 SDEG 等参数。

2. 准周期性边界条件

为了模拟复合固体推进剂在均布位移载荷条件下的力学行为，本节采用如下准周期性边界条件：面 $EFGH$ 保持固定，约束面 $ADHE$、面 $BCGF$、面 $ABFE$ 和面 $DCGH$ 的法向位移，在面 $ABCD$ 沿 x 轴正方向施加均布位移载荷，如图 2-17 所示。同时，在模型中引入通用接触以防止界面脱湿后导致的界面之间相互渗透。

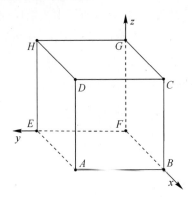

图 2-17　准周期性边界条件

3. 有限元网格

有限元分析中，网格质量具有至关重要的作用，直接关系到模型的计算速度及收敛性。从推进剂高体积分数几何模型可以看出，黏结剂基体内部嵌有大量固体颗粒，颗粒/基体界面为厚度极小的薄层，这种结构大大增加了划分高质量（六面体）网格的难度。经过多次摸索，在有限元网格划分过程中，AP 颗粒采用结构化网格划分技术，单元类型为 C3D8R；颗粒/基体界面采用结构化网格划分技术，单元类型为 COH3D8。由于颗粒的存在，基体结构非常复杂，采用自由网格划分技术，单元类型为 C3D10。

2.4.4　结果与分析

为了更加准确地模拟复合固体推进剂颗粒/基体界面"脱湿"损伤过程，采用高体积分数细观结构模型进行数值模拟分析，以图 2-8 为计算模型，其网格划分如图 2-18 所示。

基于双线性损伤内聚力模型，考虑黏结剂基体的黏弹特性，对所建三维细观结构模型进行不同应变速度下的单轴拉伸数值模拟，HTPB 推进剂在不同应变速度下的单轴拉伸应力-应变曲线如图 2-19 所示。由图 2-19 可以看出，固体推进剂在不同应变速度载荷下表现出不同的力学行为，应变速度越高，应力-应变曲线的斜率越高，材料表现出更高的刚度。图 2-20 给出了应变速度为 $3.33 \times 10^{-3} \, \mathrm{s}^{-1}$，应变分别为 3％，8％ 和 13％ 时，对应的固体推进剂内部 Mises 应力和刚度衰减率 SDEG 损伤云图，其中刚度衰减率 SDEG 是 Abaqus 后处理结果中表征材料刚度衰减率的变量，当 SDEG=0 时表示材料没有损伤，当 SDEG=1 时表示材料已经完全损坏。

图 2-20(a) 分别为应变为 3％ 时的 Mises 应力和 SDEG 损伤云图。在应变为 3％ 时，应力-应变呈典型线性阶段（见图 2-19），此时，在均布位移载荷的作用下，由于颗粒与基体、颗粒与

颗粒之间的相互作用,在大颗粒的极区位置产生很高的局部应力场,但颗粒与基体仍然处于弹性变化范围,材料内部尚未出现界面"脱湿"损伤。

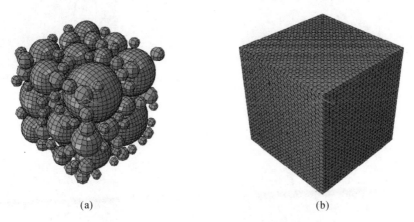

(a)　　　　　　　　　　　　(b)

图 2-18　高体积分数细观模型网格划分

(a)AP 颗粒和界面网格;(b)黏结剂基体网格

随着应变增加到 8%,如图 2-20(b)所示,在大颗粒的极区位置应力集中明显,出现了一定的界面损伤。这是因为颗粒与基体的材料属性不同,颗粒模量远大于基体模量,在作用力相同的情况下,颗粒变形小于基体变形,使得界面成为最薄弱的部位,故界面最先出现损伤,且由于界面损伤导致颗粒承载能力下降,材料等效模量降低。从图 2-19 所示的应力-应变曲线也可以看出,在 8% 应变处,应力-应变呈非线性关系,表现出一定程度的软化,这表明材料内部出现了一定的界面损伤。

由图 2-20(c)可知,随着加载继续进行到应变为 13% 时,在比较密集的颗粒附近,也出现了大量的界面损伤,且在颗粒界面损伤严重的区域,Mises 应力进一步降低。这表明,由于界面损伤导致大颗粒承载能力进一步下降,材料等效模量迅速减小。对比图 2-19 所示的应力-应变曲线,在应变为 13% 时,应力-应变呈强非线性关系,且软化加剧,表明材料内部出现了大量的界面损伤。

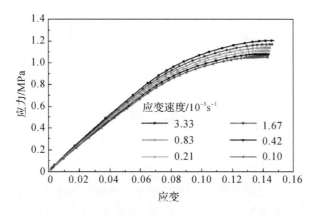

图 2-19　HTPB 推进剂单轴拉伸应力-应变曲线

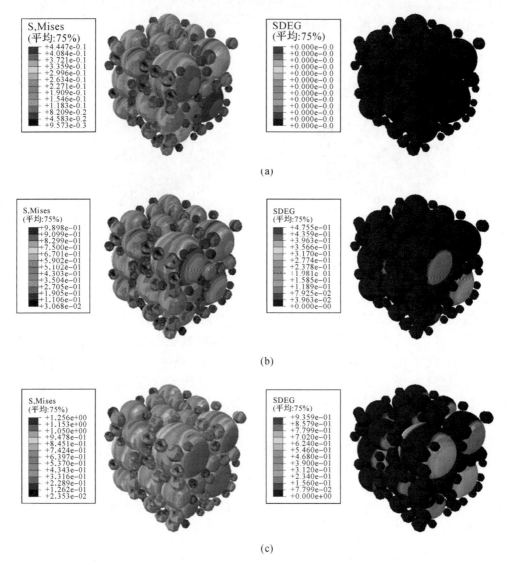

图 2 – 20 推进剂 Mises 应力和 SDEG 损伤云图

(a)应变 3%；(b)应变 8%；(c)应变 13%

2.5 复合推进剂颗粒"脱湿"损伤参数反演

随着对固体推进剂力学性能研究的深入,微裂纹和损伤的影响逐渐引起了许多学者的重视。根据固体推进剂在拉伸载荷下的体积膨胀现象及体积膨胀和材料损伤之间的关系,引进一些数学函数来描述固体推进剂的损伤。近年来,随着计算机性能的大幅度提高,计算细观力学得到了迅速发展。通过建立反映固体推进剂微结构形态的颗粒夹杂模型,并在颗粒与基体之间设置 Cohesive 损伤模型模拟了固体颗粒和基体之间损伤的产生及发展;通过采用有限元法对复合固体推进剂进行了直接数值模拟,根据数值仿真结果,结合细观力学方法,如 Mori - Tanaka 方法或改进的 Mori - Tanaka 方法,研究了固体推进剂的模量、界面脱黏对固体推进剂力学性能的影响。基于此,根据复合固体推进剂宏观拉伸实验,结合颗粒夹杂模型细观损伤过程的数值仿真计算,对 AP 颗粒与基体之间的界面损伤参数进行反演识别。

2.5.1　物理模型和计算方法

1. 颗粒夹杂模型及材料属性

关于颗粒增强复合材料的细观尺度建模通常采用两种方法:一种称为顺序算法(sequential algorithms),该类型算法的主要特点是先在计算区域布置一定数量的颗粒,然后根据一定的准则,逐渐向计算区域内添加颗粒,直到计算区域满足一定的颗粒体积填充分数为止;另一种称为并发算法(concurrent algorithms),该类型算法的主要特点是将所有颗粒设置一个初始状态,然后将其全部添加到计算区域,通过某种算法使这些颗粒不断地重新排列,最终达到所需要的颗粒体积填充分数。并发算法中比较常见的方法主要有蒙特卡洛随机方法和分子动力学方法。由于固体推进剂的体积分数一般比较大,可达到 80%,甚至以上,同时考虑到颗粒粒径的分布特点,采用分子动力学方法进行细观建模的比较多。

分子动力学方法可以看作是体系在一段时间内发展过程的模拟。本节依据该方法,首先给颗粒在代表性体积单元内赋予随机的运动速度和相应的线性增长率。在颗粒的运动过程中,颗粒与颗粒之间不断地发生碰撞,同时伴随着颗粒在代表性体积单元周期性边界不断地进出,随着计算时间的增长,颗粒半径逐渐增大,直到颗粒的体积分数满足复合固体推进剂的要求。

根据 HTPB 复合固体推进剂的各组分含量,确定 AP 颗粒的填充体积分数为 65.3%。采用分子动力学方法,建立复合固体推进剂颗粒夹杂模型,如图 2 - 21 所示。

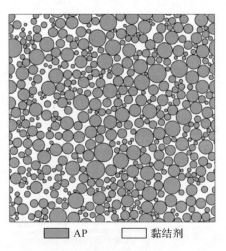

AP　　　　黏结剂

图 2 - 21　固体推进剂颗粒夹杂模型

假设 AP 颗粒为弹性体,取其弹性模量和泊松比分别为:$E=32\ 450\text{MPa}$,$\nu=0.143\ 3$。

2. Surface - based cohesive 方法

Surface - based cohesive 方法是基于面与面的接触行为而定义的损伤模型。本书采用双折线损伤模型模拟 AP 颗粒与基体之间界面的损伤,如图 2 - 22 所示。当界面位移小于 δ_0 时,界面刚度矩阵为常值 K_0;当界面位移大于 δ_0 时,界面刚度矩阵开始衰减,直至位移等于 $\delta_0{}'$ 时界面完全断裂。

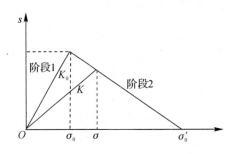

图 2 - 22 双折线损伤演化模型

界面的力学响应可描述为

$$\boldsymbol{\sigma} = \begin{pmatrix} \sigma_n \\ \sigma_s \end{pmatrix} = \begin{pmatrix} K_{nn} & K_{ns} \\ K_{sn} & K_{ss} \end{pmatrix} \begin{pmatrix} \delta_n \\ \delta_s \end{pmatrix} \tag{2-17}$$

式中:$\boldsymbol{\sigma}$ 表示界面的名义应力矩阵,包含两个分量 σ_n 和 σ_s,分别代表法向和切向的名义应力;$\boldsymbol{K}$ 矩阵表示为界面刚度矩阵。

损伤起始准则取最大名义应力准则,即

$$\max\left\{ \frac{\langle \sigma_n \rangle}{\sigma_{n0}}, \frac{\sigma_s}{\sigma_{s0}} \right\} = 1 \tag{2-18}$$

式中:σ_n 为法向应力;σ_s 为切向应力;σ_{n0},σ_{s0} 分别为对应的临界应力;$\langle \rangle$ 为麦考利符号。

当界面位移 δ 达到 δ_0 时,界面开始损伤,界面应力按以下公式计算,即

$$\sigma'_n = \begin{cases} (1-D)\sigma_n, & \sigma_n \geqslant 0 \\ \sigma_n, & \sigma_n < 0 \end{cases} \tag{2-19}$$

$$\sigma'_s = (1-D)\sigma_s \tag{2-20}$$

式中:σ_n 和 σ_s 分别为无损伤时计算所得到的应力分量;D 为损伤因子。

定义损伤因子为

$$D = 1 - \frac{K}{K_0} \tag{2-21}$$

由从图 2 - 22 可以看出

$$K_0 = \frac{\sigma}{\delta_0} \tag{2-22}$$

$$K = \frac{(\delta'_0 - \delta)\sigma}{\delta(\delta'_0 - \delta_0)} \tag{2-23}$$

可求得损伤因子为

$$D = \frac{\delta_0{}'(\delta - \delta_0)}{\delta(\delta_0{}' - \delta_0)} \tag{2-24}$$

式中:δ 为计算过程中界面张开位移。

3. 损伤参数反演识别方法

在双折线损伤模型中，主要有 3 个参数，分别为界面初始刚度 K_0、界面损伤起始应力 σ_0 和界面失效距离 δ_0'。界面初始刚度 K_0 在一定程度内的变化，对复合固体推进剂细观尺度上的损伤形貌及宏观上的力学性能影响较小；界面失效距离 δ_0' 主要影响复合固体推进剂颗粒夹杂模型裂纹产生时的张开位移及最大延伸率；界面损伤起始应力 σ_0 是关键性参数，对固体推进剂细观尺度的损伤形貌及宏观上的抗拉强度和最大延伸率影响较大。因此，可采用分步迭代计算，先对界面损伤起始应力 σ_0 进行反演识别，然后再根据复合固体推进剂断裂点的位置对界面失效距离 δ_0' 进行参数反演。

为使得仿真计算的应力-应变曲线尽可能地逼近复合固体推进剂拉伸实验应力-应变曲线，根据两条曲线相交后包围的面积 S 建立目标函数，如图 2-23 所示。当 S 最小时认为仿真曲线已最大程度逼近实验曲线。

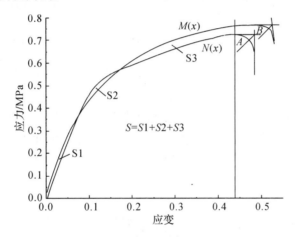

图 2-23　目标函数 S 简图

复合固体推进剂单轴拉伸应力-应变曲线可表示为

$$N(x) = [x_i, N(x_i)], i = 1, 2, 3, \cdots, n \tag{2-25}$$

数值计算拉伸应力-应变曲线可表示为

$$M(x) = [x_i, M(x_i)], i = 1, 2, 3, \cdots, n \tag{2-26}$$

记

$$G(x) = M(x) - N(x) \tag{2-27}$$

$$F(x) = |G(x)| \tag{2-28}$$

$F(x)$ 与 $y=0$ 所包围的面积即为仿真和实验曲线相交包围的面积 S，确定目标函数，则有

$$\min S = \int_0^{x_n} F(x) \tag{2-29}$$

通过反复的迭代计算，最后获得合理的界面损伤起始应力。

完成界面损伤起始应力参数反演后，实验曲线与计算结果已比较接近。记实验曲线断裂处两条切线夹角的角平分线与实验曲线的交点为 A 点，仿真计算曲线的相同位置为 B 点，如图 2-23 所示。通过反复迭代计算，使得 B 点逐渐逼近 A 点，当满足一定的误差时，获得界面失效距离参数的最优值。

2.5.2 计算结果与讨论

复合固体推进剂哑铃试件尺寸如图 2－24 所示。

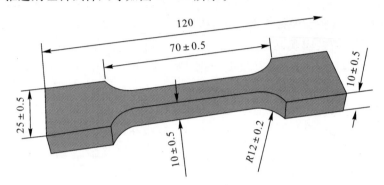

图 2－24　固体推进剂力学性能测试样品尺寸(单位:mm)

测试温度为 25℃,拉伸速度为 100mm/min,实验结果如图 2－25 所示。可以看出,5 个实验件在破坏前拉伸曲线重复性较好,断裂延伸率有一定的差异,主要是由固体推进剂微结构特征的随机性引起的。其中,实验件 1、实验件 2、实验件 3 的拉伸曲线重合度较好,取其均值为参考值与数值计算结果进行对比。对界面损伤起始应力进行反演识别时,取实验均值曲线在应变 44% 之前的部分与仿真结果进行对比。

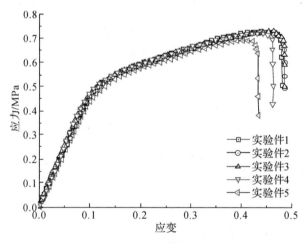

图 2－25　固体推进剂拉伸测试结果

在对损伤参数反演时,合理的初值可有效减少计算量,提高计算效率。由于界面初始刚度 K_0 的影响较小,参考相关文献,取 $K_0 = 15\,000$MPa/mm。分别对 $\sigma_0 = 0.6$MPa,$\delta_0' = 0.3$mm 和 $\sigma_0 = 0.8$MPa,$\delta_0' = 0.4$mm 两组参数进行计算,计算结果如图 2－26 所示。可以看出,界面损伤起始应力介于 $0.6 \sim 0.8$MPa 之间。为便于在迭代过程中计算应变 44% 之前曲线交叉部分的面积 S,界面失效距离可以取值稍大,随着迭代计算的进行,再逐渐逼近最优值。因此,本节取 $\sigma_0 = 0.7$MPa,$\delta_0' = 0.4$mm 作为初值进行迭代计算。

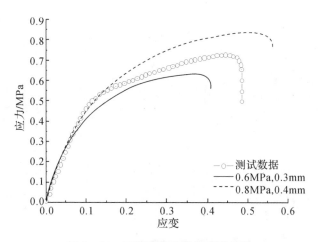

图 2 - 26　不同损伤参数的模拟结果

通过对不同界面损伤起始应力的数值仿真与实验结果的差异曲线 $G(x)$，获得 $F(x)$ 与 $y=0$ 所包围的面积 S，从而确定复合固体推进剂的界面损伤起始应力为 0.665MPa。在确定界面损伤起始应力后，对界面失效距离进行参数反演识别。在界面初始刚度和界面损伤起始应力已经确定的情况下，假设界面失效距离变化与图 2 - 23 中 A 点对应的延伸率呈线性关系，以此进行迭代计算，即当 δ'_{01} 对应的 A 点延伸率为 E_{B1}，δ_{02}' 对应的 A 点延伸率为 E_{B2} 时，下一步迭代计算中界面失效距离取

$$\delta'_{0} = \frac{E_A - E_{B1}}{E_{B2} - E_{B1}}(\delta'_{02} - \delta'_{01}) + \delta'_{01} \qquad (2-30)$$

式中：E_A 为实验曲线中 A 点对应的延伸率。

经过几轮迭代后，获得 $\delta_0' = 0.368$mm。最终获得该复合固体推进剂界面损伤参数，见表 2 - 3。

表 2 - 3　界面损伤参数

损伤初始应力/MPa	初始刚度/(MPa·mm^{-1})	失效距离/mm
0.665	15 000	0.368

根据表 2 - 3 中的参数对复合固体推进剂细观损伤的产生、演化和聚合过程进行计算，损伤过程如图 2 - 27 所示。从图中可以看出，随着载荷的增大，"脱湿"损伤的颗粒越来越多，局部区域损伤聚合明显，最终形成宏观裂纹，使得复合固体推进剂失效。将固体推进剂颗粒夹杂模型所表现的宏观应力-应变曲线与不含损伤时的应力-应变曲线及实验结果进行对比，如图 2 - 28 所示。

从图 2 - 28 中可以看出，复合固体推进剂在拉伸过程中损伤明显，在完成最优逼近后，其表征的宏观力学性能与实验结果吻合良好。结合图 2 - 27 可知，在复合固体推进剂发生大变形时，必须要考虑其损伤过程。目前广泛采用的线黏弹性本构方程的应用局限于固体推进剂无损伤或损伤程度比较小的范围，当损伤大面积演化、聚合时，计算误差较大。表 2 - 3 中的界面损伤参数是基于二维颗粒夹杂模型进行反演识别的，该参数是否与真实推进剂内颗粒脱湿损伤参数完全一致、参数的误差范围等问题仍需要进一步研究。

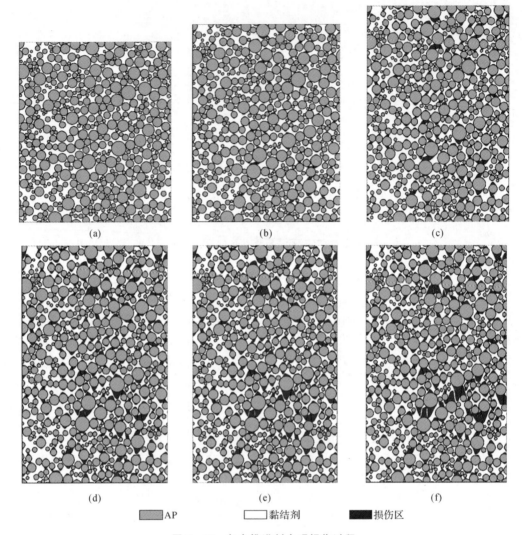

(a)   (b)   (c)

(d)   (e)   (f)

▨ AP   □ 黏结剂   ■ 损伤区

图 2 - 27　复合推进剂介观损伤过程

(a)应变为 12.04%；(b)应变为 23.95%；(c)应变为 35.85%；

(d)应变为 42.99%；(e)应变为 45.37%；(f)应变为 47.75%

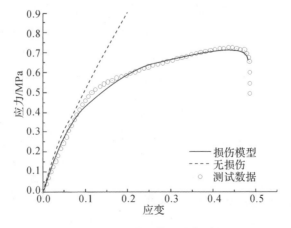

图 2 - 28　实验和模拟结构对比

2.6　HTPB 推进剂颗粒"脱湿"的非线性本构关系

复合固体推进剂的界面"脱湿"是一种细观的力学行为,是引起复合固体推进剂本构关系从线性行为到非线性行为的主要决定因素,并有可能发展成宏观裂纹,从而导致复合固体推进剂失效。在实验中,单独地分析界面"脱湿"对复合固体推进剂本构关系的影响,存在诸多影响因素。在理论上,唯象的宏观本构关系,一般不考虑复合固体推进剂中的细观结构,如粒子的尺寸、粒子的体积分数、粒子与基体的界面黏结情况等等。因此,需要发展具有细观特征的宏细观结合模型,分析界面脱湿对宏观本构关系的影响,并正确预测复合固体推进剂的力学性能。

HTPB 复合固体推进剂的力学行为主要分为两个阶段:第一阶段是线弹性阶段,粒子没有发生"脱湿",粒子对复合固体推进剂起到增强作用;第二阶段是非线性阶段,粒子的"脱湿"导致复合固体推进剂中空泡的产生,粒子的增强作用减弱,引起复合固体推进剂弹性模量的下降,可知复合固体推进剂中的非线性行为主要是界面"脱湿",这与相关文献的结论相一致。为描述 HTPB 推进剂中增强粒子的脱湿引起本构关系非线性响应行为,龚建良等人建立了由粒子、空泡与基体组成的三相物理模型描述经历界面"脱湿"的 HTPB/AP/Al 复合固体推进剂(固体含量体积分数高达 90%,其中 AP 粒子体积分数 70%),给出了在单向拉伸载荷作用下确定本构关系的算法,依据热力学能量守恒定律,确定了临界"脱湿"应变方程,利用细观力学 Mori-Tanaka 方法,确定了临界应变方程需要的宏观有效模量。由于 Al 粒子的粒径较 AP 粒子的粒径小得多,在拉伸试件破坏之前,Al 粒子的界面基本黏结完好,对复合固体推进剂主要起到增强作用,因此作为简单考虑,针对含 AP 粒子与黏结剂基体的复合推进剂展开数值模拟,研究了不同 AP 粒子体积分数下界面脱湿对复合固体推进剂力学行为的影响,结果如图 2-29 所示。

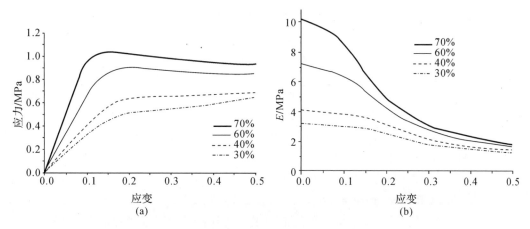

图 2-29　不同粒子体积分数下界面脱湿对推进剂应变的影响

(a)应力-应变曲线;(b)有效弹性模量-应变曲线

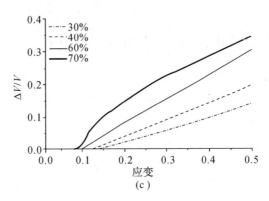

续图 2 - 29 不同粒子体积分数下界面脱湿对推进剂应变的影响

(c)体积膨胀应变-应变曲线

由图 2 - 29(a)中可以看出,AP 粒子体积分数高的 HTPB 比 AP 粒子体积分数低的 HTPB 具有更高的强度,但是 AP 粒子发生脱湿后,会出现宏观本构关系的非线性行为,同时应力下降的趋势更明显,粒子的增强作用转化为软化作用。这是因为粒子体积分数含量越高,对 HTPB 起到越高的增强作用,但是高的粒子体积分数,导致 HTPB 更容易发生脱湿,粒子的增强作用减弱较快,表现出更明显的应力下降趋势。从图 2 - 29(b)可以看出,有效弹性模量随应变的增大而逐渐降低,但在非线性阶段,弹性模量下降速度加快。这可能是因为:一方面,本节使用非线性弹性基体,基体弹性模量随应变增大而降低,因此在粒子黏结时,宏观有效模量随载荷的增大而降低;另一方面,复合固体推进剂 HTPB 内粒子脱湿数量随应变增大而增加,也就是损伤值增大,粒子的增强作用减弱,从而宏观有效弹性模量随损伤值增大而降低。同时,HTPB 中包含越多的粒子,就具有越高的初始弹性模量,在图 2 - 21(b)中粒子含量的宏观有效模量是粒子含量的 4 倍,但是粒子含量的宏观有效模量退化速度也更快。从图 2 - 29(c)可以看出,体积膨胀应变随应变的增大而增大,在非线性阶段,粒子脱湿而产生空泡,导致体积膨胀应变的增长,也就是 HTPB 内部损伤值的上升。粒子体积分数高的 HTPB 更容易"脱湿",导致在 HTPB 中空泡更快增长,从而体积膨胀应变更大。

参 考 文 献

[1] 陈汝训. 固体火箭发动机设计与研究[M]. 北京:宇航出版社,1991.

[2] LEE H,GILLMAN A S,MATOUS K. Computing overall elastic constants of polydisperse particulate composites from microtomographic data [J]. Journal of the Mechanics and Physics of Solids,2011,59:1838 - 1857.

[3] 封涛,郑健,许进升. 复合固体推进剂细观结构建模及脱黏过程数值模拟 [J]. 航空动力学报,2018,33(1):223 - 231.

[4] LUBACHEVSKY B D,STILLINGER F H. Geometric properties of random disk packings[J]. Journal of Statistical Physics,1990,60(5/6):561 - 583.

［5］ SIDHU R S, CHAWLA N. Three – dimensional（3D）visualization and microstructure – based modeling of deformation in a Sn – rich solder［J］. Scripta Materialia, 2006, 54 (9):1627 – 1631.

［6］ 程吉明. 预应变作用下复合固体推进剂损伤本构及应用研究［D］.西安:西北工业大学, 2019.

［7］ 李高春, 邢耀国, 戢治洪.复合固体推进剂细观界面脱黏有限元分析［J］.复合材料学报, 2011, 28(3):229 – 235.

［8］ CHAWLA N, SIDHU RS, GANESH V V. Three – dimensional visualization and microstructure – based modeling of deformation in particle – reinforced composites［J］. Acta Materialia, 2006, 54: 1541 – 1548.

［9］ CHEN X H, MAI Y W. Micromechanics of rubber – toughened polymers［J］. Joumal of Materials Science, 1998, 33: 3529 – 3539.

［10］ TZIKA P A, BOYCE M C, PARKS D M. Micromechanics of deformation in particle – toughened polyamides［J］. Journal of the Mechanics and Physics of Solids, 2000, 8: 1893 – 1929.

［11］ KANG G Z, SHAO X J, GUO S J. Effect of interfacial bonding on uniaxial ratchetting of SiC_p/6061Al composites: Finite element analysis with 2 – D and 3 – D unit cells［J］. Materials Science and Engineering A, 2008, 487: 431 – 444.

［12］ GONZFILEZ C, SEGURADO J, LORCA J. Numerical simulation of elasto – plastic deformation of composites: evolution of stress microfields and implications for homogenization models［J］. Journal of the Mechanics and Physics of Solids, 2004, 52: 1573 – 1593.

［13］ 孟庆华. 复合材料拉伸/冲击失效相关问题的细观力学分析［D］. 哈尔滨:哈尔滨工程大学, 2015.

［14］ ELICES M, GUINEA G V, GOMEZ J, et al. The cohesive zone model: advantages, limitations and challenges［J］. Engineering Fracture Mechanics, 2002, 69: 137 – 163.

［15］ PARK K, PAULINO G H. Cohesive zone models: a critical review of traction – separation relationships across fracture surfaces［J］. Applied Mechanics Reviews, 2011, 64: 060802.

［16］ DUGDALE D S. Yielding of steel sheets containing slits［J］. Journal of the Mechanics and Physics of Solids, 1960, 8: 100 – 104.

［17］ BARENBLATT G I. The mathematical theory of equilibrium cracks in brittle failure ［J］. Advances in Applied Mechanics, 1962, 7: 55 – 129.

［18］ COMEC A, SCHEIDER I, SCHWALBE K H. On the practical application of the cohesive model［J］. Engineering Fracture Mechanics, 2003, 70: 1963 – 1987.

［19］ NEEDLEMAN A. A continuum model for void nucleation by inclusion debonding ［J］. Journal of Applied Mechanics – Transactions of the ASME, 1987, 54: 525 – 531.

［20］ NEEDLEMAN A. An analysis of tensile decohesion along an interface［J］. Journal of the Mechanics and Physics of Solids, 1990, 38: 289 – 324.

[21] SEGURADO J, LORCA J. A new three. dimensional interface finite element to simulate fracture in composites [J]. International Journal of Solids and Structures, 2004, 41: 2977 – 2993.

[22] FREED Y, BANKS – SILLS L. A new cohesive zone model for mixed mode interface fracture in biomaterials [J]. Engineering Fracture Mechanics, 2008, 75: 4583 – 4593.

[23] PAGGI M, Wriggers R. A nonlocal cohesive zone model for finite thickness interfaces – Part I: Mathematical formulation and Validation with molecular dynamics [J]. Computational Materials Science, 2011, 50: 1625 – 1633.

[24] XU X P, NEEDLEMAN A. Void nucleation by inclusion debonding in a crystal matrix [J]. Modelling and Simulation in Materials Science and Engineering, 1993, 1: 111 – 132.

[25] XU X P, NEEDLEMAN A. Numerical simulations of fast crack growth in brittle solids [J]. Journal of the Mechanics and Physics of Solids, 1994, 42: 1397 – 1434.

[26] XU X P, NEEDLEMAN A. Numerical simulations of dynamic crack growth along an interface [J]. Intemational Journal of Fracture, 1996, 74: 289 – 324.

[27] VAN D, B M J, SCHREURS P J G, et al. An improved description of the exponential XU and Needleman cohesive zone law for mixed – mode decohesion [J]. Engineering Fracture Mechanics, 2006, 73: 1220 – 1234.

[28] EVANGELISTA J R F, ROESLER J R, PROENQA S P. Three dimensional cohesive zone model for fracture of cementitious materials based on the thermodynamics of irreversible processes [J]. Engineering Fracture Mechanics, 2013, 97: 261 – 280.

[29] SAMIMI M, VAN D J A W, KOLLURI M, et al. Simulation of interlaminar damage in mixed – mode bending tests using large deformation self – adaptive cohesive zones [J]. Engineering Fracture Mechanics, 2013, 109: 387 – 402.

[30] CAMACHO G T, ORTIZ M. Computational modeling of impact damage in brittle materials [J]. International Journal of Solids and Structures, 1996, 33: 2899 – 2938.

[31] PANDOLFI A, GUDURU P R, ORTIZ M, et al. Three dimensional cohesive – element analysis and experiments of dynamic fracture in C300 steel [J]. International Journal of Solids and Structures, 2000, 37: 3733 – 3760.

[32] MI Y, CRISFIELD M A, DAVIES G A O, et al. Progressive delamination using interface elements [J]. Journal of Composite Materials, 1998, 32: 1246 – 1272.

[33] QIU Y, CRISFIELD M A, ALFANO G. An interface element formulation for the simulation of delamination with bucking [J]. Engineering Fracture Mechanics, 2001, 68: 1755 – 1776.

[34] ALFANO G, CRISFIELD M A. Finite element interface models for the delamination analysis of laminated composites: mechanical and computational issues [J]. International Journal for Numerical Methods in Engineering, 2001, 50: 1701 – 1736.

[35] SAMIMI M, VAN DOMMELEN J A W, GEERS M G D. An enriched cohesive zone

model for delamination in brittle interfaces [J]. International Journal for Numerical Methods in Engineering, 2009, 80: 609 - 630.

[36] ALFANO G, MARFIA S, SACCO E. A cohesive damage - friction interface model accounting for water pressure on crack propagation [J]. Computer Methods in Applied Mechanics and Engineering, 2006, 196: 192 - 209.

[37] SAMIMI M, VAN D J AW, GEERS M G D. A three dimensional self - adaptive cohesive zone model for interfacial delamination [J]. Computer Methods in Applied Mechanics and Engineering, 2011, 200: 3540 - 3553.

[38] MA F S, KISHIMOTO K. A continuum interface debonding model and application to matrix cracking of composites [J]. JSME International Journal Series A, 1996, 39: 496 - 507.

[39] KISHIMOTO K, OMIYA M, YANG W. Fracture mechanics of bonding interface: a cohesive zone model [J]. Sensors and Actuators A, 2002, 99: 198 - 206.

[40] OMIYA M, KISHIMOTO K, YANG W. Interface debonding model and its application to the mixed mode interface fracture toughness [J]. International Journal of Damage Mechanics, 2002, 11: 263 - 286.

[41] GONGALVES J P M, MOURA M F S F, CASTRO P M S T, et al. Interface element including point - to - surface constraints for three. dimensional problems with damage propagation [J]. Engineering Computations, 2000, 17: 28 - 47.

[42] MOURA M F S F, CONQALVES J P M, MARQUES A T, et al. Prediction of compressive strength of carbon - epoxy laminates containing delamination by using a mixed - mode damage model [J]. Composite Structures, 2000, 50: 151 - 157.

[43] WAGNER W, GRUTTMANN F, SPRENGER W. A finite element formulation for the simulation of propagating delarninations in layered composite structures [J]. International Journal for Numerical Methods in Engineering, 2001, 51: 1337 - 1359.

[44] BALZANI C, WAGNER W. An interface element for the simulation of delamination in unidirectional fiber - reinforced composite laminates [J]. Engineering Fracture Mechanics, 2008, 75: 2597 - 2615.

[45] CAMANHO P P, DAVILA C G, MOURA M F. Numerical simulation of mixed - mode progressive delamination in composite materials [J]. Journal of Composite Materials, 2003, 37: 1415 - 1438.

[46] BUI VQ, IANNUCCI L, ROBINSON P, et al. A coupled mixed - mode delamination model for larninated composites [J]. Joumal of Composite Materials, 2011, 45: 1717 -1729.

[47] ESPINOSA H D, ZAVATTIERI P D. A grain level model for the study of failure initiation and evolution in polycrystalline brittle materials. Part Ⅰ: Theory and numerical implementation [J]. Mechanics of Materials, 2003, 35: 333 - 364.

[48] SONG S H, PAULINO G H, BUTTLAR W G. A bilinear cohesive zone model tailored for fracture of asphalt concrete considering viscoelastic bulk material [J].

Engineering Fracture Mechanics, 2006, 73: 2829 - 2848.

[49] LI S, THOULESS M D, WΛAS A M, et al. Use of mode - Ⅰ cohesive - zone models to describe the fracture of an adhesively - bonded polymer - matrix composite [J]. Composites Science and Technology, 2005, 65: 281 - 293.

[50] LI S, THOULESS M D, WAAS AM, et al. Use of cohesive - zone models to analyze fracture of a fiber - reinforced polymer - matrix composite [J]. Composites Science and Technology, 2005, 65: 537 - 549.

[51] XIE D, WAAS A M. Discrete cohesive zone model for mixed - mode fracture using finite element analysis [J]. Engineering Fracture Mechanics, 2006, 73: 1783 - 1796.

[52] TVERGAARD V, HUTCHINSON J W. The relation between crack growth resistance and fracture process parameters in elastic - plastic solids [J]. Journal of tlle Mechanics and Physics of Solids, 1992, 40: 1377 - 1397.

[53] TVERGAARD V, HUTCHINSON J W. The influence of plasticity on mixed mode interface toughness [J]. Journal of the Mechanics and Physics of Solids, 1993, 41: 1119 - 1135.

[54] TVERGAARD V, HUTCHINSON J W. On the toughness of ductile adhesive joints [J]. Journal of the Mechanics and Physics of Solids, 1996, 44: 789 - 800.

[55] YANG Q D, THOULESS M D, WARD S M. Numerical simulations of adhesively - bonded beams failing with extensive plastic deformation [J]. Journal of the Mechanics and Physics of Solids, 1999, 47: 1337 - 1353.

[56] YANG Q D, THOULESS M D, WARD S M. Elastic - plastic mode - Ⅱ fracture of adhesive joints [J]. International Journal of Solids and Structures, 2001, 38: 3251 - 3262.

[57] YANG Q D, THOULESS M D. Mixed - mode fracture analyses of plastically - deforming adhesive joints [J]. International Journal of Fracture, 2001, 110: 175 - 187.

[58] YANG Q D, COX B. Cohesive models for damage evolution in laminated composites [J]. International Journal of Fracture, 2005, 133: 107 - 137.

[59] SU C, WEI Y J, ANAND L. An elastic. plastic interface constitutive model: application to adhesive ioints [J]. International Journal of Plasticity, 2004, 20: 2063 - 2081.

[60] XU O, LU Z X. An elastic. plastic cohesive zone model for metal - ceramic interfaces at finite deformations [J]. International Journal of Plasticity, 2013, 41: 147 - 164.

[61] ZHOU F H, MOLINARI J F, SHIOYA T. A rate - dependent cohesive model for simulating dynamic crack propagation in brittle materials [J]. Engineering Fracture Mechanics, 2005, 72: 1383 - 1410.

[62] MUSTO M, ALFANO G. A novel rate dependent cohesive - zone model combining damage and visco - elasticity [J]. Computers& Structures, 2013, 118: 126 - 133.

[63] WU J, RU C Q. A speed - dependent cohesive zone model for moving cracks with non - uniform traction force [J]. Engineering Fracture Mechanics, 2014, 117: 12 - 27.

［64］ PARK K，PAULINO G H，ROESLER J R. A unified potential – based cohesive model of mixed – mode fracture［J］. Journal of the Mechanics and Physics of Solids，2009，57：891 – 908.

［65］ WD Y J. A stochastic description on the traction – separation law of all interface with non – covalent bonding［J］. Journal of the Mechanics and Physics of Solids，2014，70：227 – 241.

［66］ BREWER J C，LAGACE P A. Quadratic stress criterion for initiation of delamination ［J］. Journal of Composite Materials，1988，22：1141 – 1155.

［67］ GAZONAS G A. A uniaxial nonlinear viscoelastic constitutive model with damage for M30 gun propellant［J］. Mechanics of Materials，1993，15(4)：323 – 335.

［68］ OZUPEK S，BECKER E B. Constitutive equations for solid propellants［J］. Journal of Engineering Materials and Technology，1997，119(2)：125 – 132.

［69］ PARK S W，SCHAPERY R A. A viscoelastic constitutive model for particulate composites with growing damage［J］. International Journal of Solids and Structures，1997，34(8)：931 – 947.

［70］ MATOUS K，GEUBELLE P H. Multiscale modeling of particle debonding in reinforced elastomers subjected to finite deformation［J］. International Journal for Numerical Methods in Engineering，2006，65：190 – 223

［71］ 李高春，邢耀国，王玉峰，等. 基于细观力学的复合固体推进剂模量预估方法［J］. 推进技术，2007，28(4)：441 – 444.

［72］ 刘承武，阳建红，陈飞. 改进的 Mori – Tanaka 法在复合推进剂非线界面脱黏中的应用［J］. 固体火箭技术，2011，34(1)：67 – 70.

［73］ ZHI S J，SUN B，ZHANG J W. Multiscale modeling of heterogeneous propellants from particle packing to grain failure using a surface – based cohesive approach［J］. Acta Mechanica Sinica，2012，28(3)：746 – 759.

［74］ ELICES M，GUINEA G V，GOMEZ J，et al. The cohesive zone model：advantages，limitations and challenges［J］. Engineering Fracture Mechanics，2002，69（2）：137 – 163.

［75］ BAZANT Z P. Concrete fracture models：testing and practice［J］. Engineering Fracture Mechanics，2002，69(2)：165 – 205.

［76］ 职世君，孙冰，张建伟. 基于表面黏结损伤的复合固体推进剂细观损伤数值模拟［J］. 推进技术，2013，34(2)：273 – 279.

［77］ 曾甲牙. 丁羟基推进剂拉伸断裂行为的扫描电子显微镜研究［J］. 固体火箭技术，1999，22(4)：328 – 334.

［78］ 龚建良，刘佩进，李强. 基于能量守恒的 HTPB 推进剂非线性本构关系［J］. 含能材料，2013，21(3)：325 – 329.

第3章　复合固体推进剂三维宏观有限元模拟

3.1　引　言

火箭发动机作为火箭和导弹发射的核心技术,在军事和航天航空领域中具有极其广泛的应用。固体火箭推进剂是火箭发动机中核心组成之一,是一种高颗粒填充比的复合材料,其中的填充颗粒有铝粉、高氯酸铵以及硝胺炸药(黑索今或奥克托今)等。固体火箭发动机推进剂药柱在生产、移动和保存的过程中可能会产生裂纹、夹杂和孔洞等缺陷,这些缺陷会对发动机的稳定性产生不同程度的影响。固体发动机装药的损伤对于发动机具有决定性意义,如果损伤导致了发动机结构完整性被破坏,就有可能引发灾难性的爆炸事故,危及发射平台和人员的安全。因此,固体火箭推进剂结构稳定性的研究成了固体火箭发动机的关键技术之一。

由于固体推进剂的力学响应较为复杂,固体推进剂结构完整性一般通过有限元数值分析进行模拟研究。但是,目前工程设计中常用的商业软件只包含简单的材料模型,不能准确描述材料的力学响应规律,本章基于推进剂装药材料的损伤力学性能影响,建立推进剂材料含损伤的本构关系,通过 Abaqus 平台的用户自定义材料子程序(User-defined mechanical material behavior,UMAT)接口,开发该材料黏弹损伤本构模型的子程序。

3.2　黏弹性材料的损伤本构方程

3.2.1　基于玻尔兹曼叠加原理的黏弹性积分型本构方程

阶跃应变,可定义为

$$\varepsilon(t) = \varepsilon_0 H(t), H(t) = \begin{cases} 0, & t < 0 \\ 1, & t \geqslant 0 \end{cases} \tag{3-1}$$

初始状态下的应力响应为

$$\sigma(t) = E(t)\varepsilon_0 \tag{3-2}$$

后在 τ_1 时刻附加 $\Delta\varepsilon_1 H(t-\tau_1)$ 的阶跃应变,该阶跃应变对应的应力响应为

$$\Delta\sigma_1(t) = E(t-\tau_1)\Delta\varepsilon_1 \tag{3-3}$$

因此,在 $t\ (t > \tau_1)$ 时刻,整体的应力响应为

$$\sigma(t) = E(t)\varepsilon_0 + E(t - \tau_1)\Delta\varepsilon_1 \tag{3-4}$$

类似地,假设材料在 τ_i 时刻受到应变增量 $\Delta\varepsilon_i$ 的作用,重复上述过程 n 次,那么在 $t(t>\tau_i)$ 时刻总的应力响应为

$$\sigma(t) = E(t)\varepsilon_0 + \sum_{i=1}^{n} E(t - \tau_i)\Delta\varepsilon_i \tag{3-5}$$

其积分化形式为

$$\sigma(t) = \int_0^t E(t - \tau)\frac{\mathrm{d}\varepsilon(\tau)}{\mathrm{d}\tau}\mathrm{d}\tau \tag{3-6}$$

3.2.2　弹性-黏弹性对应原理

Schapery 基于弹性损伤理论,通过建立伪应变函数代替弹性应变,可变为黏弹性本构方程,其中,伪应变函数是包含时间项的卷积分为

$$
\begin{aligned}
\varepsilon^R &= E_R \int_0^t E(t - \tau)\frac{\mathrm{d}\varepsilon}{\mathrm{d}\tau}\mathrm{d}\tau \\
&= \frac{1}{E_R} \int_0^t \left(E_\infty + \sum_{i=1}^{n} E_i e^{-\frac{t-\tau}{\tau_i}} \right)\frac{\mathrm{d}\varepsilon}{\mathrm{d}\tau}\mathrm{d}\tau
\end{aligned} \tag{3-7}
$$

式中,E_R 为参考弹性模量,为了使伪应变无量纲化,其单位与弹性模量单位一致,E_R 的值的大小可自由选取,通常取值为 1。

将上述伪应变函数带入黏弹性本构方程后,积分形式的线性黏弹性本构方程可以写作

$$\sigma = E_R \varepsilon^R \tag{3-8}$$

式(3-8)表示用弹性本构方程的形式来表达黏弹性本构方程。对于线黏弹性材料,E_R 是一个不变的常数。

3.2.3　含累计损伤的非线性本构方程

在实验过程中,在大变形的条件下,应力-伪应变曲线出现明显的非线性特性,且该曲线随着加载速度和加载路径而变化,由此可知,E_R 值还与加载过程及加载方式有关。因此,为了能准确描述固体推进剂大变形条件下的力学性能,必须建立起关于 E_R 的非线性函数形式,该函数与加载水平、加载过程、加载方式有关。本章中,该非线性函数通过损伤因子描述为

$$\sigma = C(S)\varepsilon^R \tag{3-9}$$

式中:S 为损伤内变量,是表征材料内部损伤程度的物理量;$C(S)$ 称为软化函数,是关于损伤内变量 S 的函数。

结合累积损伤的概念,建立含累积损伤的非线性黏弹性本构方程,并证明含累积损伤的非线性黏弹性本构方程能较好地反映不同应变速度条件下及复杂应变速度条件下的应力应变响应,含累积损伤的非线性黏弹性本构方程为

$$
\left.
\begin{aligned}
&\sigma = C(S)\varepsilon^R \\
&S(t) = \lambda \int_0^t \left[\sigma(t) \right]^n \mathrm{d}t
\end{aligned}
\right\} \tag{3-10}
$$

在本章中,近似认为三维应力状态下,损伤是各向同性的,即损伤内变量 S 是标量形式,

损伤变量 S 用单一标量表示,那么软化函数 C 也为标量。

则含损伤的三维黏弹性本构方程表示为

$$
\begin{aligned}
\sigma_{ij} &= C(S)\varepsilon_{ij}^{\mathrm{R}} \\
&= C(S)\left[\int_0^t 2G(t-\tau)\frac{\mathrm{d}e_{ij}}{\mathrm{d}\tau}\mathrm{d}\tau + \delta_{ij}\int_0^t K(t-\tau)\frac{\mathrm{d}\varepsilon_{kk}}{\mathrm{d}\tau}\mathrm{d}\tau\right]
\end{aligned} \tag{3-11}
$$

在本章中,假设损伤内变量与 Mises 等效应力有关。在三维应力条件下,损伤内变量 S 演化方程中的应力用 Mises 等效应力代替,则有

$$
S(t) = \lambda\int_0^t\left[\frac{\sigma_{\mathrm{eq}}(t)}{\sigma_{\mathrm{ref}}}\right]^\eta\mathrm{d}t \tag{3-12}
$$

$$
\sigma_{\mathrm{eq}} = \sqrt{\frac{1}{2}\left[(\sigma_1-\sigma_2)^2 + (\sigma_2-\sigma_3)^2 + (\sigma_3-\sigma_1)^2\right]} \tag{3-13}
$$

式中:σ_{eq} 为 Mises 等效应力。

3.3　黏弹性材料损伤本构的数值实现

3.3.1　UMAT 子程序介绍

为了能够适应用户特定的分析需求,Abaqus 有限元软件为用户提供了大量强大而灵活的用户子程序接口。其中 UMAT 用于用户自定义材料的力学性能,用户只要按照特定的格式及方法,根据材料的力学性能编写子程序,即可将该材料模型成功应用到 Abaqus 的模拟计算中。

由于 UMAT 子程序具有可以定义材料的本构关系的特点,因此 UMAT 被广泛地应用于材料的非线性本构的模拟计算中。在 Abaqus 的材料库中,尽管提供线黏弹性材料的本构模型,但其无法满足非线性损伤黏弹性本构的计算需求,因此,本研究基于推进剂装药材料的损伤力学性能影响,建立推进剂材料含损伤的本构关系,通过 Abaqus 平台的 UMAT 接口,开发该材料黏弹损伤本构模型的子程序。

UMAT 根据 Abaqus 提供的总应变增量、时间步长以及其他相关状态变量,并结合增量型本构方程及其相关求解算法,主要完成当前增量步的应力更新,并向 Abaqus 返回增量型本构方程的切线刚度矩阵(Jacobian 矩阵)。UMAT 子程序实现的基本流程如图 3-1 所示。

3.3.2　三维情况本构方程增量形式及切线模量求解

将含损伤的非线性黏弹性本构方程进行数值离散,可以得到更新应力的公式和一致切线刚度矩阵(Jacobian 矩阵)。本小节公式参考相关文献的推导过程。

对于三维情况下的黏弹性本构方程,应变可以分解为偏应变和体积应变,由此可得,伪应变可以分解为偏伪应变部分和体积伪应变,则有

$$e_{ij}^{R} = \int_{0}^{t} 2G(t-\tau)\frac{\mathrm{d}e_{ij}}{\mathrm{d}\tau}\mathrm{d}\tau \qquad (3-14)$$

$$\varepsilon_{kk}^{R} = \int_{0}^{t} 3K(t-\tau)\frac{\mathrm{d}\varepsilon_{kk}}{\mathrm{d}\tau}\mathrm{d}\tau \qquad (3-15)$$

则应力张量的分量形式可以写成

$$\sigma_{ij} = C\varepsilon_{ij}^{R}(t) = C\left(e_{ij}^{R} + \frac{1}{3}\delta_{ij}\varepsilon_{kk}^{R}\right) \qquad (3-16)$$

对偏伪应变进行展开，可得

$$e_{ij}^{R} = \int_{0}^{t} 2G(t-\tau)\frac{\mathrm{d}e_{ij}}{\mathrm{d}\tau}\mathrm{d}\tau$$

$$= 2G_{\infty}e_{ij}(t) + \sum_{n=1}^{k} 2\int_{0}^{t} G_n \mathrm{e}^{-\frac{t-\tau}{\tau_n}}\frac{\partial e_{ij}}{\partial\tau}\mathrm{d}\tau \qquad (3-17)$$

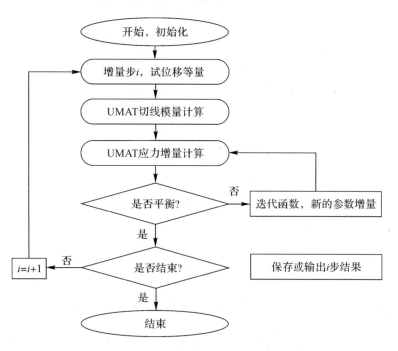

图 3-1　主程序调用 UMAT 流程图

将求和符号中的各项积分分别单独表示。其中，$q_{ij,n}(t)$ 表示偏伪应变中 prony 级数中的第 n 项的遗传积分，$q_{ij,\infty}(t)$ 则表示为偏伪应变的稳态项，则有

$$q_{ij,\infty}(t) = 2G_{\infty}e_{ij}(t) \qquad (3-18)$$

$$q_{ij,n}(t) = 2\int_{0}^{t} G_n \mathrm{e}^{-\frac{t-\tau}{\tau_n}}\frac{\partial e_{ij}}{\partial\tau}\mathrm{d}\tau \qquad (3-19)$$

将式（3-18）和式（3-19）代入式（3-17）中，偏伪应变可表示为各项遗传积分之和的形式，即

$$e_{ij}^{R}(t) = q_{ij,\infty}(t) + \sum_{n=1}^{k} q_{ij,n}(t) \qquad (3-20)$$

由式(3-20)可得 $t+\Delta t$ 时刻偏伪应变增量为

$$\Delta e_{ij}^{R}(t+\Delta t)=e_{ij}^{R}(t+\Delta t)-e_{ij}^{R}(t)$$

$$=\left[q_{ij,\infty}(t+\Delta t)+\sum_{n=1}^{k}q_{ij,n}(t+\Delta t)\right]-\left[q_{ij,\infty}(t)+\sum_{n=1}^{k}q_{ij,n}(t)\right]$$

$$=\Delta q_{ij,\infty}(t+\Delta t)+\sum_{n=1}^{k}\Delta q_{ij,n}(t+\Delta t) \tag{3-21}$$

同理,体积伪应变展开可得

$$\varepsilon_{kk}^{R}=\int_{0}^{t}3K(t-\tau)\frac{\mathrm{d}\varepsilon_{kk}}{\mathrm{d}\tau}\mathrm{d}\tau$$

$$=3K_{\infty}\varepsilon_{kk}(t)+\sum_{n=1}^{k}3\int_{0}^{t}K_{n}\mathrm{e}^{-\frac{t-\tau}{\tau_{n}}}\frac{\partial\varepsilon_{kk}}{\partial\tau}\mathrm{d}\tau \tag{3-22}$$

将体积伪应变中求和符号内的各个积分项也分别单独表示。其中,$q_{kk,n}(t)$ 表示体积伪应变中 prony 级数中的第 n 项的遗传积分,$q_{kk,\infty}(t)$ 则表示为体积伪应变的稳态项,则有

$$q_{kk,\infty}(t)=3K_{\infty}\varepsilon_{kk}(t) \tag{3-23}$$

$$q_{kk,n}(t)=3\int_{0}^{t}K_{n}\mathrm{e}^{-\frac{t-\tau}{\tau_{n}}}\frac{\partial\varepsilon_{kk}}{\partial\tau}\mathrm{d}\tau \tag{3-24}$$

将式(3-23)和式(3-24)代入式(3-22)中,体积伪应变可表示为各项遗传积分之和的形式,即

$$\varepsilon_{ij}^{R}(t)=q_{kk,\infty}(t)+\sum_{n=1}^{k}q_{kk,n}(t) \tag{3-25}$$

由式(3-25)可得 $t+\Delta t$ 时刻体积伪应变增量为

$$\Delta\varepsilon_{ij}^{R}(t+\Delta t)=\varepsilon_{ij}^{R}(t+\Delta t)-\varepsilon_{ij}^{R}(t)$$

$$=\left[q_{kk,\infty}(t+\Delta t)+\sum_{n=1}^{k}q_{kk,n}(t+\Delta t)\right]-\left[q_{kk,\infty}(t)+\sum_{n=1}^{k}q_{kk,n}(t)\right] \tag{3-26}$$

$$=\Delta q_{kk,\infty}(t+\Delta t)+\sum_{n=1}^{k}\Delta q_{kk,n}(t+\Delta t)$$

对损伤内变量 S 进行离散,可得

$$S(t+\Delta t)=\lambda\int_{0}^{t+\Delta t}\left[\frac{\sigma_{\mathrm{eq}}(t)}{\sigma_{\mathrm{ref}}}\right]^{\eta}\mathrm{d}t$$

$$\approx S(t)+\lambda\left(\frac{\sigma_{\mathrm{eq}}(t)+\sigma_{\mathrm{eq}}(t+\Delta t)}{2\sigma_{\mathrm{ref}}}\right)^{\eta}\Delta t \tag{3-27}$$

$$\Delta S(t+\Delta t)=S(t+\Delta t)-S(t)$$

$$\approx\lambda\left[\frac{2\sigma_{\mathrm{eq}}(t)+\Delta\sigma_{\mathrm{eq}}(t+\Delta t)}{2\sigma_{\mathrm{ref}}}\right]^{\eta}\Delta t \tag{3-28}$$

对偏伪应变中 prony 级数的第 n 项的遗传积分进行数值离散,将积分 $(0,t+\Delta t)$ 内的积分分割为两段积分,第一段是极限 $(0,t)$ 内积分,第二段是 $(t,t+\Delta t)$ 内积分,在 $t\sim t+\Delta t$ 时间段内,应变速度可以近似等效为一个恒定的值,可以用平均应变速度代替,由此可得

$$q_{ij,n}(t+\Delta t) = 2\int_0^{t+\Delta t} G_n e^{-\frac{t+\Delta t-\tau}{\tau_n}} \frac{\partial e_{ij}}{\partial \tau} \mathrm{d}\tau$$

$$= 2G_n \int_0^t e^{-\frac{t+\Delta t-\tau}{\tau_n}} \frac{\partial e_{ij}}{\partial \tau}\mathrm{d}\tau + 2G_n \int_t^{t+\Delta t} e^{-\frac{t+\Delta t-\tau}{\tau_n}} \frac{\partial e_{ij}}{\partial \tau}\mathrm{d}\tau$$

$$= e^{-\frac{\Delta t}{\tau_n}} q_{ij,n}(t) + 2G_n \frac{\Delta e_{ij}(t+\Delta t)}{\Delta t}\tau_n(1-e^{-\frac{\Delta t}{\tau_n}}) \tag{3-29}$$

由式(3-29),可得

$$\Delta q_{ij,n}(t+\Delta t) = q_{ij,n}(t+\Delta t) - q_{ij,n}(t)$$

$$= (e^{-\frac{\Delta t}{\tau_n}}-1)q_{ij,n}(t) + 2G_n \frac{\Delta e_{ij}(t+\Delta t)}{\Delta t}\tau_n(1-e^{-\frac{\Delta t}{\tau_n}}) \tag{3-30}$$

由式(3-24),可得

$$\Delta q_{ij,\infty}(t+\Delta t) = 2G_\infty \Delta e_{ij}(t+\Delta t) \tag{3-31}$$

同理,对体积伪应变中 prony 级数的第 n 项的遗传积分进行数值离散,整理后,可得

$$q_{kk,n}(t+\Delta t) = 3\int_0^{t+\Delta t} K_n e^{-\frac{t+\Delta t-\tau}{\tau_n}} \frac{\partial \varepsilon_{kk}}{\partial \tau}\mathrm{d}\tau$$

$$= e^{-\frac{\Delta t}{\tau_n}} q_{kk,n}(t) + 3K_n \frac{\Delta \varepsilon_{kk}(t+\Delta t)}{\Delta t}\tau_n(1-e^{-\frac{\Delta t}{\tau_n}}) \tag{3-32}$$

由式(3-25),可得

$$\Delta q_{kk,\infty}(t+\Delta t) = 3K_\infty \Delta\varepsilon_{kk}(t+\Delta t) \tag{3-33}$$

由式(3-32),可得

$$\Delta q_{kk,n}(t+\Delta t) = q_{kk,n}(t+\Delta t) - q_{kk,n}(t)$$

$$= (e^{-\frac{\Delta t}{\tau_n}}-1)q_{kk,n}(t) + 3K_n \frac{\Delta\varepsilon_{kk}(t+\Delta t)}{\Delta t}\tau_n(1-e^{-\frac{\Delta t}{\tau_n}}) \tag{3-34}$$

将式(3-30)和式(3-31)代入式(3-21)中,可得偏伪应变增量为

$$\Delta e_{ij}^R(t+\Delta t) = \Delta q_{ij,\infty} + \Delta q_{ij,n}(t+\Delta t)$$

$$= 2G_\infty \Delta e_{ij}(t+\Delta t) +$$

$$\sum_{n=1}^k \left[(e^{-\frac{\Delta t}{\tau_n}}-1)q_{ij,n}(t) + 2G_n \frac{\Delta e_{ij}(t+\Delta t)}{\Delta t}\tau_n(1-e^{-\frac{\Delta t}{\tau_n}}) \right] \tag{3-35}$$

将式(3-33)和式(3-34)代入式(3-26)中,可得体积伪应变增量为

$$\Delta\varepsilon_{kk}^R(t+\Delta t) = \Delta q_{kk,\infty} + \Delta q_{kk,n}(t+\Delta t)$$

$$= 3K_\infty \Delta\varepsilon_{kk}(t+\Delta t) +$$

$$\sum_{n=1}^k \left[(e^{-\frac{\Delta t}{\tau_n}}-1)q_{kk,n}(t) + 3K_n \frac{\Delta\varepsilon_{kk}(t+\Delta t)}{\Delta t}\tau_n(1-e^{-\frac{\Delta t}{\tau_n}}) \right] \tag{3-36}$$

总的伪应变增量可表示为偏伪应变增量和体积伪应变增量之和的形式,则有

$$\Delta\varepsilon_{ij}^R(t+\Delta t) = \Delta e_{ij}^R(t+\Delta t) + \frac{1}{3}\delta_{ij}\Delta\varepsilon_{kk}^R(t+\Delta t) \tag{3-37}$$

$$\varepsilon_{ij}^R(t+\Delta t) = \varepsilon_{ij}^R(t) + \Delta\varepsilon_{ij}^R(t+\Delta t) \tag{3-38}$$

进而可得

$$\sigma_{ij}(t+\Delta t) = C(t+\Delta t)\varepsilon_{ij}^R(t+\Delta t) \tag{3-39}$$

三维一致切线模量表达式为

$$D_{ijkl}^{\mathrm{T}}(t+\Delta t) = \frac{\partial \sigma_{ij}(t+\Delta t)\partial \varepsilon_{ij}^{R}(t+\Delta t)}{\partial \varepsilon_{ij}^{R}(t+\Delta t)\partial \varepsilon_{kl}(t+\Delta t)}$$

$$= \frac{\partial \sigma_{ij}(t+\Delta t)\partial \varepsilon_{ij}^{R}(t+\Delta t)}{\partial \varepsilon_{ij}^{R}(t+\Delta t)\partial \Delta \varepsilon_{kl}(t+\Delta t)} \tag{3-40}$$

将式(3-35)和式(3-36)代入式(3-37)中,得

$$\Delta \varepsilon_{ij}^{R}(t+\Delta t) = \Delta e_{ij}^{R}(t+\Delta t) + \frac{1}{3}\delta_{ij}\Delta \varepsilon_{kk}^{R}(t+\Delta t)$$

$$= \left\{2G_{\infty} + \sum_{n=1}^{k}\left[2G_{n}\frac{\tau_{n}}{\Delta t}(1-e^{-\frac{\Delta t}{\tau_{n}}})\right]\right\}\left[\Delta \varepsilon(t+\Delta t) - \frac{1}{3}\delta_{ij}\Delta \varepsilon_{kk}^{R}(t+\Delta t)\right] +$$

$$\delta_{ij}\left\{K_{\infty} + \sum_{n=1}^{k}\left[K_{n}\frac{\tau_{n}}{\Delta t}(1-e^{-\frac{\Delta t}{\tau_{n}}})\right]\right\}\Delta \varepsilon_{kk}(t+\Delta t) +$$

$$\sum_{n=1}^{k}\left[(e^{-\frac{\Delta t}{\tau_{n}}}-1)q_{ij,n}(t)\right] + \frac{1}{3}\delta_{ij}\sum_{n=1}^{k}\left[(e^{-\frac{\Delta t}{\tau_{n}}}-1)q_{kk,n}(t)\right] \tag{3-41}$$

令

$$GG = 2G_{\infty} + \sum_{n=1}^{k}\left[2G_{n}\frac{\tau_{n}}{\Delta t}(1-e^{-\frac{\Delta t}{\tau_{n}}})\right] \tag{3-42}$$

$$KK = K_{\infty} + \sum_{n=1}^{k}\left[K_{n}\frac{\tau_{n}}{\Delta t}(1-e^{-\frac{\Delta t}{\tau_{n}}})\right] \tag{3-43}$$

将式(3-42)和式(3-43)代入式(3-41)中,可得

$$\Delta \varepsilon_{ij}^{R}(t+\Delta t) = GG\left[\Delta \varepsilon(t+\Delta t) - \frac{1}{3}\delta_{ij}\Delta \varepsilon_{kk}^{R}(t+\Delta t)\right] +$$

$$\delta_{ij}KK\Delta \varepsilon_{kk}(t+\Delta t) + \sum_{n=1}^{k}\left[(e^{-\frac{\Delta t}{\tau_{n}}}-1)q_{ij,n}(t)\right] + \frac{1}{3}\delta_{ij}\sum_{n=1}^{k}\left[(e^{-\frac{\Delta t}{\tau_{n}}}-1)q_{kk,n}(t)\right]$$

$$\tag{3-44}$$

由式(3-45)可得

$$\varepsilon_{ij}^{R}(t+\Delta t) = \varepsilon_{ij}^{R}(t) + \Delta \varepsilon_{ij}^{R}(t+\Delta t)$$

$$= \varepsilon_{ij}^{R}(t) + GG\left[\Delta \varepsilon(t+\Delta t) - \frac{1}{3}\delta_{ij}\Delta \varepsilon_{kk}^{R}(t+\Delta t)\right] +$$

$$\delta_{ij}KK\Delta \varepsilon_{kk}(t+\Delta t) + \sum_{n=1}^{k}\left[(e^{-\frac{\Delta t}{\tau_{n}}}-1)q_{ij,n}(t)\right] + \frac{1}{3}\delta_{ij}\sum_{n=1}^{k}\left[(e^{-\frac{\Delta t}{\tau_{n}}}-1)q_{kk,n}(t)\right]$$

$$\tag{3-45}$$

结合式(3-40)和式(3-45)可得

$$D_{ijkl}^{\mathrm{T}}(t+\Delta t) = C\left(\delta_{ik}\delta_{jl}GG - \frac{1}{3}\delta_{ij}\delta_{kl}GG + \delta_{ij}\delta_{kl}KK\right) \tag{3-46}$$

3.3.3 结果与讨论

将 UMAT 子程序接入 ABAQUS 接口中进行有限元模拟,并将其与相关文献中结果做对比。

基于相关文献中的力学参数进行有限元模拟,并与相关文献中的实验数据进行对比;其结果对比如图 3-2 所示,其中,灰线表示通过自定义 UMAT 子程序模拟结果,"+"表示文献中

的实验数据点。结果表明,模拟值和实验值重合度较高,最大误差为 7.4%,如图 3-3 所示。

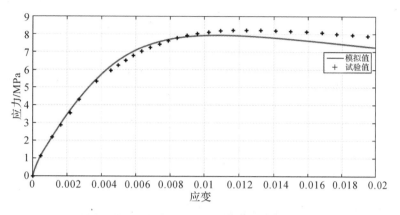

图 3-2　拉伸率为 0.021 18s⁻¹ 时 UMAT 与实验数据值对比的应力-应变曲线

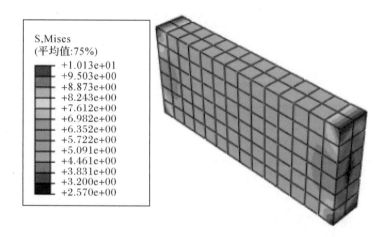

图 3-3　UMAT 子程序模拟应变速度为 0.021 18s⁻¹ 时的应力云图

参 考 文 献

[1]　DAVENAS A. Development of modern solid propellants[J]. Journal of Propulsion & Power,2003,19(6):1108-1128.

[2]　孙海滨. 固体火箭发动机药柱结构完整性数值分析[D]. 南京:南京理工大学,2009.

[3]　吕志. 固体推进剂药柱裂纹扩展分析[D]. 哈尔滨:哈尔滨工业大学,2013.

[4]　职世君. 固体火箭发动机黏弹性药柱裂纹分析[D]. 南京:南京理工大学,2009.

[5]　PARK S W, KIM Y R, SCHAPERY R A. A viscoelastic continuum damage model and its application to uniaxial behavior of asphalt concrete[J]. Mechanics of Materials, 1996,24(4):241-255.

［6］ 孟红磊. 改性双基推进剂装药结构完整性数值模拟方法研究［D］. 南京：南京理工大学，2011.

［7］ 胡少青. NEPE 推进剂的粘-超弹本构模型及其应用研究［D］. 南京：南京理工大学，2015.

［8］ 邓斌，申志彬，谢燕，等. 含损伤黏弹性本构及其在有限元分析中的实现［J］. 推进技术，2013,34(5):699－705.

第4章 复合固体推进剂的损伤与演化

4.1 引　言

复合固体推进剂是一种典型的黏弹性高固体填充的复合含能材料,由推进剂黏结剂基体、固体颗粒以及基体与颗粒黏结界面所组成,其宏观力学性能强烈依赖于细观结构。在外载荷作用下,微裂纹的产生、扩展及固体填充颗粒与黏结剂基体的界面及其邻近区域产生很高的局部应力-应变场,使固体颗粒与黏结剂基体黏结的细观结构改变,从而导致沿颗粒界面出现孔洞的显微结构,宏观力学性能也随之变化。固体填料与黏结剂基体间界面脱黏是影响固体推进剂本构关系的关键因素,也影响着固体火箭发动机装药的结构完整性。从细观力学的角度研究固体推进剂在外载荷作用下推进剂结构的变化规律可以揭示推进剂损伤和失效的机理,为推进剂力学性能预示提供依据和分析方法。

4.2　复合推进剂细观损伤

4.2.1　复合推进剂细观损伤行为

复合固体推进剂的细观损伤可从机理上解释其宏观表征,可以进一步对材料的性质进行分析。目前,由于设备等因素限制,国内外针对细观损伤的研究主要采用的是常温低应变速度条件下实验。张超等人基于推进剂单向拉伸实验,发现基体与颗粒之间孔隙发生的"脱湿"细观损伤形式。而且,在低速拉伸时,"脱湿"是推进剂细观损伤主要产生形式,当拉伸速度提高时,推进剂细观损伤种类逐渐转变为固体颗粒断裂甚至基体的撕裂。为了研究老化时间对推进剂力学性能影响,张仁等人研究了推进剂常温低应变速度下的拉伸性能,通过分析推进剂老化的细观损伤,发现推进剂随着老化过程的不断推进,逐渐出现"脱湿"等损伤现象。Ide等人对推进剂的老化损伤形式进行了研究,发现老化可以提升推进剂裂纹拓展速度。为了研究固体推进剂在高速压缩载荷下细观损伤,陈鹏万等人设计平板进行撞击实验以达到高速压缩的实验效果。温度的改变对固体推进剂细观损伤也会造成一定的影响。赖建伟等人通过低温及低温恢复常温实验,发现低温会影响推进剂的细观损伤形式,伴随着温度的持续下降,推进剂损伤从"脱湿"逐渐发展成颗粒断裂甚至基体撕裂。王哲君等人发现在低温动态下推进剂损伤形式随着温度降低及应变速度升高变得更加严重,而且裂纹在低温环境下的拓展速度最快。

研究发现,固体推进剂在受到外载荷作用下,其在结构和性能上会发生一定的变化,表现为基体撕裂、固体颗粒断裂以及固体颗粒与基体的"脱湿"。由于固体填充颗粒是脆性晶体,其断裂韧性为定值,而基体由于本身的超弹性或黏弹性,使其可承受更大的应力,颗粒的"脱湿"程度主要由粒径、颗粒/基体界面断裂能和基体的弹性模量所决定。当温度降低或应变速度升高时,推进剂颗粒/基体的断裂能和基体的弹性模量变大。因此,低温或高应变速度条件下,推进剂内部的微裂纹更容易在断裂韧性固定的 AP 颗粒内部产生,继而扩展成核,而此时"脱湿"现象不明显。

4.2.2　基于表面黏结损伤的推进剂细观损伤模拟

复合固体推进剂是一种高填充比的多相(基体、增强相、界面相等)复合材料,其颗粒填充体积分数往往在 70%～80%之间,甚至更高。在整个研究阶段,推进剂配方的调整,都需要重新进行大量的实验研究来确定推进剂的力学性能,耗资较大且研究周期较长,因而其性能和损伤破坏规律受增强相的体积分数及其组分材料性质的影响较大,但同时也取决于其细观结构特征,这些特征包括增强相的分布规律、形状以及界面相的性质等。因此,从细观尺度出发研究固体推进剂的非线性力学性能已成为一种极其有效的途径。近年来,随着计算机性能的大幅度提高,计算细观力学得到了迅速发展,国内外学者采用了数值仿真与 Mori - Tanaka 结合法、多步法等方法简化了计算模型或者直接对体积分数较低的模型进行了有限元计算,取得了一定的效果。

为模拟固体推进剂的真实填充结构,采用的固体推进剂主要由基体和 AP 颗粒组成,其中 AP 颗粒的体积分数为 79%。假设 AP 颗粒为弹性体,取其弹性模量和泊松比分别为 $E=32\ 450\mathrm{MPa},\nu=0.143\ 3$。采用分子动力学方法根据推进剂的颗粒分布规律对固体推进剂细观模型建模。由于固体推进剂的填充比高,在计算固体颗粒分布时,容易存在两颗粒十分接近,从而不利于网格的划分。因此,在计算时可增大各个颗粒的粒径,即临时增大填充比,计算结束后将各颗粒粒径恢复为初始粒径,使得各个颗粒之间存在一定的空隙,从而有利于网格的划分。固体推进剂细观模型及网格划分如图 4-1 所示。可以看出,在已建立的 3 个细观模型中,不同尺寸的固体颗粒随机分布,使得 3 个模型的细观结构不同,可以根据该 3 个模型研究颗粒随机分布对固体推进剂损伤的影响。

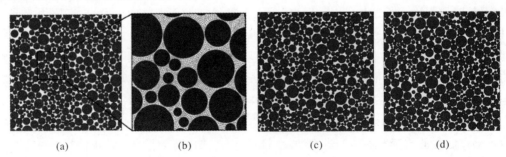

| (a) | (b) | (c) | (d) |

图 4-1　模拟推进剂颗粒分布及网格

(a)模型 1;(b)网格;(c)模型 2;(d)模型 3

　　根据图 4-1 中所提供的 3 个固体推进剂细观模型,通过对有限元程序的二次开发实现颗粒与基体之间接触的自定义,实现固体推进剂细观含损伤模型的自动化建模,极大程度上简化了建模的工作。

　　由于缺乏固体推进剂颗粒与基体之间界面的实验参数,因此,本节仅以近似的界面损伤参数对固体推进剂细观损伤模型进行计算,取界面初始刚度为 15 000MPa/mm,损伤起始应力为 0.2MPa,接触失效位移为 0.2mm。模型受单轴双向匀速拉伸,模型上端面和下端面在 100s 内分别沿轴向拉伸 0.229 4mm。

　　图 4-2 所示是模型 1 的损伤过程。由图可以看出,随着模型的轴向拉伸,颗粒与基体之间逐渐产生损伤。当载荷比较小时,损伤演化比较缓慢,随着载荷的增加,损伤速度增大,在 60s 之前损伤比较小,在 80s 后可以明显看到颗粒与基体界面的损伤。从模型 1 的损伤过程中可以看出,颗粒与基体之间新的界面损伤逐步与附近已产生的界面损伤聚合,从而产生更大的损伤,直至最后形成宏观裂纹[见图 4-2(d)]。

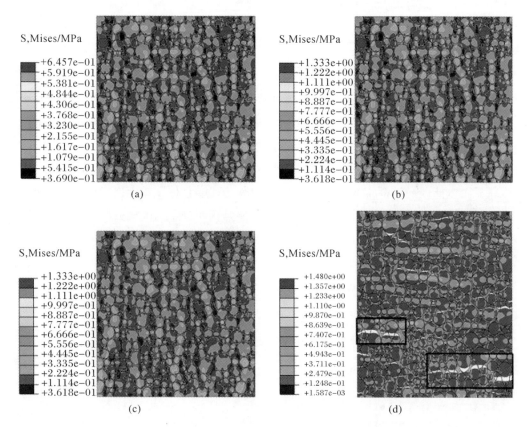

图 4-2　模型 1 的损伤过程

　　为考虑颗粒随机分布的影响,对模型 2 和模型 3 的损伤进行计算,计算结果如图 4-3 所示。从图中可以看出,在这 3 个模型中,由于界面损伤的产生和聚合而形成的宏观裂纹的位置明显不同。这说明固体推进剂宏观裂纹受固体推进剂细观颗粒分布的影响,有一定的随机性,且界面损伤多出现在大颗粒附近,即大颗粒往往容易产生界面损伤而导致材料软化,小颗粒往往起到材料的增强作用。这与 Liu 等人提出的由于固体推进剂细观颗粒和界面强度的随机分布,使得局部应力具有一定的随机性而导致固体推进剂宏观裂纹的产生存在一定的随机性是一致的。

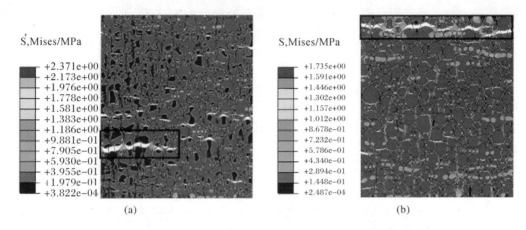

图 4 - 3　模型 2 和模型 3 的损伤结果

(a)93.71s 时模型 2;(b) 87.19s 时模型 3

　　由于界面损伤采用的是接触的形式,若计算整个细观模型的平均应力、应变,不易考虑界面之间的作用力,因此通过计算细观模型上、下表面的反作用力来近似表示平均应力和时间的对应关系,如图 4 - 4 所示。可以看出,虽然 3 个模型颗粒分布不同,损伤聚合的位置也不同,但拉伸曲线在断裂前的部分基本上重合,表明所建立的细观模型包含了足够多的细观结构信息,体现了固体推进剂材料的宏观均匀性质,可以作为代表性体积单元进行计算。模型 1 和模型 2 的断裂时间基本一致,模型 3 较之稍早,这主要是由于颗粒的随机分布导致局部损伤面积较大,并有整体汇合的趋势,如图 4 - 3(b)中方框内所示,这也说明了在固体推进剂的断裂实验中实验结果存在一定的波动性的原因。

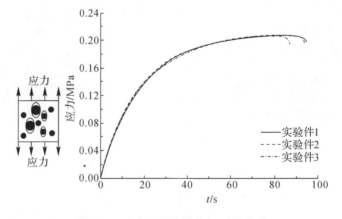

图 4 - 4　3 种实验件的应力-时间曲线

4.3　复合推进剂损伤实验研究

4.3.1　复合推进剂拉伸力学损伤研究

本节基于原位拉伸扫描电子显微镜的研究方法对 HTPB 推进剂拉伸过程中界面脱黏进行对比研究,确定含不同粒径 AP 颗粒在拉伸过程中的损伤演化情况;结合数字图像处理方法处理扫描电子显微镜灰度图并计算分形维数,定量描述推进剂损伤过程;实时、直观地记录拉伸到不同伸长率时推进剂的表观形貌,确定固体推进剂拉伸过程的损伤破坏的薄弱点,揭示推进剂在细观损伤机理,并与 NEPE 推进剂和 GAP 推进剂进行对比。

笔者研究了 HTPB 推进剂的细观损伤,具体配方组成:固体含量为 88%,含Ⅰ,Ⅲ和Ⅳ类 AP,固化剂为甲苯二异氰酸酯(TDI)。HTPB 推进剂拉伸前表观形貌如图 4-5 所示,HTPB 推进剂中固体颗粒基本被黏结剂基体均匀覆盖,即黏结剂与固体颗粒黏结较为紧密,少量固体颗粒裸露于黏结剂基体以外;由图 4-5(a)(b)可见,粒径较大的 AP 颗粒表面被切削成平面,图 4-5(b)中粒径为 $250\mu m$ 的 AP 颗粒已经破裂,可能由于制作样品过程中,HTPB 推进剂内大粒径的 AP 颗粒被切为平面,部分 AP 发生破裂,成为拉伸过程推进剂破坏的起始点;固体颗粒基本被黏结剂基体均匀覆盖,黏结较好。

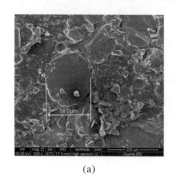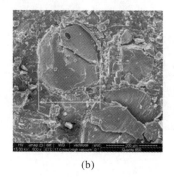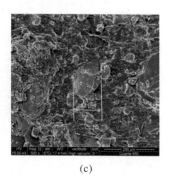

(a)　　　　　　　　　　(b)　　　　　　　　　　(c)

图 4-5　HTPB 推进剂初始表观形貌

(a)位置Ⅰ;(b)位置Ⅱ;(c)位置Ⅲ

HTPB 推进剂拉伸过程不同伸长率时表观形貌如图 4-6 所示。图 4-6 中主要观测了不同位置处的 AP 颗粒,拉伸过程中 AP 颗粒两极位置黏结剂变形成为丝状,如位置Ⅰ处 $\varepsilon=65\%$ 的扫描电子显微镜图所示,直到推进剂断裂未见脱黏;由位置Ⅱ可知,初始状态($\varepsilon=0$)右下角大粒径 AP 颗粒断裂(如箭头所示),拉伸时断裂的 AP 碎片被分离并形成微孔洞,随拉伸进行微孔洞逐渐增大。

HTPB 推进剂断裂的起始点在 AP 颗粒破裂形成的微裂纹处。如图 4-7 所示,随着拉伸进行,推进剂中大量较大粒径的 AP 颗粒断裂形成微孔穴,如曲线所示,孔穴逐渐扩大,黏结剂断裂后微孔穴合并裂纹扩展。这表明,HTPB 推进剂中 AP 颗粒与黏结剂黏结较好,力学性能薄弱点为大粒径 AP 颗粒本身。

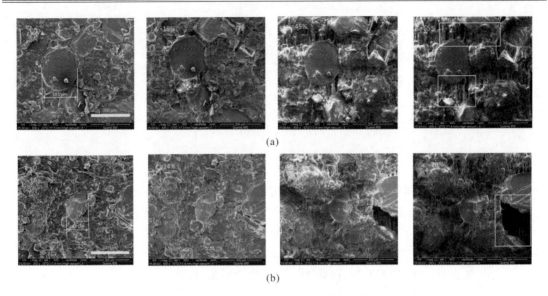

(a)

(b)

图 4-6　拉伸过程部分伸长率时 HTPB 推进剂的表观形貌

(a)位置Ⅰ；(b)位置Ⅱ

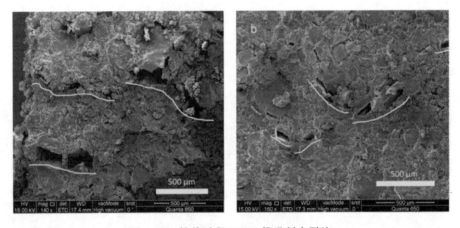

图 4-7　拉伸过程 HTPB 推进剂中裂纹

采用 Matlab 软件将扫描电子显微镜灰度图像处理为黑白二值图，在处理过程中，阈值选取至关重要。由于实验中不同伸长率时扫描电子显微镜图像灰度和亮度略有差异，每一张图像选定阈值时以图像中最明显的孔穴或裂纹为参照，通过不断改变阈值直到孔穴或裂纹边界清晰为止的方法选定最优阈值。推进剂拉伸过程推进剂表观形貌黑白二值图如图 4-8 所示。

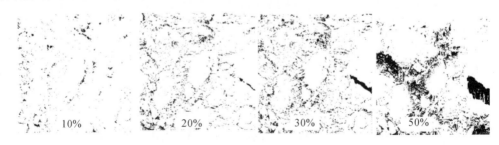

图 4-8　HTPB 推进剂拉伸过程推进剂表观形貌黑白二值图

采用差分盒维数算法计算黑白二值图的分形维数:以边长为 L 的正方形网格(即测量尺度)去覆盖整个裂缝分布区域,统计出含有裂缝的网格数目 $N(L)$,通过不断改变网格尺寸 L 改变网格密度,并计数覆盖有裂缝的格子数目 $N(L)$,绘制 $\lg N(L)$-$\lg(1/L)$ 关系曲线。若曲线满足线性关系,则证明裂缝生长具有自相似性,可以利用分形几何理论进行研究,分形维数 D 由下式估计,即

$$D=\lg N(L)/\lg(1/L) \tag{4-1}$$

利用 Matlab 软件编程计算三种推进剂的 $\lg N(L)$-$\lg(1/L)$ 关系曲线,如图 4-9 所示。图 4-9(a)所示为 HTPB 推进剂在拉伸实验中不同伸长率的 $\lg N(L)$-$\lg(1/L)$ 关系曲线。可知,所有的 $\lg N(L)$ 与 $\lg(1/L)$ 的线性相关系数均在 0.97 以上,具有良好的线性相关性,表明该推进剂裂纹生长过程具有自相似的分形特性,可以使用分形理论进行研究。图 4-9(a)中各直线斜率即为图像的分形维数,求得分形维数对拉伸应变作图,如图 4-9(b)所示。图 4-9(b)所示为 HTPB 推进剂拉伸过程分形维数随应变的变化曲线。

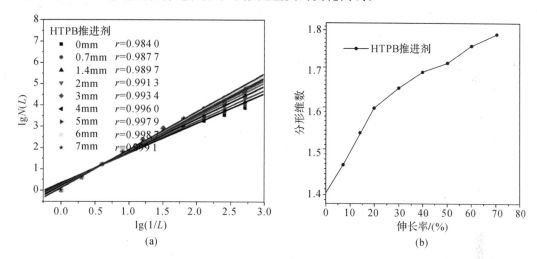

图 4-9　HTPB 推进剂的 $\lg N(L)$-$\lg(1/L)$ 关系曲线(a)和分形维数与伸长率的关系曲线(b)

由图 4-9(b)可知,伸长率小于 20% 时,随拉伸进行分形维数增加的幅度较大,HTPB 推进剂中裂纹发展主要为弹性扩张,黏结剂被拉成丝状,在此期间 HTPB 推进剂中破裂的 AP 碎片较易被拉离开,孔穴扩展速度较快。伸长率大于 20% 时,分形维数增加相对较为缓慢,此时主要为黏结剂基体撕裂,裂纹逐渐增多,但增加的幅度相对较小。裂纹增加到一定程度推进剂整体断裂。

同时,与 NEPE 推进剂和 GAP 推进剂拉伸损伤进行了对比,结果如图 4-10 所示。NEPE 推进剂配方组成:固含量为 74.5%,其中Ⅳ类 AP 含量为 8%;GAP 推进剂配方组成:含Ⅲ类、Ⅳ类 AP,CL-20($d_{20}\approx20\mu m$)、Al 粉以及键合剂等组分。可以看出,NEPE 推进剂中 AP 颗粒在推进剂内分散均匀,如图 4-10(a)中圆圈所示,部分大粒径 AP 颗粒破裂;由图 4-10(b)可见黏结剂基本均匀覆盖固体颗粒,部分固体颗粒裸露在外,少量固体颗粒在推进剂表面呈松散状。图 4-10(c)中,椭球形、较大粒径的固体颗粒为 AP,梭形的固体颗粒为 CL-20;推进剂表面存在凹坑,这是制作样品过程中切削力作用下大粒径 AP 脱落所致。由图 4-10(d)可见,推进剂表面较为粗糙,未被黏结剂基体均匀覆盖,固体颗粒与黏结剂基体黏结界

面处存在细微初始孔穴,亦可见固体颗粒之间较为松散。

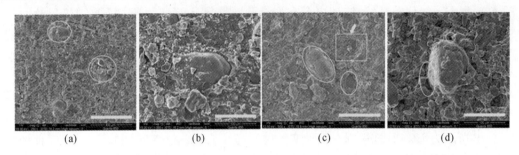

图 4 - 10　NEPE 推进剂(a)(b)和 GAP 推进剂(c)(d)的初始表观形貌
(a)250×;(b)1000×;(c)500×;(d)1000×

拉伸过程中,3 种推进剂受力与伸长率的关系如图 4 - 11 所示,曲线上升短暂下降后回升的过程为暂停拉伸进行扫描电子显微镜采集图像时产生的应力松弛。图 4 - 11 中,3 种推进剂拉伸过程所受的力与伸长率曲线差异较大,HTPB 推进剂拉伸到约为 20% 后力缓慢增加,达到平台,直到推进剂断裂。从初始状态到伸长率为 20% 的拉伸过程,HTPB 推进剂内部为弹性扩张,此时停止拉伸,推进剂内部能较好地恢复到初始状态;超过 20% 以后,推进剂中出现的不可逆性损伤,推进剂受力增加的幅度减小;拉伸过程的应力松弛现象越到拉伸后期越明显。拉伸到伸长率为 70% 时推进剂断裂。

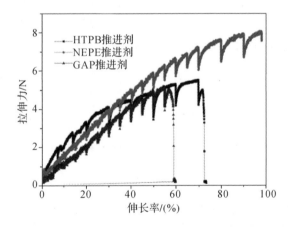

图 4 - 11　三类推进剂拉伸过程拉伸力-伸长率关系曲线

NEPE 推进剂在拉伸限定的 10mm 内未发生断裂,实验中在伸长率为 98% 时停止拉伸。拉伸过程无如同 HTPB 推进剂的明显拐点,以伸长率 60% 为分界线,伸长率小于 60% 时,拉伸力随着伸长率的变化相对较快,推进剂内部弹性扩张,应力松弛现象亦不明显;伸长率大于 60% 时,变化较为缓慢,推进剂中不可逆损伤增加,受力增加幅度减小,出现明显的应力松弛现象。GAP 推进剂拉伸过程的拉伸力-伸长率曲线与 NEPE 推进剂相似,但其受力相对较小,断裂过程无明显拐点,拉伸到伸长率约为 55% 时推进剂断裂。

3 种推进剂拉伸断裂伸长率见表 4 - 1,断裂时伸长率大小顺序为[NEPE 推进剂]>[HTPB 推进剂]>[GAP 推进剂]。

表 4-1　3 种推进剂拉伸过程断裂时的伸长率

样品	HTPB 推进剂	NEPE 推进剂	GAP 推进剂
断裂伸长率/(%)	70	未断裂	55

4.3.2　复合推进剂压缩力学损伤研究

以 HTPB 推进剂为研究对象,基于新型高应变速度液压伺服实验机开展中应变速度不同温度条件下的压缩实验,并分析温度和应变速度对该型推进剂力学性能的影响规律。

1.实验材料及方法

HTPB 复合固体推进剂的固体颗粒(AP/Al)填充质量分数为 0.88,其他组分质量分数为 0.12。为保证实验过程中的稳定性,基于 Park 等人的研究和中国航天科技集团公司的有关标准,将推进剂制作成长径比为 1 的 $\phi25\text{mm}\times25\text{mm}$ 圆柱形试件,加工后的试件端面平整。实验前,将试件放入设定温度的温度箱中保温 1h。

实验采用新设计的带有延伸杆的铝合金圆盘装置与高应变速度液压伺服实验机的底座通过夹持方式相连接。同时,严格确保实验机压头、试件以及放置试件的圆盘同心,进而保证对试件加载力的方向与其几何中心线同轴,最终获得一维轴向数据。此外,实验过程中,在实验机压头和试件接触面均匀涂抹黏性润滑油,以减小或消除端面摩擦。实验机的压头在实验中先预加速到预定的压缩速度,然后开始压缩试件。实验温度范围为 25℃,−20℃,−30℃,−40℃,实验机压头速度分别为 10mm/s,100mm/s,360mm/s,2150mm/s。每个实验条件下进行 5 组重复实验,进一步保证实验数据的可靠性。最终,通过对实验获得的应变−时间曲线进行分析发现,压缩过程中应变速度近似为恒定。同时,通过对应变−时间曲线进行拟合得到压缩过程中的应变速度分别为 0.40s^{-1},4.00s^{-1},14.29s^{-1},85.71s^{-1}。

2.实验结果及分析

(1)压缩应力-应变曲线特性分析

根据实验结果,得到不同温度和应变速度条件下 HTPB 推进剂的压缩应力-应变曲线,其中−40℃和 85.71s^{-1} 条件下压缩应力-应变曲线如图 4-12 所示。图 4-12 及之后图中纵坐标均为归一化处理后数据,其中,图 4-12 归一化标准 C_0 为所有实验条件下名义应力的最大值的 1.15 倍。

由图 4-12 可知:

1)随应变增加,HTPB 推进剂的应力-应变曲线呈现出强烈的非线性,而且受温度和应变速度的影响比较明显。

2)在常温或较低应变速度下,HTPB 推进剂的压缩应力-应变曲线具有与赖建伟等人通过准静态压缩实验获得的应力-应变曲线一致的特性。而在低温和较高应变速度下,HTPB 推进剂的压缩应力-应变曲线特性比较复杂,不仅具有应力平台区,还有应力明显下降的应变软化段,而且随温度降低和应变速度升高,发生应变软化的应变值逐渐减小。

3)在常温或较低应变速度下,应力随温度降低和应变速度升高而增大,但在低温和较高应变速度下发生大变形时,应力随温度和应变速度的变化关系并不满足该规律。

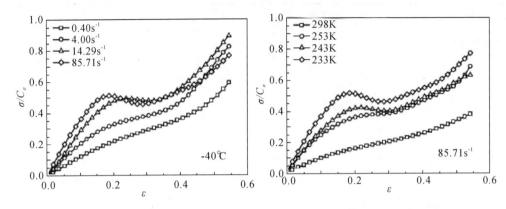

图 4-12   不同温度和应变速度条件下 HTPB 推进剂压缩典型应力-应变曲线

在低温和较高应变速度下 HTPB 推进剂的压缩应力-应变曲线特性表明,固体推进剂的压缩力学性能在不同温度和不同应变速度范围呈现出较大的差异性,可能主要由以下原因造成:

1)在低温和较高应变速度的双重作用下,HTPB 推进剂压缩变形时内部发生了更严重和更复杂的损伤。同时,随温度降低和应变速度升高,推进剂更容易发生环向剪切破裂,具有更大的裂纹(见图 4-13)。这些损伤和破坏会导致推进剂在相对小的应变处发生应力下降。

2)基于红外观测发现,低温和较高应变速度下实验结束后的试件表面温度有明显的升高,这种温升效应会造成更小应变处推进剂压缩变形时的应变软化。

图 4-13   在 85.71s⁻¹和不同温度下 HTPB 推进剂样品

(2)温度和应变速度对压缩力学性能影响分析

为更直观地反映温度和应变速度对推进剂力学性能的影响,需获得相应的力学性能参数。但由于本研究中 HTPB 推进剂压缩变形应力-应变曲线具有复杂的特性,因此,首先采用式(4-2)获得不同温度和应变速度条件下 HTPB 推进剂的压缩真应力-应变曲线,如图 4-14所示。图 4-14 中归一化标准 C_σ 为所有实验条件下真应力的最大值的 1.15 倍,即

$$\sigma_{\text{true}} = \left(\frac{F}{A}\right)(1-\varepsilon) = \sigma(1-\varepsilon) \tag{4-2}$$

式中:σ_{true} 为真应力;F 为试件所受压力;A 为试件原始截面积;σ 为应力;ε 为应变。

由图 4-14 可以看出,室温或较低应变速度下 HTPB 推进剂压缩变形时,其具有典型的颗粒增强黏弹性材料压缩变形三段特性,而且真应力随应变的增加而不断增加。但在低温和较高应变速度下,推进剂因为前边所述应变软化而在较小应变处具有最大真应力,其中一40℃,85.71s⁻¹条件下,该应变值最小,为 0.17。因此,参考张亚等人的研究,选择 0.17 定应变处不同应变速度和温度下的真应力 $\sigma_{0.17}$ 进行分析。同时,基于推进剂变形初期线性段斜率

定义压缩模量 E。

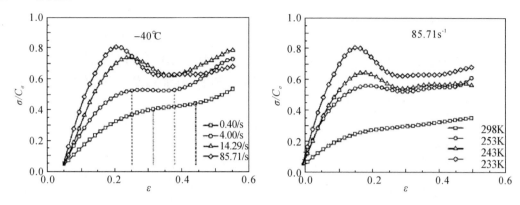

图 4 - 14　不同温度和应变速度的 HTPB 推进剂压缩典型真应力-应变曲线

由于低温下 HTPB 推进剂具有更复杂的力学性能,因此,结合实验数据,以 $-40℃$ 为参考温度,即 $T_0=233K$,同时参考《火药试验方法》(GJB 770B—2005),得到不同温度和应变速度下 HTPB 推进剂的压缩力学性能变化图,如图 4-15 所示。图 4-15 中归一化标准 C_E 和 C_σ 均为所有实验条件下力学性能参数取对数后的最大值的 1.15 倍。可以看出,压缩模量 E 和压缩应力 $\sigma_{0.17}$ 随温度的降低和应变速度的升高而逐渐增大,且均与应变速度之间满足线性双对数关系。在低温和较高应变速度的双重作用下,$-40℃$,$85.71s^{-1}$ 条件下的压缩模量 E 和压缩应力 $\sigma_{0.17}$ 分别为 $25℃$,$0.40s^{-1}$ 条件下数值的 10.64 倍和 4.25 倍。

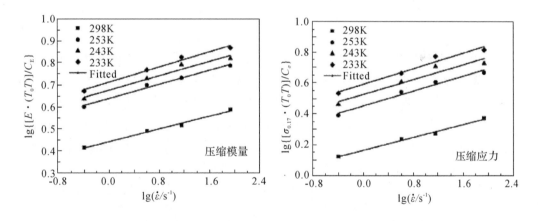

图 4 - 15　不同条件下含温度和应变速度的 HTPB 推进剂力学参数关系

(3)压缩力学性能主曲线分析

由图 4-15 可知,温度降低和应变速度升高对 HTPB 推进剂压缩力学性能的影响是等效的,同时,不同温度下压缩力学性能参数随应变速度的变化趋势呈现出平行关系。因此,以 $-40℃$ 为参考温度,即 $T_0=233K$,参照《复合固体推进剂单向拉伸应力松弛模量及其主曲线测定方法》(QJ 2487—1993),可基于时温等效原理得到温度与移位因子 α_T 的曲线和压缩力学性能-温度-应变速度主曲线,如图 4-16 所示。图 4-16 中归一化标准 C_a 为所有实验条件下移位因子 $\lg\alpha_T$ 绝对值的最大值的 1.15 倍,C_c 为所有实验条件下力学性能参数取对数后的最大值的 1.15 倍。其中,拟合压缩模量 E 的主曲线和压缩应力 $\sigma_{0.17}$ 的主曲线时的相关系数分别为 0.993 和 0.989,拟合结果较好。

由图 4-16 可知,压缩模量 E 主曲线和压缩应力 $\sigma_{0.17}$ 主曲线的 $\lg(\alpha_T \cdot \varepsilon)$ 值均较宽,因此,基于该主曲线可进行 $-40℃,10^{-4.3} \sim 10^2 s^{-1}$ 应变速度范围内固体推进剂的力学性能预测和固体火箭发动机药柱的结构完整性分析,该范围能够弥补当前准静态实验和高应变速度实验分析的不足。

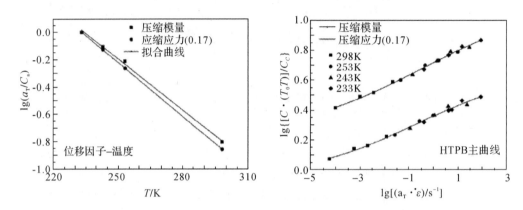

图 4-16　HTPB 推进剂降低到 233K 时力学参数与应变速度降低主曲线

4.3.3　HTPB 推进剂低温拉伸/压缩力学性能对比

固体推进剂药柱是发动机结构的重要组成部分,在贮存和使用过程中,由于自重和内压等因素影响,同时承受多种载荷,表现出复杂的力学特性,影响其使用性能。由于推进剂材料拉伸/压缩力学性能差异明显,而目前针对推进剂单轴拉伸和压缩两种状态力学性能对比研究较少,尤其是低温条件下温度和应变速度对推进剂拉伸和压缩性能影响的差异性并不清楚。因此,有必要对 HTPB 复合推进剂在相同温度和应变速度条件下的单轴拉伸和压缩力学性能对比研究。

1. 实验

(1)试样

HTPB 复合固体推进剂的固体填充颗粒(AP/Al)质量分数为 0.84,其他组分质量分数为 0.16。根据《复合固体推进剂单向拉伸试验方法》(QJ 924—1985),将推进剂制成标准哑铃形试样用于单轴拉伸实验;制成 $\phi 20mm \times 20mm$ 圆柱形试样用于单轴压缩实验。

(2)实验方法

将试样放入设定温度的低温箱中保温 1h 后,进行不同温度和应变速度条件下的单轴力学性能实验,实验在电子万能材料实验机上进行,每个实验条件进行 3 组重复实验。实验温度分别为 $25℃,-10℃,-20℃,-30℃,-40℃,-50℃$,拉伸速度分别为 14mm/min,35mm/min,140mm/min,200mm/min($1/300s^{-1},1/120s^{-1},1/30s^{-1},1/21s^{-1}$),压缩速度分别为 4mm/min,

$10\mathrm{mm/min}, 40\mathrm{mm/min}, 100\mathrm{mm/min}(1/300\mathrm{s}^{-1}\mathrm{m}, 1/120\mathrm{s}^{-1}, 1/30\mathrm{s}^{-1}, 1/21\mathrm{s}^{-1})$。

2. 结果与分析

(1)低温拉伸/压缩应力-应变曲线对比分析

根据单轴实验结果,得到不同温度和应变速度条件下推进剂应力-应变曲线,一40℃时推进剂的拉伸/压缩应力-应变曲线如图 4 - 17 所示。

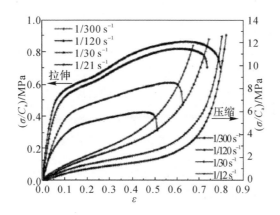

图 4 - 17　一40℃单轴实验应力-应变曲线

由图 4 - 17 可知,推进剂在一40℃拉伸/压缩时具有良好的黏弹特性,应力随着应变的增加逐渐增加,拉伸条件下前期应力增加较快,应变高于 10% 应力增加逐渐变缓直至破坏;压缩条件下前期应力增加较慢,应变高于 50% 的应力增加较快,而且压缩应力显著高于拉伸应力。随着应变速度的增加,最大抗拉强度和断裂伸长率逐渐增加。这可能是由于应变速度越高,推进剂受载时间越短,内部裂纹没有时间发生扩展,推进剂仍能承受较大的载荷而不破坏,因此抗拉强度较大。而高应变速度相对于低应变速度时"脱湿"现象发生更少,载荷主要由推进剂基体承受,而且内部缺陷对高应变速度不敏感。因此,高应变速度条件下延伸率较大。同理,压缩条件下压缩强度随应变速度的增加也逐渐增加,而由于压缩时没有最大载荷值,最大抗压强度和断裂伸长率无法准确衡量。

推进剂拉伸曲线表现出明显的弹性段、"脱湿"损伤段和破坏段,而推进剂压缩曲线只表现出明显的非线性,没有呈现出拉伸时的 3 阶段规律。为进一步分析压缩曲线特征,考虑压缩时的大变形情况,利用下式将工程应力转化为真应力进行处理,得到准静态压缩下典型真应力-应变曲线(见图 4 - 18),则有

$$\sigma_{\mathrm{true}} = F/S(1-\varepsilon) \tag{4-3}$$

式中:σ_{true} 为真应力;F 为加载力;S 为试样的原始横截面积;ε 为应变。

由图 4 - 18 可知,利用转折点 A 和 B 可将压缩真应力-应变曲线划分为弹性压缩、应力硬化和失稳破坏 3 个阶段,表现出和拉伸曲线类似的变形破坏过程。这是因为压缩过程中圆柱体试样周向承受拉伸载荷,最终失稳破坏是由周向拉伸载荷的纵向裂纹引起,这和推进剂拉伸具有类似性。为此,可参考推进剂单轴拉伸时力学参量的定义方法,将弹性阶段的线性段斜率定义为压缩模量,转折点 B 处的应力定义为压缩强度。

（2）低温拉伸/压缩主曲线对比分析

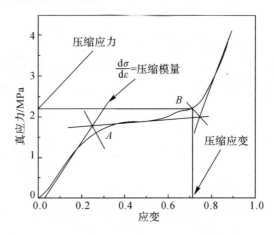

图4-18 25℃压缩真应力-应变曲线

推进剂在实验的低温和应变速度范围内仍具有较好的黏弹性，符合时温等效原理，因而时间-温度移位因子 a_T 服从 WLF 方程，即

$$\lg a_T = \lg \frac{t}{t_0} = -\frac{C_1(T-T_0)}{C_2+(T-T_0)} \tag{4-4}$$

式中：c_1, c_2 为材料常数，由实验数据拟合得到；T_0 为参考温度。

由式（4-4）可知，$t = t_0 \cdot a_T$，等式两边分别对式求导，整理得到 $\dfrac{d\varepsilon}{dt_0} = \dfrac{d\varepsilon}{dt} a_T$，即 $\dot{\varepsilon}_0 = \dot{\varepsilon} \cdot a_T$，代入式（4-4），可得

$$\lg a_T = \lg \frac{\dot{\varepsilon}_0}{\dot{\varepsilon}} = -\frac{C_1(T-T_0)}{C_2+(T-T_0)} \tag{4-5}$$

式（4-5）反映了温度-应变速度等效关系，移位因子 a_T 与温度和应变速度满足 $a_T = \dot{\varepsilon}_0(T_0)/\dot{\varepsilon}(T)$，等式两边同取对数，可得

$$\lg \dot{\varepsilon}_0(T_0) = \lg \dot{\varepsilon}(T) + \lg a_T \tag{4-6}$$

因此，将不同温度下曲线[对应于 $\lg \dot{\varepsilon}(T)$]向左或向右平移 $\lg a_T$，即可叠加得到某参考温度下的黏弹特性。移位因子 a_T 的意义可理解为在参考温度下应变速度的相对增大或降低，相当于载荷作用时间的减小或增加。

根据实验数据，可得到不同温度和应变速度条件下 HTPB 推进剂拉伸/压缩力学性能参量，参照《复合固体推进剂单向拉伸应力松弛模量及主曲线测定方法》（QJ 2487—1993），并结合式（4-5）和式（4-6），得到温度与移位因子 $\lg a_T$ 的曲线和拉伸/压缩力学性能-温度-应变速度主曲线，如图4-19和图4-20所示。

由图4-19可知，拉伸/压缩强度性能对应的 WLF 曲线基本重合，而模量性能对应的 WLF 曲线表现出较大差异，表明温度和应变速度对推进剂拉伸和压缩时的模量性能影响差异明显，而对强度性能影响相同，这为强度理论中一般采用强度比作为拉压特征值分析提供了理论依据。由图4-20可以看出，拉伸力学性能主曲线的 $\lg(a_T \cdot \dot{\varepsilon})$ 相比于压缩主曲线较窄，而 $\lg(a_T \cdot \dot{\varepsilon})$ 反映的是温度和应变速度范围，$\lg(a_T \cdot \dot{\varepsilon})$ 范围越宽，表明可预测的应变速度或温度范围就越宽。因此，不论是采用拉伸，还是压缩强度进行预测，其应变速度范围较窄，在

25℃下应变速度最大大约可预测至 $10\mathrm{s}^{-1}$,而采用模量进行预测则可达到 $10^2\,\mathrm{s}^{-1}\sim10^3\,\mathrm{s}^{-1}$,对于常温低速拉伸预测能力则基本相同,达到 $10^{-2.5}\,\mathrm{s}^{-1}$。由此可见,采用模量主曲线可对更高应变速度的力学性能进行预测,相比于强度主曲线预测范围更宽。根据图 4 - 20 中拉伸/压缩强度和模量与温度和应变速度的关系,采用二次函数对其进行拟合,拟合结果见表 4 - 2。

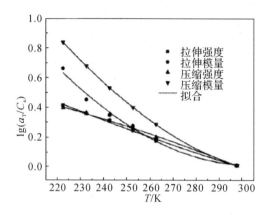

图 4 - 19　拉伸/压缩移位因子-温度曲线

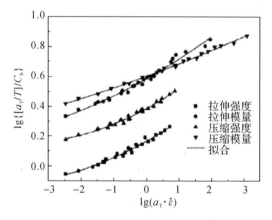

图 4 - 20　拉伸/压缩力学性能-温度-应变速度主曲线对比

表 4 - 2　不同温度下拉伸/压强度及模量与应变速度关系

力学参量	拟合关系式	相关系数 R^2
拉伸强度	$\lg(\sigma\cdot T_s/T)/C_b=0.163\,2+0.122\,7\cdot\lg(a_\mathrm{T}\cdot\dot{\varepsilon})+0.013\,4\cdot\lg^2(a_\mathrm{T}\cdot\dot{\varepsilon})$	0.978 8
拉伸模量	$\lg(E\cdot T_s/T)/C_b=0.583\,3+0.123\,7\cdot\lg(a_\mathrm{T}\cdot\dot{\varepsilon})+0.008\,5\cdot\lg^2(a_\mathrm{T}\cdot\dot{\varepsilon})$	0.982 9
压缩强度	$\lg(\sigma\cdot T_s/T)/C_b=0.382\,5+0.121\,3\cdot\lg(a_\mathrm{T}\cdot\dot{\varepsilon})+0.015\,9\cdot\lg^2(a_\mathrm{T}\cdot\dot{\varepsilon})$	0.984 5
压缩模量	$\lg(E\cdot T_s/T)/C_b=0.599\,3+0.080\,5\cdot\lg(a_\mathrm{T}\cdot\dot{\varepsilon})+0.002\,7\cdot\lg^2(a_\mathrm{T}\cdot\dot{\varepsilon})$	0.994 6

由表 4 - 2 可知,拉伸/压缩主曲线关系式拟合相关性都较高,表明固体推进剂的力学性能的温度和应变速度效应都十分显著。主曲线关系式包含力学性能与温度和应变速度的关系,

利用主曲线关系式,可对不同温度和应变速度条件下的力学性能进行预测,结合相关强度理论,可用于推进剂失效评价。

(3)低温力学性能拉压比分析

相对于单一的拉伸或者压缩性能,拉压比可反映推进剂的抗拉和抗压能力的差异性。为此,选择相同温度($-50\sim25℃$)和应变速度条件下($1/300\sim1/30s^{-1}$)拉伸/压缩实验结果用于对比分析,计算得到推进剂拉伸/压缩模量比(E_t/E_c)和强度比(σ_t/σ_c)结果见表4-3。

表4-3 拉伸/压缩模量比和强度比结果

温度/℃	拉伸/压缩模量比/强度比		
	$1/300s^{-1}$	$1/120s^{-1}$	$1/30s^{-1}$
25	0.678/0.350	0.709/0.332	0.778/0.335
−10	0.632/0.327	0.646/0.342	0.689/0.357
−20	0.613/0.354	0.673/0.356	0.675/0.339
−30	0.597/0.376	0.590/0.372	0.638/0.365
−40	0.626/0.371	0.539/0.373	0.737/0.357
−50	0.875/0.364	0.877/0.423	0.928/0.379

由表4-3可以看出,拉压模量比和强度比与温度和应变速度条件有关,其值均小于1,表明推进剂在常温和低温条件下抗压能力较强,不易出现压缩破坏。拉压模量比大于强度比,在低温和高应变速度条件下接近1,表明温度越低和应变速度越高,推进剂拉伸和压缩模量越接近。随着应变速度增加和温度降低,模量比和强度比没有呈现出规律性的变化趋势。

图4-20表明,推进剂拉伸/压缩强度曲线基本保持平行,而拉伸/压缩模量曲线相交,表明温度和应变速度对强度比和模量比的影响具有一定差别。为定量表征温度和应变速度对强度比和模量比的影响规律,采用双因素方差分析方法对其进行分析。取显著性水平为0.05,方差分析结果见表4-4。其中,F_{crit}为F统计量的临界值。

表4-4 双因素方差分析结果

影响因素	模量比F值	强度比F值	F_{crit}值
温度	25.269	4.493	3.326
应变速度	7.485	0.870	4.103

由方差分析理论可知,F值大于F_{crit}值,表明温度和应变速度等因素对性能影响明显。由表4-4可以看出,温度对应的模量比F值(25.269)大于F_{crit}值(3.326),应变速度对应的模量比F值(7.485)大于F_{crit}值(4.103),表明温度和应变速度对模量比具有显著影响;温度对应的强度比F值(4.493)大于F_{crit}值(3.326),应变速度对应的强度比F值(0.870)小于F_{crit}值(4.103),表明温度对强度比影响较大,而应变速度对其影响较小。这可能是由于模量比是指弹性模量比值,此时推进剂处于弹性段,并未发生损伤和破坏,其值与破坏行为关系较小,而主

要由材料本身性质决定。温度越低,应变速度越高,材料越硬,模量也就越大,但压缩不能与拉伸同步增长,导致拉压模量比变化较大。而推进剂强度除了与材料本身性质有关外,还与破坏行为有关。当推进剂受拉时,裂纹方向与载荷方向垂直,促进裂纹扩展,而推进剂受压时,周向载荷促进垂直裂纹扩展,轴向载荷却抑制水平裂纹的扩展。另外,温度和应变速度还直接影响"脱湿"损伤的程度,会对拉伸/压缩强度造成显著影响,因而强度比表现出和模量比不同的变化规律。

4.4　复合推进剂裂纹扩展及演化

固体推进剂中裂纹的存在,会对药柱结构完整性产生很大的影响,并可能会改变发动机的内弹道性能,从而引发事故。目前,对于裂纹扩展方向的研究,运用最大周向应力准则、最大能量释放率准则及应变能密度因子准则等比较广泛,文献结合固体推进剂单轴拉伸实验,利用 T 准则和修正的 M 准则计算了裂纹的初始扩展方向。固体推进剂的断裂研究主要通过实验得出推进剂的临界应力强度因子,临界 J 积分,或多参数判断准则参数的临界值,结合有限元分析计算来判断裂纹是否扩展,该种方法经实验验证,在一定程度上可较好地判断裂纹的起裂,但很难获得裂纹的扩展路径及动态扩展过程。由于固体推进剂的材料特性,当药柱受拉而引起裂纹扩展时,裂尖总是先钝化,而后扩展,裂尖的钝化会引起裂尖应力场的重新分布,因此对裂纹的扩展方向也会产生影响。

通过不同的裂尖构形来反映裂尖的钝化情况,同时结合 J 积分判据,考虑了裂纹在受载过程中的变形对扩展角度的影响,这样更符合固体推进剂裂纹开裂的实际过程,能更准确地确定裂纹的初始扩展方向。在此基础上,通过裂纹扩展步递增循环计算的方法,计算裂纹的扩展路径,然后沿裂纹扩展路径设置黏结损伤单元,从而有效地模拟裂纹的动态扩展过程。

4.4.1　固体推进剂裂纹扩展理论

对于线弹性材料预测裂纹的扩展方向,即确定开裂角,目前广泛采用的主要理论有最大周向应力理论、最大能量释放率理论、最小应变能密度理论以及最大等效能量释放率理论。固体推进剂材料属于非线性复合含能材料,根据弹性-黏弹性对应原理刚,黏弹性材料裂纹扩展特性与线弹性裂纹扩展形式上是一样的。

采用最大能量释放率预测裂纹扩展的方向,即裂纹沿着能量释放率最大的方向扩展。依据能量守恒原理,使全局能量与裂纹尖端开裂的能量平衡,则有

$$G(\theta,t) = \frac{\partial W_\sigma}{\partial l} = 2\gamma(\theta) \qquad (4-7)$$

对于黏弹性材料来说,在一个无限小的时间内,式(4-7)变为

$$G_{\mathrm{I}}(t) = \frac{\partial W_\sigma}{\partial l} = 2\gamma = G_{\mathrm{IC}} \qquad (4-8)$$

式(4-7)或式(4-8)中:W_σ 为阻止断裂表面分开的应力功;l 为裂纹长度;γ 为表面能密度;θ 为裂纹扩展方向;G_{IC} 为临界能量释放率。

根据弹性-黏弹性对应原理,可得裂纹不稳定条件为

$$G_{\mathrm{I}}(t) = \frac{\partial W_{\sigma}}{\partial l} = 2\gamma = 2K W_{\mathrm{t}} d_{\mathrm{t}} = G_{\mathrm{IC}} \tag{4-9}$$

式中:K 为材料常数;W_{t} 为裂纹尖端的应变能密度;d_{t} 为裂纹尖端的有效直径。

根据最大能量释放率准则,可以预测固体推进剂裂纹的扩展方向,如图 4-21 所示,a 相对于裂纹长度来说无限小,K_{IC},K_{IIC} 是裂纹尖端无限小部分的临界应力强度因子,K_{I},K_{II} 是整个裂纹体的应力强度因子。K_{IC},K_{IIC} 和 K_{I},K_{II} 有如下关系:

$$K_{\mathrm{IC}} = c_{11} K_{\mathrm{I}} + c_{12} K_{\mathrm{II}} \tag{4-10}$$

$$K_{\mathrm{IIC}} = c_{21} K_{\mathrm{I}} + c_{22} K_{\mathrm{II}} \tag{4-11}$$

式中:$c_{\mathrm{ij}}(i,j=1,2)$ 是与裂纹扩展方向 θ 相关的参数,则有

$$G_{\mathrm{IC}} = (K_{\mathrm{IC}}^2 + K_{\mathrm{IIC}}^2) \sqrt{\overline{E}} \tag{4-12}$$

式中:对于平面应力状态 $\overline{E} = E$,对于平面应变状态 $\overline{E} = E/(1-v^2)$。裂纹沿 G_{IC} 最大的方向扩展。

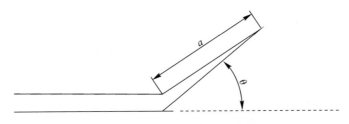

图 4-21 裂纹扩展角度示意图

另外,由有限元法的收敛性定理可知,只有当增加单元能使近似位移场及其一阶导数场到处任意地接近真实场时才能保证算法收敛,而裂纹尖端附近位移场精确解的一阶导数在裂纹尖端无界,普通常规单元位移模式不能反映裂纹尖端处的奇异性,不满足收敛条件,即使使用很细的网格也难也达到足够的精度。因此,对于星型等药型复杂的固体推进剂装药来说,需要在裂纹尖端处设置奇异单元,其他区域采用普通单元,本书不包含此部分内容。

4.4.2 裂纹扩展准则及黏结单元损伤本构关系

1. 裂纹扩展方向判断准则

在确定裂纹扩展方向时,对最大周向应力准则和最大能量释放率准则进行了对比分析。最大周向应力准则是假设裂纹沿周向应力取最大值的方向开始扩展的,Ⅰ-Ⅱ复合型裂纹周向应力分量为

$$\sigma_{\theta} = \frac{1}{2\pi r} = \cos\frac{\theta}{2}\left[K_{\mathrm{I}}\cos^2\frac{\theta}{2} - \frac{3}{2}K_{\mathrm{II}}(\sin\theta)\right] \tag{4-13}$$

式中:K_{I},K_{II} 为应力强度因子。

由于裂纹尖端的应力奇异性,需对裂纹尖端一微小距离 $r=r_0$ 的圆周上各点的周向应力进行比较,来确定最大周向应力。根据周向应力 σ_{θ} 的极值条件,则有

$$\frac{\partial \sigma_{\theta}}{\partial \theta} = 0, \frac{\partial^2 \sigma_{\theta}}{\partial \theta^2}\theta < 0 \tag{4-14}$$

可得

$$K_{\text{I}}\sin\theta_0 - K_{\text{II}}(3\cos\theta_0 - 1) = 0 \qquad (4-15)$$

从而求解出裂纹扩展角度。

最大能量释放率准则认为,裂纹是沿产生最大能量释放率的方向扩展,根据热力学第一定律,可得能量释放率 G 的表达式为

$$G = \frac{\partial \Pi}{\partial A} = 2\gamma \qquad (4-16)$$

式中:Π 为系统势能;A 为裂纹面;γ 为表面自由能。

假设裂纹 $\theta = \theta_0$ 的方向产生一个长度为 $\bar{a}$ 的支裂纹,支裂纹尺寸 $\bar{a}$ 相对于原裂纹无穷小,支裂纹的能量释放率则可表示为

$$G = \frac{1-\upsilon}{E}(\bar{K}_{\text{I}}^2 + \bar{K}_{\text{II}}^2) \qquad (4-17)$$

式中:E 为弹性模量;υ 为泊松比;$\bar{K}_{\text{I}}$,$\bar{K}_{\text{II}}$ 分别为支裂纹的应力强度因子。

$$\begin{pmatrix} \bar{K}_{\text{I}} \\ \bar{K}_{\text{II}} \end{pmatrix} = \begin{bmatrix} a_{11} & a_{12} \\ a_{21} & a_{22} \end{bmatrix} \begin{pmatrix} K_{\text{I}} \\ K_{\text{II}} \end{pmatrix} \qquad (4-18)$$

式中:a_{ij} 为相关系数。

根据 $\dfrac{\partial G}{\partial \theta_0} = 0$ 且 $\dfrac{\partial^2 G}{\partial \theta_0^2} < 0$,即可求出裂纹扩展角。

2. 黏结单元损伤本构关系

为了模拟固体推进剂的断裂过程,采用 Cohesive 单元进行模拟计算。单元的损伤包括损伤起始和损伤演化。图 4-22 所示是一种典型的材料损伤曲线。

当单元位移达到 δ_0 时,损伤起始,材料开始软化,刚度降低。当位移达到 δ_0' 时,单元完全损伤失效。

本书中采用最大名义应力准则判断损伤起始为

$$\max\left\{ \frac{t_{\text{n}}}{t_{\text{n}}^0}, \frac{t_{\text{s}}}{t_{\text{s}}^0}, \frac{t_{\text{t}}}{t_{\text{t}}^0} \right\} = 1 \qquad (4-19)$$

式中:t_{n} 为法向应力;t_{s} 和 t_{t} 为切向应力;t_{n}^0,t_{s}^0,t_{t}^0 分别为对应的临界应力;当 $t_{\text{n}} < 0$ 时,取 $t_{\text{n}} = 0$。

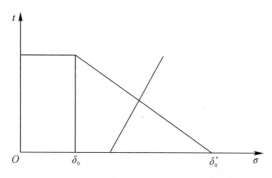

图 4-22　Cohesive 单元损伤曲线

损伤开始演化后,材料软化,定义损伤因子为

$$D = \frac{\delta_0'(\delta - \delta_0)}{\delta(\delta_0' - \delta_0)} \qquad (4-20)$$

式中:δ 为计算过程中单元的最大位移。

单元的损伤本构关系为

$$t = \begin{bmatrix} t_n \\ (t_s) \\ t_t \end{bmatrix} = \left[1 - \frac{\delta'_0(\delta - \delta_0)}{\delta(\delta'_0 - \delta_0)}\right] \begin{bmatrix} a_{nn} & a_{ns} & a_{nt} \\ a_{ns} & a_{ss} & a_{st} \\ a_{nt} & a_{st} & a_{tt} \end{bmatrix} \begin{bmatrix} \varepsilon_n \\ (\varepsilon_s) \\ \varepsilon_t \end{bmatrix} \tag{4-21}$$

式中:t_i 为不同方向的应力;a_{ij} 为相关系数;ε_i 为不同方向的应变。

4.4.3 计算结果分析

1. 几何模型

对含中心裂纹固体推进剂在单轴拉伸下的裂纹扩展进行了有限元计算。为了与相关文献中实验数据对比,模型尺寸取 115mm×48mm,标距为 70mm,裂纹长度 $2a = 10$mm,裂尖分别采用尖角、圆形、椭圆形 3 种构形,如图 4-23 所示。其中,圆形裂尖 $r = 0.1$mm,椭圆裂尖 $a/b = 1.5$,$b = 0.1$mm。试件以恒定拉伸速度 2mm/min 加载,固体推进剂材料模型采用线黏弹性积分本构方程。

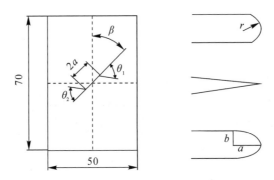

图 4-23 几何形状及不同裂尖构形(单位:mm)

2. 裂纹扩展角度计算及结果分析

以 J 积分为断裂起始判据,最大周向应力准则和最大能量释放率准则为裂纹扩展方向判据,计算当 $J = J_{IC}$ 时裂纹的扩展角度。以 $\beta = 45°$ 尖角裂纹为例,计算结果如图 4-24 所示。可以看出,在拉伸的起始过程中,裂纹扩展角度变化稍大,这主要是因为这段时间裂纹尖端变形相对较大,因此不能够忽略裂尖变形的影响。随着时间的增加,J 积分逐渐增大,裂纹扩展角度变化越来越小。当 J_{IC} 分别为 400J/m² 和 800J/m² 时,所对应的裂纹扩展角度相差仅 0.07° 左右。因此,J_{IC} 采用相关文献实验值,对裂纹扩展方向计算结果精度影响不大,当 J 积分达到临界值时,结合最大周向应力准则和最大能量释放率准则下扩

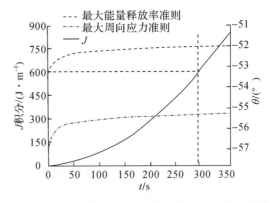

图 4-24 $\beta = 45°$ 时裂纹扩展角度及 J 积分变化曲线

展角度随时间的变化曲线,求得裂纹的扩展角度分别为$-51.98°$和$-55.25°$。

由于圆形裂尖和椭圆形裂尖半径很小,假设其对裂纹的起裂时间没有影响,与尖角裂纹一致。以尖角裂纹所计算的起裂时间点分别计算裂尖构形为圆形和椭圆形的裂纹的初始扩展角度。β角分别取$15°,30°,45°,60°,75°,90°$,因为拉伸试件的结构对称性,计算所得θ_1与θ_2结果相差很小,因此取θ_1的计算结果进行分析,如图$4-25$和图$4-26$所示。其中,扩展角度规定逆时针为正。

图$4-25$所示是圆角裂尖的计算结果,可以看出,最大能量释放率准则所计算的扩展角度的绝对值大于 MTS 准则所计算的值,两个准则所得计算结果的绝对值之差随β角的增大而减小。MERR 准则计算的结果更接近实验值。从图$4-26$可看出,当$\beta=45°,60°,75°$时,裂尖构形为椭圆形和圆形的裂纹所计算的裂纹扩展角度与实验结果吻合良好;当$\beta=15°,30°$时,以尖角裂纹所计算的结果较好。结合表$4-5$可知,因为K_{II}/K_{I}小于 1 时,裂纹主要受拉力作用,裂纹张开位移较大,由于固体推进剂的力学特性,裂尖发生钝化,因此以椭圆形和圆形裂尖更加符合实际情况;K_{II}/K_{I}大于 1 时,裂纹主要受剪切力作用,K_{II}/K_{I}越大,裂尖所产生的钝化越小,因此当K_{II}/K_{I}较大时,以尖角裂纹进行计算较准确。

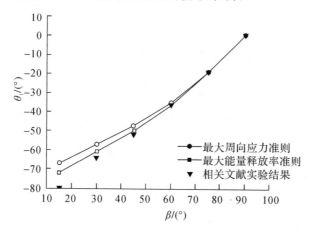

图 4-25　最大周向应力准则和最大能量释放率准则下各裂纹扩展角度

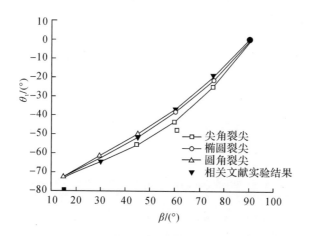

图 4-26　最大能量释放率准则下各裂纹扩展角度

表 4 - 5   不同裂纹倾斜角对应的应力强度因子比值

倾斜角 $\beta/(°)$	15	30	45	60	75
K_{II}/K_{I}	7.158	1.747	0.929	0.523	0.241

3. 裂纹扩展过程计算及结果分析

$\beta=15°,30°$ 时,取尖角裂纹按最大能量释放率准则所计算的初始裂纹角度;$\beta=45°,60°$,75° 时取圆角裂纹按最大能量释放率准则所计算的初始裂纹角度。将裂纹沿初始扩展角度方向扩展 1 步,步长 1mm,裂纹扩展 1mm 后 K_{II}/K_{I} 值较小,因此裂尖宜采用圆形。对已扩展的裂纹重新建模,网格进行重划分,计算出裂纹扩展 2mm 后的扩展角度,以此循环计算 18 步,得出裂纹的扩展路径,如图 4 - 27 所示。计算结果与相关文献拉伸试件的断口吻合良好。将各裂纹的 β 角与相对应的各扩展步所得扩展角度进行求和,可得最终扩展角度分别为 $0°$,$-0.554°$,$-1.043°$,$-2.072°$,$-2.094°$,$-2.865°$。结合图 4 - 27 可看出,I - II 复合型裂纹在扩展过程中有逐步向 I 型裂纹转变的趋势,且 β 角越大,转变过程越缓慢。

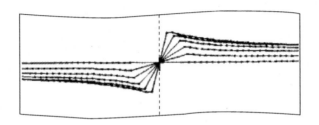

图 4 - 27   不同倾斜角裂纹的扩展路径

以 $\beta=15°,30°,45°$ 的模型为例,在各个裂纹的扩展路径上设置黏结损伤单元,每条路径均划分为 100 个 Cohesive 单元。拉伸载荷随时间的变化如图 4 - 28 所示。可以看出,β 角越大,所需的最大拉力载荷越大,断裂时间也越长。记第一个 Cohesive 单元完全失效时的拉伸载荷为破坏载荷,各裂纹的破坏载荷分别为 86.1N,95.46N,101.39N。

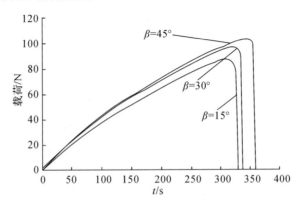

图 4 - 28   断裂过程中拉力随时间变化曲线

以 $\beta=30°$ 的模型为例,分析裂纹扩展过程,计算结果如图 4 - 29 所示。可以看出,随时间推移,裂尖逐渐钝化,此为裂纹扩展的第一阶段。当 $t=308.51\text{s}$ 时,第一个 Cohesive 单元完全失效,断裂起始;当 $t=336.98\text{s}$ 时,模型完全开裂。

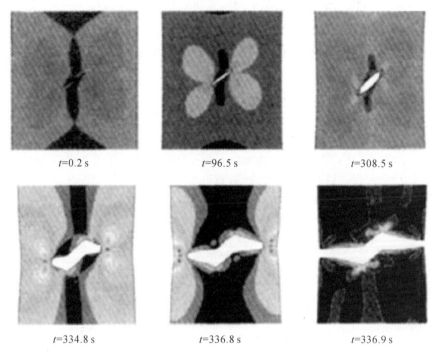

| $t=0.2\,\text{s}$ | $t=96.5\,\text{s}$ | $t=308.5\,\text{s}$ |
| $t=334.8\,\text{s}$ | $t=336.8\,\text{s}$ | $t=336.9\,\text{s}$ |

图 4 - 29　$\beta=30°$ 时裂纹动态扩展过程

以 Cohesive 单元为计量单位,通过单元的失效数来反映裂纹的扩展长度。图 4 - 30(a)(b)所示分别为裂纹扩展长度及裂纹扩展速度随时间的变化曲线。从图 4 - 28 可知,当 $\beta=30°$, $t=321.04\text{s}$ 时,拉力载荷达最大值 96.60N。结合图 4 - 30 可知,在从裂纹起裂到拉力载荷达到最大值的这段时间内,裂纹长度随时间变化基本上呈线性分布,随着拉力载荷的不断增加,裂纹近似于匀速扩展,此阶段即为裂纹扩展的第 2 个阶段;随后裂纹扩展速度不断增加,所需拉力载荷迅速减小,裂纹转变为失稳扩展,即为裂纹扩展的第 3 个阶段。

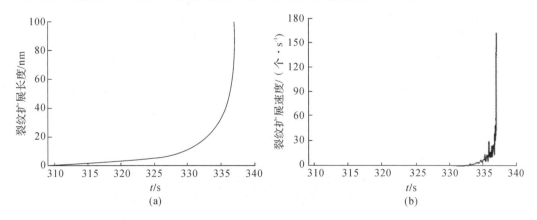

图 4 - 30　$\beta=30°$ 时裂纹扩展长度、速度随时间变化曲线

4.5 复合推进剂冲击载荷下的力学响应

相比于均质材料或者各向同性材料,固体推进剂是一种高填充的复合含能材料,其屈服应力、平台应力、极限应力及应变能等宏观力学性能都具有显著的应变速度相关性,相应地,固体推进剂的损伤和断裂及机制也具有明显的应变速度相关性,其裂纹的产生与传播也不会像金属材料那样以预想的方式发生,这是由于其内部具有大量的黏结剂/填料界面以及非均质性的微观结构,这种非均质结构容易导致应力集中和应变局部化,从而对推进剂的损伤和断裂及机制产生重要的影响。因此,有必要对固体推进剂在不同冲击载荷条件下的准静态、动态力学响应及机制进行研究,掌握固体推进剂在不同载荷下的失效及断裂规律。

4.5.1 复合推进剂冲击载荷下的准静态力学响应

图 4-31 所示为 HTPB 推进剂在准静态压缩下的应力-应变曲线。可以看出,在室温下 HTPB 推进剂的真实应力应变响应表现为明显的非线性。应力随着应变的增加而增加,在应变增至 1.0 后,应力急剧增加,此时试样已经被显著压缩致破坏,但应力没有随着试样的破坏而下降,表明 HTPB 推进剂在室温压缩载荷下,力学行为表现为典型的橡胶态,卸载后试样迅速恢复到原尺寸,表现出良好的弹性。

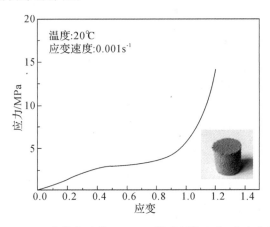

图 4-31 准静态压缩下 HTPB 推进剂的应力-应变曲线

图 4-32(a)所示为 HTPB 推进剂准静态压缩后的 AP 颗粒与黏结剂界面黏结情况,尽管承受了大应变加载,但黏结剂与 AP 的界面却未见明显脱黏。同时,AP 颗粒内部的原生缺陷处诱发了微裂纹,并发展到颗粒表面。从图 4-32(b)可见明显的 AP 颗粒受到破坏,同时伴随黏结剂基体的开裂,但未见明显的填料与黏结剂的脱黏现象。结果表明,在 0.001s⁻¹ 的准静态加载条件下,HTPB 黏结剂能够适应机械载荷而发生大形变,由于 AP 晶体偏刚性,因此起到了承载外力的骨架作用,当试样发生大应变(1.0)时,AP 因承受了主要的应力导致自身损伤,同时,黏结剂基体也因发生大变形而产生裂纹。

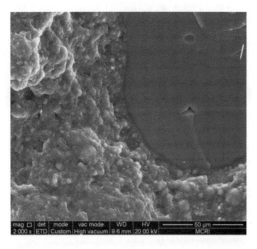 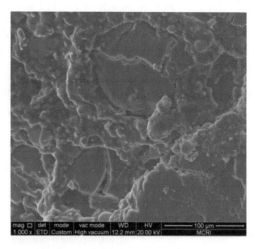

图 4 - 32　准静态压缩后 HTPB 推进剂的表面形貌

另外,研究了固含量为 80% 的 HTPB 推进剂(H-80W)在 0.000 1s^{-1} 应变速度下单轴循环压缩应力-应变性能(见图 4-33)。可以看出,在加载过程中,HTPB 试样先后经历了线弹性变形,后进入非线性变形阶段;在卸载过程中,试样没有按原加载路径卸载,而是存在着滞后,这是由 HTPB 推进剂的非线性变形过程中能耗所导致的。在循环实验中,第二个循环中的应力-应变曲线比第一个循环中观察到的曲线更柔顺,这种效应称为软化行为;第二次加载应力水平明显低于首次加载的应力,给定应变后的卸载路径都遵循相同的曲线,与循环次数无关;在第三次加载过程中,进一步的软化会延迟,直到达到上一个循环中获得的最大应变,即较大的应变产生较大的软化。这种力学软化主要源于黏结剂分子链的重排,并导致材料的弹性模量大幅度降低。在整个循环加载过程中,永久形变几乎为零,表明 HTPB 推进剂力学性能在室温下表现为典型的橡胶态。

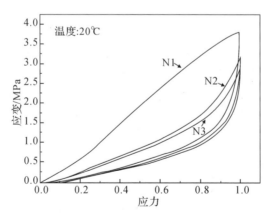

图 4 - 33　推进剂在 0.000 1s^{-1} 下的单轴循环压缩应力-应变行为

研究了固体含量为 85% 的 HTPB 推进剂(H-85W)的单轴循环压缩应力-应变性能(见图4-34)。可以看出,H-85W 在 3 次加载过程中的应力水平均高于 H-80W,表明作为固体填料的 AP 颗粒起到了力学骨架的作用。此外,H-85W 的首次加载内耗环面积明显大于 H-80W,而在随后的 2 次加载和 3 次加载中,H-85W 与 H-80W 的内耗环差异不明显。表明 AP 含量对 HTPB 推进剂的内耗效应影响较大,AP 与黏结剂基体间的相对运动以及脱黏行为增强了 HTPB 推进剂的内耗。另外,在首次加载过程中,HTPB 黏结剂已经完成了分子链重排和黏性流动,AP 的自适应位移和脱黏也已完成,在随后的 2 次和 3 次加载过程中,内耗差异已不明显。同时,H-85W 的循环加载力学响应与 H-80W 趋势相近,即 2 次加载应力水平明显低于首次加载的应力,也能观察到明显的力学软化现象,在循环加载过程中,永久形变不明显,表明推进剂在循环加载下的力学响应主要取决于黏结剂基体。

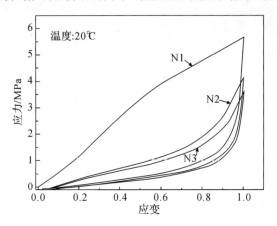

图 4-34　H-85W 在 0.000 1s⁻¹ 下的单轴循环压缩应力-应变曲线

图 4-35 所示是应变水平为 1.0,1.3 和 1.6 时的 HTPB 推进剂应力-应变行为。结果表明,当后一次加载到达前一次加载的应变时,应力水平会较前一次更低,即应力软化。且推进剂的软化行为与应变有关,软化量取决于施加的应变。软化量随应变的增加而增加,而卸载应力-应变行为与应变循环无关。应变速度越高,应力越大。不同加载次数下的卸载曲线基本一致,表明卸载行为比加载行为具有更小的速度依赖性。

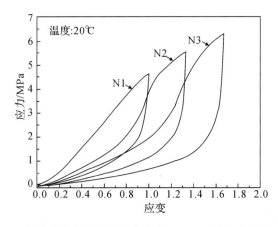

图 4-35　不同应变单轴循环压缩实验中 HTPB 推进剂的应力-应变曲线

为了进一步研究应变速度对 HTPB 推进剂的应变软化行为的影响,在 50℃下进行循环压缩加载实验,结果如图 4-36 所示。基于高聚物的时温等效原理,即升高实验温度相当于降低加载速度(即应变速度),且可观察到了橡胶材料中普遍可见的"马林斯效应"(Mullins effect)。当重新加载时的应变接近先前循环中获得的最大应变时,应力趋向于接近该应变下第一次循环实验的应力水平,应变软化行为在 50℃下不明显。因此,提高温度或者增加应变速度有助于降低 HTPB 推进剂的应变软化效应。

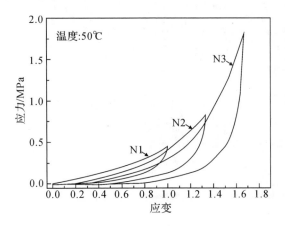

图 4 - 36 HTPB 推进剂在不同应变单轴循环压缩实验中的应力-应变曲线

4.5.2 复合推进剂冲击载荷下的动态力学响应

为了研究 HTPB 推进剂在冲击载荷下的动态力学相应,选择 H - 80W 在不同应变速度下动态实验,并研究 H - 85W 中 AP 颗粒密度对应变速度的影响。图 4 - 37 所示是 H - 80W 在 2460s^{-1} 应变速度下的真实应力-应变曲线。可以看出,在没有明显屈服的情况下,在 0.42 的应变和 200μs 下,应力一直上升到 14.8MPa(极限应力)的峰值,该时间等于当前 SHPB 实验的脉冲持续时间。在 SHPB 实验中,由应力-应变曲线下方区域表示的 H - 80W 在 2460 s^{-1} 的应变速度下的总能量消耗,其应变能密度为 4.75MJ/m^3;同时,用高速摄像记录了 H - 80W 的实时变形照片(见图 4 - 38),应力-应变曲线上的数字与图 4 - 38 中高速照片上的数字相对应,在 2460 s^{-1} 的应变速度下未观察到宏观损伤或开裂。从图 4 - 38 中的②号图像到④号图像,H - 80W 发生了大致均匀的变形,变形状态持续到应变为 0.15,应力为 10MPa。由于⑤号图像的应变为 0.2,应力为 12MPa,试样的一维变形容易受到界面摩擦效应的干扰。然而,由于本实验采用了润滑脂作为润滑剂,试样的非均匀变形不明显,界面摩擦对应力状态的影响可以减到最小。在应力-应变曲线的最后部分,卸载过程在试件完全断裂之前开始,表明 4.75MJ/m^3 的应变能密度不足以破坏 H - 80W。

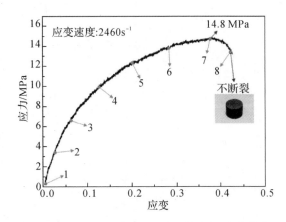

图 4 - 37 H - 80W 在 2460s^{-1} 下的应力-应变曲线

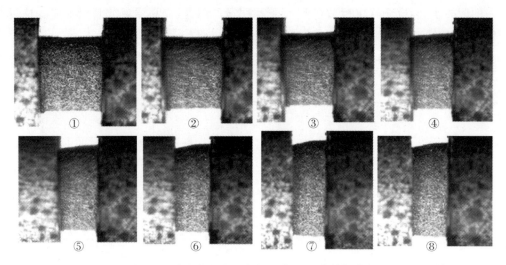

图 4 - 38　H - 80W 在 2460s⁻¹ 应变速度下的变形过程(图中的数字与图 4 - 37 中的一致)

为了从微观上研究 H - 80W 的损伤特征,采用扫描电子显微镜(SEM)观察了实验后试样的冲击面,冲击载荷方向与照片垂直(见图 4 - 39)。AP 颗粒和球形铝颗粒均匀地分散在黏结剂基体中,且可清楚地观察到 AP 颗粒-黏结剂界面[见图 4 - 39(a)];冲击载荷引起的颗粒/界面脱黏行为[见图 4 - 39(b)]。从图 4 - 39(c)可以看出,在 AP 颗粒表面残留了少量的黏结剂,同时,AP 颗粒的损伤或断裂几乎不可见。从图 4 - 39(d)可以看出,延伸的带状聚合物黏结剂意味着在冲击载荷下黏结剂基体发生了严重撕裂。结果表明,在应变速度 2460s⁻¹ 和室温下,H - 80W 的主要损伤机制是脱黏和基体撕裂。原因可能是当应变速度为 2460s⁻¹ 时,微裂纹在黏结剂中萌生并扩展,而不是扩展到较硬的 AP 颗粒上,导致产生脱黏和基体撕裂现象。

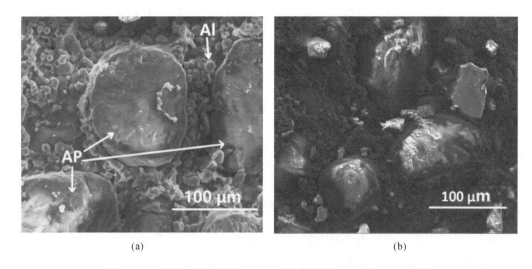

图 4 - 39　室温下推进剂在 2460s⁻¹ 应变速度下 SHPB SEM 照片

(a) AP 颗粒嵌入 HTPB 基体及初始样品中颗粒/界面;(b)冲击载荷下颗粒/界面扩展

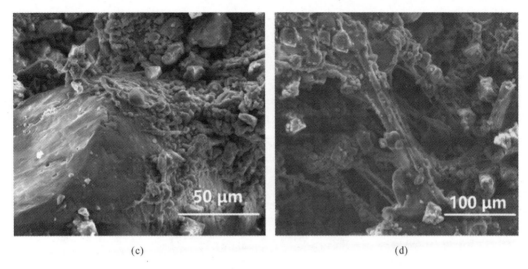

(c)　　　　　　　　　　　　　　　　　　(d)

续图 4 - 39　室温下推进剂在 2460s⁻¹ 应变速度下 SHPB SEM 照片

(c)冲击载荷下未破碎的 AP 颗粒覆盖着黏结剂;(d)黏结剂基体撕裂

为了用 SHPB 表征 H - 80W 的完整断裂过程,研究了 6100s⁻¹ 应变速度下的断裂前的应力-应变曲线,如图 4 - 40 所示。与 2460s⁻¹ 应变速度曲线相比,6100s⁻¹ 应变速度曲线表现出更高的流动应力、极限应力和应变能密度。推进剂在 6100s⁻¹ 应变速度下表现出强烈的非线性力学行为,没有明显的屈服。实验中的极限应力和应变能密度分别为 19MPa 和 16.43MJ/m³,与极限应力相关的应变为 1.0。在曲线的最后部分,应力急剧下降,与最终断裂导致的承载能力损失相对应。此外,图 4 - 40 的曲线表现出明显的高原应力区,即应变快速增加但应力上升适中的区域。HTPB 推进剂的平台应力区可归因于动态载荷下的多重损伤机制,包括颗粒脱湿、银纹扩展和颗粒开裂。

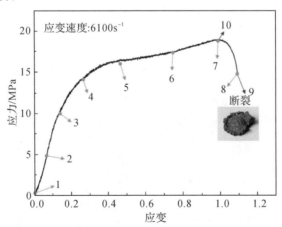

图 4 - 40　H - 80W 在 6100s⁻¹ 下的应力应变曲线

与低应变速度实验的研究类似,图 4 - 40 显示了应力-应变演化,绿色斑点对应于图 4 - 41 所示的高速图像。在 6100s⁻¹ 的应变速度下,可以观察到在整个加载过程中几乎均匀的单轴压缩过程,产生了较大的变形。根据⑦号和⑧号图像,随着应变的增加,裂纹萌生,断裂碎片从两个钢筋中挤出,表明试样最终断裂。

图 4 - 41　H - 80W 在 6100s⁻¹ 下的变形和破坏过程（图中的数字与图 4 - 40 中的一致）

图 4 - 42　室温下 6100s⁻¹ 的 H - 80W 在 SHPB 实验样品的扫描电子显微镜照片

（a）AP 颗粒开裂，断裂的 AP 碎片在断口上扩散；（b）单个开裂的 AP 颗粒与其他颗粒没有直接接触；
（c）高速冲击载荷下的多重空隙和黏结剂基体撕裂；（d）裂纹通过黏结剂基体扩展到 AP 颗粒

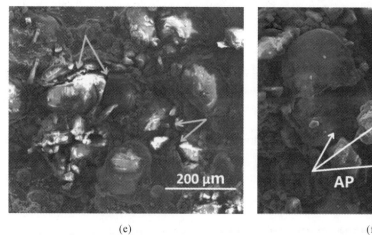

（e）　　　　　　　　　　　　　　（f）

续图 4 - 42　室温下 6100s⁻¹ 的 H - 80W 在 SHPB 实验样品的扫描电子显微镜照片

（e）裂纹通过 AP 颗粒－黏结剂界面扩展到 AP 颗粒；（f）裂纹通过相邻 AP 颗粒扩展

同时，采用 SEM 研究了应变速度为 $6100s^{-1}$ 时的损伤机理，冲击载荷方向与图像垂直（见图 4 - 42）。破坏试样的微观形貌分析表明，应变速度为 $6100s^{-1}$ 时，H - 80W 的损伤比 $2460s^{-1}$ 时更严重，因为应变速度的增加会导致更高的加载水平和更高的输入应变能，且通过 AP 颗粒的开裂和破碎的 AP 碎片的散落表明试样经历了完全的断裂，且 AP 颗粒的断裂面表现出快速裂纹扩展的特征，其表现为脆性［见图 4 - 42(a)］。此外，高应变速度加载引起的高应力可以从 HTPB 基体转移到 AP 颗粒上，甚至导致单个 AP 颗粒在不与其他颗粒直接接触的情况下开裂，这是因为随着应变速度的增加，裂纹更容易在 AP 颗粒中萌生、形核和扩展［见图 4 - 42(b)］。图 4 - 42(c)中的黑色区域表示高速冲击引起的试样孔隙度，在试样中形成大量孔隙。以上表明推进剂的 3 种典型裂纹扩展机理：①通过黏结剂基体开裂进入 AP 颗粒，导致最终的穿晶损伤［见图 4 - 42(d)］；②通过 AP 颗粒/黏结剂界面开裂进入 AP 颗粒［见图 4 - 42(e)］；③穿透相邻的 AP 颗粒［见图 4 - 42(f)］。

4.5.3　HTPB 推进剂力学性能的应变速度相关性

为探讨应变速度对丁羟推进剂力学性能的影响，采用 SHPB 对 H - 80W 推进剂进行了不同应变速度的动态实验研究（见图 4 - 43）。极限应力（从 11MPa 到 24MPa）和相关应变（0.3～1.1）可以从这些应力-应变曲线直接确定。由图 4 - 43 可以看出，随着应变速度的增加，H - 80W 的最终应变、极限应力和应变能密度显著增加，这是在较高的应变速度下，试样的外加应力和能量消耗较大所致。同时，随着应变速度的增加，分子链段运动的活化能提高，导致极限应力升高。H - 80W 在 $780～8900s^{-1}$ 应变速度范围内的应力-应变曲线表现出类似的特征，可按顺序定义为三个区域：最初为线弹性，随后为应变硬化，最后为应力破坏。曲线的相似特征表明，黏结剂基体对丁羟推进剂的动态力学响应起主导作用。

为了研究固体颗粒密度对 HTPB 推进剂动态响应的影响，固体颗粒含量为 85%（H - 85W）的 HTPB 推进剂在 $1250～8150s^{-1}$ 的应变速度范围内进行了 SHPB 实验，如图 4 - 44 所示。由图 4 - 44 中可以看出，$8150s^{-1}$ 的应力-应变曲线与其他曲线有一定的差异，这可能是由于 AP 颗粒在高速加载下的大范围开裂所致。在 $1250\sim8150s^{-1}$ 的应变速度范围内,H-80W 的最终应变、极限应力和应变能密度均大于 H-85W,主要原因可能是推进剂中的弱点在于颗粒黏结剂的界面,而在 H-85W 中,AP 颗粒密度较大,这种界面更占优势所致。

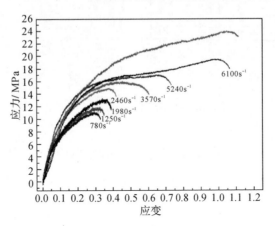

图 4-43　H-80W 在 $780\sim8960s^{-1}$ 的应变速度范围的应力-应变曲线

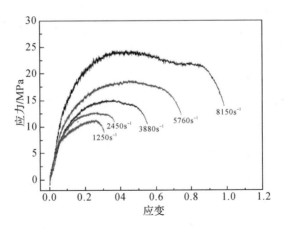

图 4-44　H-85W 在 $1250\sim8150s^{-1}$ 的应变速度范围的应力-应变曲线

为了评估应变速度对材料应力的影响,引入了应变速度敏感度指数 m,可用下式表示为

$$m = \frac{\ln(\sigma/\sigma^0)}{\ln(\dot{\varepsilon}/\dot{\varepsilon}^0)} \tag{4-22}$$

式中:ε 为应变速度;σ 为应力,σ^0 和 ε^0 分别为参考应力和参考应变速度。式(4-22)可以简化为

$$\sigma = K_\sigma \cdot \dot{\varepsilon}^m \tag{4-23}$$

式中:K_σ 是材料的固有参数,与材料的应变、温度和微观结构等因素有关;m 是应变速度敏感度指数。

该幂律关系也可用于表示应变速度对应变能密度的依赖关系,则有

$$U = K_u \cdot \dot{\varepsilon}^m \tag{4-24}$$

式中:U 是应变能密度;ε 是应变速度;K_u 是与应变能密度有关的材料的固有参数。

为了定量比较应变速度对 H-80W 和 H-85W 力学性能的影响,分别研究了推进剂极限

应力和应变能密度的应变速度相关性,如图 4-45 所示。对于 H-80W,通过拟合幂律函数,极限应力 σ_m 和应变能密度输入 U 的速度依赖关系分别为:$\sigma_m=1.049\,33^{0.34}$ 和 $U=0.001\,35^{1.06}$[见图 4-45(a)]。对于 H-85W,通过拟合幂律函数,极限应力和应变能密度输入的速度相关关系可分别表示为 $\sigma_m=0.611\,28^{0.39}$ 和 $U=0.000\,15^{1.30}$[见图 4-45(b)]。两种拟合曲线均随应变速度的增大而增大,但增大幅度不同。为了更详细地比较 H-80W 和 H-85W 的不同应变速度依赖性,表 4-6 中列出了材料参数 K 和应变速度敏感度指数 m。

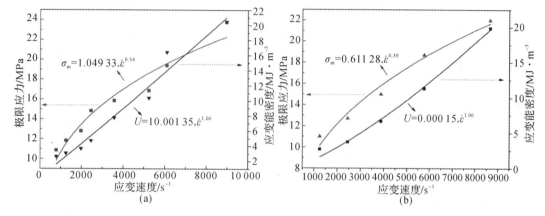

图 4-45　H-80W(a)和 H-85W(b)的极限应力与应变能密度的应变速度相关性曲线

表 4-6　H-80W 和 H-85W 的极限应力和应变能密度的应变速度依赖参数

样品	极限应力 σ_m		应变能密度 U	
	K_σ	m	K_u	m
H-80W	1.049 33	0.34	0.001 35	1.06
H-85W	0.611 28	0.39	0.000 15	1.30

在式(4-23)的幂律关系中,K_σ 的数据代表低应变速度下丁羟推进剂的参数值(假设应变速度为 $1\,s^{-1}$)。对于极限应力来说,H-85W 的 K_σ(0.611 28)远低于 H-80W(1.049 33)。与 H-80W 相比,H-85W 在低应变速度水平下的承载能力有所下降,这是因为高 AP 含量推进剂对低应变速度下的承载能力有损。H-85W 的 m(0.39)高于 H-80W 的 m(0.34),表明随着应变速度的增加,H-85W 的极限应力增加较快,这是 AP 颗粒的骨架效应,使得 H-85W 在高应变速度下的承载能力大于 H-80W。此外,随着应变速度的增加,AP 颗粒的开裂也导致了应变能密度的快速增长,这可以通过 H-85W 的应变能密度的 m 值(1.30)比 H-80W(1.06)的更高证明。通过对 H-80W 和 H-85W 的速度依赖性的研究,可知,H-85W 的极限应力和应变能密度比 H-80W 的低,而极限应力和应变能密度的应变速度敏感性较高,其原因可能是在断裂过程中 H-85W 的 AP 颗粒密度比 H-80W 高,H-85W 在高应变速度载荷下具有多重开裂模式。

HTPB 复合推进剂的应力-应变数据通过式(4-23)进行拟合,可获得一系列与极限应力的速度依赖性相关的幂函数,这验证了动态荷载下简单经验公式的有效性。图 4-46 列出了两种不同固体含量的推进剂极限应力的速度相关性,本研究所涉及的实验应变速度范围较宽,这意味着在高速冲击加载过程中可以获得更完整的 HTPB 推进剂力学响应。

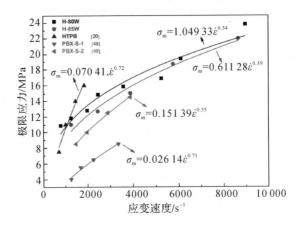

图 4 - 46 H - 80W 和 H - 85W 的极限应力的速度相关曲线

4.5.4 复合推进剂冲击载荷下的力学响应机制

HTPB 推进剂由于其微观结构的非均匀性,导致其在动态载荷下的应力分布不均匀,损伤形态也不单一。本节不仅描述 HTPB 推进剂在高速冲击载荷下从变形到破坏(deformation to fracture)的演化过程,同时也通过 SHPB 技术分析 HTPB 推进剂的局部应力分布;通过观察 SHPB 实验后试样的端面破坏形貌,揭示试样的失效模式,揭示径向裂纹与圆周向裂纹的产生机理和发展过程,如图 4 - 47 所示。

在经历了应变速度为 $1250s^{-1}$ 的动态压缩实验后,试样的端面出现一些径向微裂纹(radial cracks),从端面中心位置向四周辐射[见图 4 - 47(a)],由于材料的非均匀性质,这些径向裂纹并非沿直线发展。在局部区域,也形成了沿圆周向的裂纹[见图 4 - 47(a)],这些区域的圆周向裂纹与径向裂纹没有发生互相交错。在 $1250s^{-1}$ 应变速度的作用下,圆周向裂纹仅出现在端面的近 1/4 的局部区域内。这表明,在该工况下,试样首先形成了以端部中心为圆心的径向裂纹,随后在端部局部形成圆周向裂纹,这一阶段的圆周向裂纹与径向裂纹没有互相作用。HTPB 推进剂在该工况下的应力-应变曲线及实验后照片见图 4 - 47(b),试样在应变 0.05 时发生了线弹性到非线性黏弹性的转变,即屈服行为,试样的圆周向裂纹与径向裂纹在屈服以后的非线性应力增长区内萌生,但从宏观上试样未见明显损伤。

在经历了应变速度为 $5240s^{-1}$ 的动态压缩实验后,试样端面出现宏观裂纹,并在裂纹深处出现孔洞,并可见大量填料破碎的碎片附着于裂纹表面[见图 4 - 48(a)]。这是因为随着应变速度的提高,试样端面的圆周向裂纹与径向裂纹充分都发展,彼此相互作用并汇合成更大的宏观裂纹,导致试样的最终失效。图 4 - 48(b)列出了 HTPB 推进剂在应变速度为 $5240s^{-1}$ 下的应力-应变曲线,可见试样在发生线弹性/非线性黏弹性转变后,存在一个应力相对稳定的应力平台区,该平台区对应着试样圆周向裂纹与径向裂纹的充分发展与合。

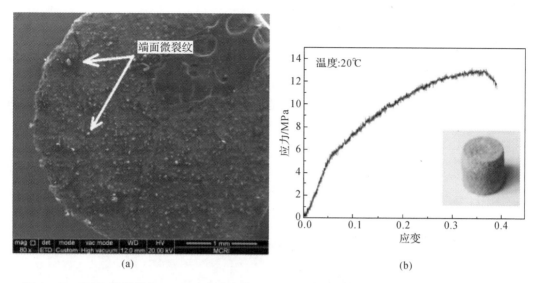

图 4 - 47　HTPB 推进剂在 SHPB 冲击实验后(1250s⁻¹)的端面微观破坏形貌和真实应力-应变曲线
(a)端面微观破坏形貌;(b)真实应力应变曲线

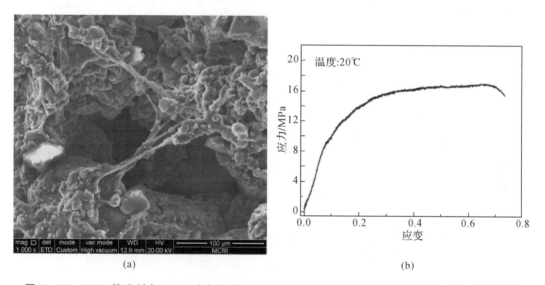

图 4 - 48　HTPB 推进剂在 SHPB 冲击实验后(5240s⁻¹)的端面微观破坏形貌和真实应力-应变曲线
(a)端面微观破坏形貌;(b)真实应力应变曲线

在 $5240s^{-1}$ 应变速度的作用下,HTPB 推进剂发生了严重的破坏。圆柱形试样的一部分发生了断裂,试样的断裂面显示了很多沿加载方向的条状变形带[见图 4 - 49(a)]。通过扫描电子显微镜观察条状变形带的微观形貌,在这些不均匀的轴向变形带之间也观察到了裂纹,这些裂纹大致平行于加载方向。断裂面内部的这些轴向裂纹可能与端面的径向裂纹有关:在 SHPB 冲击作用下,首先在试样端面萌发了径向裂纹,然后径向裂纹沿压力轴向着试样内部扩展,最终形成贯穿试样的径向裂纹面,同样地,在端面萌发了圆周向裂纹后,圆周向裂纹再沿着压力轴向着试样内部扩展,同样形成了贯穿试样的圆周向裂纹面,这些径向裂纹面与圆周向裂纹面相互作用交汇,最终导致试样的断裂和失效[见图 4 - 49(b)]。图 4 - 49(c)是试样端面已经形成了深入内部的圆周向裂纹(灰色标记),这些宏观的圆周向裂纹都位于端面的偏外部,端面偏中心区域未见宏观的圆周向裂纹。同时径向裂纹面也已扩展到试样的边缘,并导致圆柱形试样边缘的开裂(白色标记),同样地,这些宏观的径向裂纹都位于端面的偏外部,端面偏中心区域未见宏观的径向裂纹。图 4 - 49(d)是试样侧面的轴向裂纹贯穿了整个试样高度,并与试样端面的径向裂纹相连,意味着试样的端面径向裂纹与试样侧面的轴向裂纹共同构成了一个宏观裂纹面。

图 4 - 49　HTPB 推进剂在 SHPB 冲击实验后(5240s⁻¹)破坏形貌

(a)断裂面的剪切变形带;(b)剪切变形带的微观形貌;(c)端面破坏形貌;(d)侧面破坏形貌

通过以上分析,可以构建一个圆柱形推进剂试样的三维损伤模型,如图 4 - 50 所示。在试样端面可见不连续的径向裂纹与圆周向裂纹,并可见两者的相交。在试样端面的偏外部区域形成了宏观的径向裂纹,这种径向裂纹沿轴向发展,形成了贯穿整个试样的裂纹平面;同时,端面圆周向裂纹也沿着轴向发展,形成了贯穿整个试样的微裂纹平面;在靠近试样端面的中心区域存在着由径向银纹形成的银纹平面,这些银纹可以看作是微裂纹及宏观裂纹的源头。

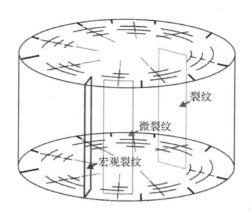

图 4 - 50　HTPB 推进剂在 SHPB 实验后(应变速度 5240s⁻¹)的三维裂纹示意图

　　图 4 - 51(a)列出了 HTPB 推进剂圆柱形试样端面的裂纹分布情况,按照从圆心朝外的顺序可以划分为四个区域:① 位于端面中心,该区域的变形量相对较小,标记为"0"区域;② 位于"0"区域外层,该区域是径向微裂纹的萌发区域,也是发生屈服行为的起始区域。随着应变的增加,径向微裂纹进一步扩展,这一过程试样的应力应变行为由线弹性转变为非线性黏弹态,标记为"1"区域;③ 位于区域 1 外层,该区域沿圆周方向引发了新的微裂纹,这些圆周向的微裂纹与径向的微裂纹相互作用,并最终引发了圆周向的宏观裂纹,这一过程试样在应变增加的同时其应力几乎保持恒定,标记为"2"区域;④ 位于试样端面的最外层,径向的宏观裂纹在该区域产生,这些径向裂纹沿着加载方向贯穿了整个试样,并最终导致了试样的彻底破坏,标记为"3"区域。图 4 - 51(b)显示了 SHPB 冲击实验下试样端面的应力分布情况,存在着两种最大法向(拉伸)应力,即径向法向应力 σ_r 和圆周法向应力 σ_θ。由于圆柱试样的轴对称性和推进剂试样的无定形性质,两者都是主应力。如图 4 - 51(c)所示,在冲击载荷下,产生径向微裂纹的条件为

$$\sigma_\theta = \sigma_{\text{crit}}^{\text{craze}} \tag{4-25}$$

式中:$\sigma_{\text{crit}}^{\text{craze}}$ 为微裂纹萌生临界应力。相反,圆周向微裂纹产生的条件为

$$\sigma_r = \sigma_{\text{crit}}^{\text{craze}} \tag{4-26}$$

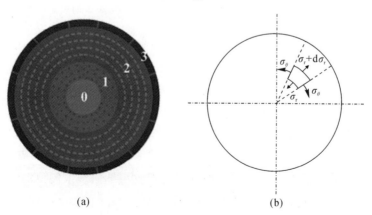

(a)　　　　　　　　　　　(b)

图 4 - 51　HTPB 推进剂在 SHPB 冲击实验后(5240s⁻¹)裂纹形成

(a)端面裂纹分布示意图;(b)试样端面上形成的径向与圆周向拉伸应力

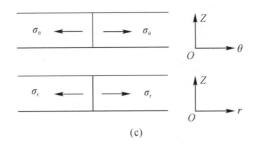

(c)

续图 4-51　HTPB 推进剂在 SHPB 冲击实验后(5240s⁻¹)裂纹形成

(c)径向裂纹和圆周向裂纹的形成机制

同样,径向宏观裂纹和圆周向宏观裂纹的产生条件也与引发宏观裂纹的临界应力 $\sigma_{\text{crit.}}^{\text{crack}}$ 有关。基于上述对推进剂试样端面的四个特征区域分析,通过比较圆周法向应力 σ_θ 和径向法向应力 σ_r 与微裂纹临界应力 $\sigma_{\text{crit}}^{\text{craze}}$ 与宏观裂纹临界应力 $\sigma_{\text{crit}}^{\text{crack}}$ 的相对值,可以得到一个简化的损伤机理模型(见图 4-52)。这个简化的模型揭示了在 SHPB 冲击作用下,HTPB 推进剂试件横截面上的局部应力非均匀性,导致了其非均匀的宏观与微观损伤形貌。使用 SHPB 实验表征 HTPB 推进剂在单轴冲击载荷下的变形和破坏过程,并研究了 SHPB 实验中推进剂试样的应力分布状态。结果表明,推进剂在冲击载荷下的损伤行为可以看作是一种径向法向应力和圆周法向应力之间的竞争过程。

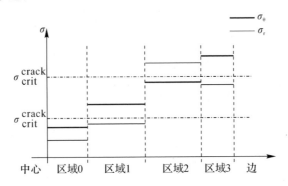

图 4-52　SHPB 作用下试样端面上的应力分布与裂纹的关系示意图

图 4-53 所示是室温,应变速度从 0.001s⁻¹ 提高到 7000s⁻¹ 下,HTPB 推进剂在轴向压缩作用下的损伤情况。HTPB 推进剂在各种应变速度下均未见剪切破坏,这是因为 HTPB 推进剂的玻璃化温度远低于室温,其力学响应主要依靠分子链段的运动,破坏模式为拉伸应力导致的基体开裂。可知,在准静态压缩下,试样几乎未见残余应变,显示了良好的黏弹性[见图 4-53(a)];在经历了应变速度为 2000s⁻¹ 的压缩载荷后,HTPB 推进剂未见宏观裂纹,但微观裂纹与填料脱黏已经发生,导致试样局部发白[见图 4-53(b)];在经历了应变速度为 5000s⁻¹ 的压缩载荷后,HTPB 推进剂产生了宏观的圆周向裂纹与轴向裂纹[见图 4-53(c)];在应变速度提高至 7000s⁻¹ 后,HTPB 推进剂已经无法保持尺寸的完整,被压成薄片状[见图 4-53(d)]。

$$
\begin{array}{cccc}
\text{0.001} & \text{2000} & \text{5000} & \text{7000}
\end{array}
$$

应变速度/s^{-1}

(a)　　　　　　　(b)　　　　　　　(c)　　　　　　　(d)

图 4-53　HTPB 推进剂在不同应变速度下的失效模式

参 考 文 献

[1]　庞维强，李高春，许进升，等. 固体推进剂损伤多尺度模拟[M]. 北京：科学出版社，2021.

[2]　张超，侯俊玲，李群. 复合固体推进剂脱湿过程细观建模与损伤定量表征[J]. 固体火箭技术，2020，43(4)：423-431.

[3]　张仁，翁武军，彭网大. 复合推进剂老化研究的若干问题[J]. 火炸药，1995，1：31-35.

[4]　IDE K M，HO S Y，WILLIAMS D. Fracture behavior of accelerated aged solid rocket propellants[J]. Journal of Materials Science，1999，34：4209-4218.

[5]　陈鹏万，黄风雷. 含能材料损伤理论及应用[M]. 北京：北京理工大学出版社，2006.

[6]　赖建伟，常新龙，龙兵，等. HTPB 推进剂的低温力学性能[J]. 火炸药学报，2012，35(3)：80-83.

[7]　王哲君，强洪夫，王广，等. 低温高应变速度条件下 HTPB 推进剂拉伸力学性能研究[J]. 推进技术，2015，36(9)：1426-1432.

[8]　宋丹平. 固体推进剂细观力学与本构关系研究[D]. 武汉：武汉理工大学，2008.

[9]　刘新国，刘佩进，强洪夫. 复合固体推进剂脱湿研究进展[J]. 固体火箭技术，2018，41(3)：313-318.

[10]　李高春，邢耀国，王玉峰. 基于细观力学的复合固体推进剂模量预估方法[J]. 推进技术，2007，28(4)：441-444.

[11]　曲凯，张旭东，李高春. 基于内聚力界面脱黏的复合固体推进剂力学性能研究[J]. 火炸药学报. 2008，31(6)：77-81.

[12]　马昌兵，强洪夫，武文明，等. 颗粒增强复合材料有效弹性模量预测的多步法[J]. 固体力学学报，2010，31：12-16.

[13]　李高春，邢耀国，戢治洪，等. 复合固体推进剂细观界面脱黏有限元分析[J]. 复合材料学报，2011，28(3)：229-235.

[14] 刘承武,阳建红,陈飞. 改进的 Mori - Tanaka 法在复合推进剂非线界面脱黏中的应用[J]. 固体火箭技术,2011,34(1):67 - 70.

[15] TAN H, HUANG Y, LIU C, et al. The uniaxial tension of particulate composite materials with nonlinear interface debonding [J]. International Journal of Solids and Structures, 2007(44):1809 - 1822.

[16] 赖建伟,常新龙,龙兵,等. 低温和应变速度对 HTPB 推进剂压缩力学性能影响[J]. 固体火箭技术,2012,35(6):792 - 798.

[17] 张亚. HTPB 复合固体推进剂破坏准则的实验和理论研究[D]. 西安:第二炮兵工程大学,2010.

[18] NEVIERE R. An extension of the time - temperature superposition principle applied for predicting mechanical properties of solid rocket propellants [J]. Propellants, Explosives, Pyrotechnics, 1999, 24:221 - 223.

[19] 侯林法. 复合固体推进剂[M]. 北京:中国宇航出版社,2009.

[20] 杨凤林,庞爱民,张小平. 复合固体推进剂单向拉伸曲线分析[J]. 固体火箭技术,2001,24(3):54 - 57.

[21] 王玉峰,李高春,刘著卿,等. 应变速度和加载方式对 HTPB 推进剂力学性能及耗散特性的影响[J]. 含能材料,2010,18(4):377 - 382.

[22] 成曙,路廷镇,蔡国飙,等. 含 I 型裂纹复合固体推进剂双轴拉伸实验研究[J]. 宇航材料工艺,2007(5):63 - 66.

[23] REN P, HOU X, HE G R, et al. Comparative research of tensile and compressive modulus of composite solid propellant for solid rocket motor [J]. Journal of Astronautics, 2010, 31(10):2354 - 2359.

[24] Radun J. Some aspects of time - temperature superposition principle applied for predicting mechanical properties of solid rocket propellants [J]. Propellants, Explosives, Pyrotechnics, 1999, 24:221 - 223.

[25] HO S Y. High strain - rate constitutive models for solid rocket propellants[J]. Journal of Propulsion and Power, 2002, 18(5):1106 - 1111.

[26] 强洪夫,曹大志,张亚. 基于统一强度理论的修正 M 准则及其在药柱裂纹预测中的应用[J]. 固体火箭技术,2008,31(4):340 - 343.

[27] 张淳源. 黏弹性断裂力学[M]. 北京:科学出版社,2006.

[28] 张亚,强洪夫,杨月诚. 国产 HTPB 复合固体推进剂 I - II 型裂纹断裂性能实验研究[J]. 含能材料,2007,15(4):359 - 362.

[29] 庞维强,李高春,许进升,等. 固体推进剂多尺度模拟[M]. 北京:科学出版社,2021.

[30] 强洪夫,曹大志,张亚. 基于统一强度理论的修正 M 准则及其在药柱裂纹预测中的应用[J]. 固体火箭技术,2008,31(4):340 - 343.

[31] 徐学文,孙建国. 某固体火箭发动机药柱上三维裂纹扩展的判定[J]. 固体火箭技术,2008,31(4):331 - 335.

[32] GIUSEPPE S T, VICTOR E S, ROBERT T, et al. Fracture mechanics of composite solid rocket propellant grains:material testing [J]. Journal of Propulsion and Power,

2009，25(1)：60－73.

[33] 石增强，刘朝丰，阳建红，等. 复合固体推进剂双参数断裂准则研究[J]. 宇航学报，2009，30(1)：287－289.

[34] LIU C T. Crack growth behavior in a composite propellant with strain gradients：part Ⅱ[J]. J. Spacecraft，1990，27(6)：647－652.

[35] 王自强，陈少华. 高等断裂力学[M]. 北京：科学出版社，2009.

[36] 杨挺青. 黏弹性理论与应用[M]. 北京：科学出版社，2004.

[37] 职世君，孙冰，张建伟. 固体推进剂复合型裂纹扩展数值计算[J]. 固体火箭技术，2011，34(1)：28－32.

[38] 张恒宁. 典型固体推进剂的动态力学响应及失效机制研究[D]. 西安：西安近代化学研究所，2021.

[39] FAN J T，WEERHEIJIM J，SLUYS L J. Compressive response of multipul－particles－polymer systems at various strain rates [J]. Polymer，2016，91：62－73.

[40] DRODGE D R，WILLIAMSON D M，PALMER，S J P. The mechanical response of a PBX and binder：combing results across the strain－rate and frequency domains [J]. Journal of Physics D：Applied Physics，2010，43：335－403.

[41] BALZER J E，PROUD W G，WALLEY S M. High－speed photographic study of the drop－weight impact response of RDX/DOS mixtures [J]. Combustion and Fame，2003，135(4)：547－555.

[42] 屈可朋，肖玮，韩天一，等. RDX 基 PBX 炸药的力学行为和损伤模式[J]. 火炸药学报，2012，35(5)：38－40.

[43] HO S Y，FONG C W. Correlation between fracture properties and dynamic mechanical relaxations in composite propellants [J]. Polymer，1987，28：739－744.

[44] XU J S，CHEN X，WANG H，et al. Thermo－damage－viscoelastic constitutive model of HTPB composite propellant [J]. International Journal of Solids and Structures，2014，51(18)：3209－3217.

[45] HO S Y. Impact ignition mechanism of rocket propellant [J]. Combustion and Flame，1992，91(2)：131－136.

第5章　复合固体推进剂断裂性能研究

5.1　引　　言

固体火箭发动机是火箭弹、导弹等武器的常用动力装置。随着现代武器远程化战术要求的不断提高,固体推进剂的能量要求和长径比也越来越高。然而,由于固体火箭发动机中装有高能推进剂,其安全问题受到高度关注。近年来,国内外在固体火箭武器试飞过程以及战争中,多次出现由于推进剂药柱结构完整性破坏导致的发动机爆炸事故,造成重大人员财产损失。分析因药柱结构完整性破坏而引起事故的原因,可能是在装药设计中缺乏准确、有效的装药结构完整性分析方法,没有精确掌握推进剂材料的损伤失效特性。国外在研究推进剂等黏弹性材料损伤失效特性方面进展较快,基于累积损伤理论,建立了不同的损伤模型或失效准则来描述固体推进剂等黏弹性材料的损伤失效过程。目前,国内外众多学者提出了各种损伤失效模型,认为材料的加载过程,是一个损伤不断累积直至材料出现宏观失效的过程,其失效过程不仅与最大应力、最大应变有关,而且与材料的整个加载应力作用的历史密切相关。然而,这些损伤失效模型中考虑温度变量的却很少,它们大都停留在常温下对推进剂材料损伤失效模型的研究。我国疆域广阔,地域之间温差较大,固体推进剂在服役期间长期承受温度载荷的作用,经研究发现外部环境温度严重影响药柱的疲劳失效特性。

5.2　复合推进剂断裂研究方法

由于对固体火箭发动机的性能和可靠性要求很高,所以用断裂力学的方法来估计推进剂药柱的结构完整性变得更加迫切。由于固体推进剂是一种高填充的聚合物材料,裂纹尖端存在一个损伤区,直接由位移-载荷曲线确定其临界载荷非常困难。Martinson 等人利用超声波成像技术清晰地观测到裂纹的尖端附近存在明显的损伤区,其形状类似于延性金属的塑性区,损伤区的尺寸随着应变水平的增大而增大。随后,Liu 等人利用声成像及超声探测技术进一步研究了裂纹尖端的损伤场和裂纹扩展的问题。他们认为,中心裂纹的尖端存在的一个明显损伤区主要是由裂纹尖端的高应力集中使得推进剂微粒与基体脱黏萌生微裂纹损伤所致,损伤区的大小和损伤程度对裂纹的扩展有强烈的影响。Earnest 使用实验和数值模拟结合的方法,计算了推进剂的能量释放率,并用于发动机药柱的安全性分析。由于实际裂纹扩展过程中材料产生了几何不连续,因此传统有限元方法不能准确模拟出裂纹的扩展过程。黏聚区模型

(Cohesive Zone Model, CZM)最早由 Barenblatt 和 Dugdale 提出, 用于研究脆性材料和塑性材料开裂过程。黏聚区模型为裂纹的起裂、扩展分析提供了一种强有力的方法。20世纪90年代, 国外学者将黏聚区模型成功用于有限元数值模拟中, 并取得了成功应用。阳建红等人应用声发射技术(Acoustic Emission, AE)监测复合固体推进剂在变形过程中的分布损伤状态, 认为 AE 的振铃计数与推进剂内部微开裂事件数具有对应关系。近年来, 韩波等人通过建立的 HTPB 推进剂的黏聚区本构模型和数值模拟方法预测推进剂药柱中裂纹的起裂和扩展过程, 研究了复合推进剂的断裂性能。

5.2.1　HTPB 推进剂断裂声发射研究

1. 材料及实验方法

(1)实验材料

实验用 HTPB 复合固体推进剂的填充颗粒质量百分数为 87%, 其成分为高氯酸铵 68.5%, 铝粉 18.5%, 黏结剂、键合剂和防老剂各为 13%。该推进剂的泊松比为 0.49。

(2)试样形状

试样为单边切口拉伸试件, 厚 10mm, 裂纹长度分别为 8mm, 12mm 和 20 mm。制作裂纹时, 先切开一个裂纹长度的切口, 再用保险刀片修尖。

(3)实验设备

实验用拉伸机型为 Instron 5500, 拉伸速度为 10mm/min, 温度为 22.8℃, 湿度为 50%。AE 系统为美国生产的 LOCANAT 型 14 通道声发射仪, 总增益为 85dB, 门槛电平为 30dB, 通带为 100~300kHz。

(4)实验方法

将试件连接在 Instron 5500 型万能材料实验机的加载装置上, 将两个声发射探头对称地置于试件两侧以保证拉伸时受力均匀, 并用橡皮带固定。

2. 结果与分析

HTPB 复合固体推进剂中的固体填充颗粒不连续地填充于基体中, 材料受载荷后易产生微裂纹, 采用声发射技术可以检测材料的动态破坏过程, 特别是检测材料内部产生微裂纹损伤现象。振铃计数(Ring Count)是表征的主要特征参数之一, 能够反映特征信号的强度和频度, 既适用于突发信号又适用于连续信号, 广泛用于声发射活动性评价。固体推进剂的振铃计数随时间的变化曲线如图 5-1 所示。从图中声发射振铃计数-时间曲线可判定: $b1$ 点为损伤起始点, 经过较长时间后, 在 $b2$ 点开始演化; 裂纹扩展也具有一定的过程, 该过程比损伤演化所需时间长; 起裂后细观损伤演化汇合, 形成宏观裂纹, 在 $b4$ 处裂纹失稳扩展。可知, $b4$ 为裂纹失稳扩展点, 此刻的载荷 P 就是裂纹扩展的临界载荷 P_Q。再由下式可求得断裂韧性 K_{IC} 的值, 即

$$K_{IC} = \sigma \sqrt{a} \left[1 - 0.025 \left(\frac{a}{v} \right)^2 + 0.06 \left(\frac{a}{b} \right)^4 \right] \sqrt{\sec \left(\frac{\pi}{2} \frac{a}{b} \right)} \qquad (5-1)$$

式中：σ 为临界应力；b 为试样宽度；a 为裂纹长度。

不同裂纹长度的位移-时间曲线和振铃计数-时间曲线如图 5-2 所示。求得裂纹失稳扩展的时间和临界载荷后，将临界载荷代入式(5-1)，求得断裂韧性 $K_{IC} = 0.034 \mathrm{MN \cdot m^{-3/2}}$。

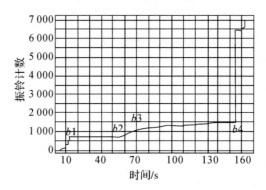

图 5-1　累计振铃计数随时间的变化曲线

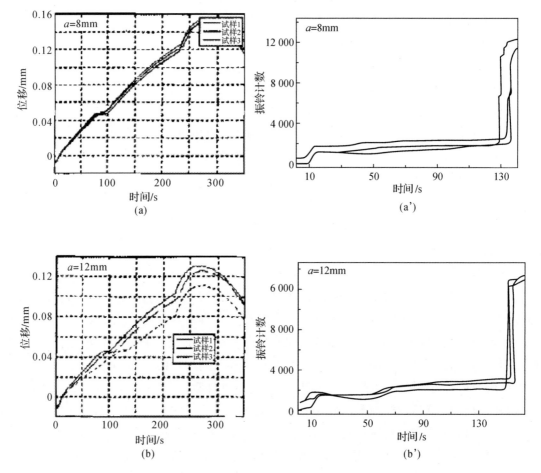

图 5-2　不同裂纹长度的位移-时间曲线和振铃计数-时间曲线

(a)(b)为位移-时间曲线；(a')(b')为振铃计数-时间曲线

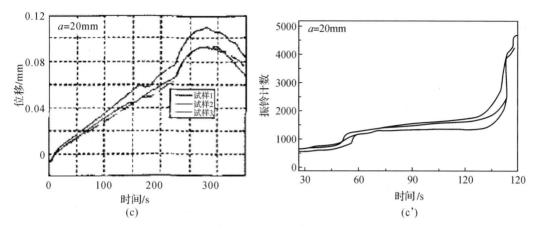

续图 5 - 2　不同裂纹长度的位移-时间曲线和振铃计数-时间曲线

(c)为位移-时间曲线；(c')为振铃计数-时间曲线

5.2.2　HTPB 推进剂黏聚断裂研究

1. 黏聚区模型

HTPB 推进剂是一种高固体含量的高聚物复合含能材料。其中包含大量粒度不同级配的高氯酸铵颗粒和直径较小的铝粉。在局部拉伸载荷作用下，HTPB 推进剂会在裂尖首先产生颗粒脱湿，进而形成微孔洞，随着孔洞的不断扩大和合并，逐渐形成了宏观的裂纹。裂尖局部的颗粒脱湿和微孔洞称为裂尖损伤区，损伤区的损伤演化规律影响着裂纹的起裂和扩展过程。

图 5 - 3 所示为黏聚区单元模型示意图，其中，(a)为常规有限元实体单元，单元之间共节点，无法直接模拟材料的宏观开裂过程；(b)为添加了黏结单元的有限元网格，实体单元之间通过黏结单元连接，用黏结单元来模拟材料裂尖的损伤和演化直至宏观裂纹形成，裂纹的可能扩展路径为实体单元之间的界面。

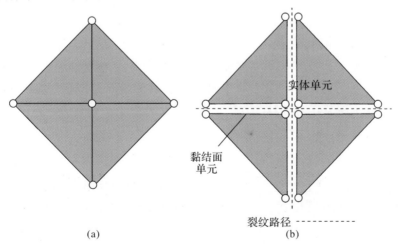

图 5 - 3　黏聚区模型示意图

(a)常规实体单元；(b)嵌入黏结面的实体单元

以平面Ⅰ-Ⅱ型复合裂纹为例,黏聚区单元有效位移和有效应力定义为

$$\left.\begin{array}{l} \delta_e = \sqrt{\delta_t^2 + \delta_n^2} \\ \sigma_e = \sqrt{\sigma_t^2 + \sigma_n^2} \end{array}\right\} \tag{5-2}$$

式中:δ_t 和 δ_n 分别为裂尖黏结单元面上的切向和法向位移;σ_t 和 σ_n 分别为裂尖的切向和法向力。

σ_e 和 δ_e 之间的变化关系,即黏聚区的本构模型,它预示着材料裂尖的损伤和演化过程。图 5-4 所示为幂指数黏聚区本构的示意图,图中的横坐标代表材料裂尖损伤区变形量,纵坐标代表裂尖损伤应力。本构关系中,上升段是为了数值模拟的需要,代表着裂尖材料未损伤前的响应;下降段代表着材料的损伤软化形式。下式为幂指数形式的黏聚区具体形式,可通过调节参数 a 来模拟不同形式的软化形式,即

$$\sigma_e = \begin{cases} \sigma_{max} \dfrac{\delta_e}{\delta_{cc}}, 0 < \delta_e < \delta_{cc} \\ \sigma_{max} \left(\dfrac{\delta_c - \delta_e}{\delta_c - \delta_{cc}}\right)^a, \delta_{cc} < \delta_e < \delta_c \\ 0, \delta_e > \delta_c \end{cases} \tag{5-3}$$

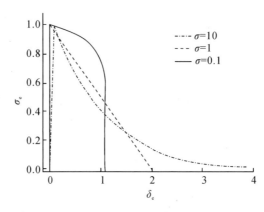

图 5-4　幂指数黏聚区模型本构示意图

2. 黏聚区本构的实验测定

黏聚区本构模型中包含 3 个重要参数:黏聚区断裂能、黏聚区断裂强度和黏聚区函数形式。国外有相关研究学者认为,黏聚区断裂能等于材料的临界扩展 J 积分。因此,本节使用推进剂的临界扩展 J 积分作为黏聚区断裂能。Begley 提出了多试样法,通过一组初始裂纹长度相近的试件来测量材料的 J 积分,则有

$$J = -\frac{dU}{dA}\Big|_U \tag{5-4}$$

多试样法需多个试样进行测量,实验量较大,实验过程较为烦琐。因此,有学者提出了单试样法的测量方法。Sumpter 提出了 η 因子的概念求解材料的 J 积分,并得到了广泛应用,则有

$$J = \frac{\eta U}{B(W-a)}\Big|_U \tag{5-5}$$

式中:U 为载荷位移曲线积分;B 为试样厚度;W 为试样宽度;a 为初始裂纹长度;A 为裂纹体初始断裂韧带面积。

本节使用单试样法来测定黏聚区断裂能,但单试样法式(5-4)中的 η 因子需使用多试样法来进行标定。

对比式(5-4)、式(5-5),得 η 因子的公式为

$$\eta = -\frac{B(W-a)}{U}\frac{dU}{dA} \tag{5-6}$$

η 因子的标定在 20℃下展开,使用 QJ 211B 万能材料实验机在 20mm/min 的拉伸速度进行拉伸实验,试样几何尺寸 $B=5\mathrm{mm}$,$W=30\mathrm{mm}$,裂纹初始长度 a 不同。实验过程中记录载荷位移曲线,同时使用电荷耦合元件 CCD 同步测量裂纹开裂过程。使用式(5-6)对实验结果进行处理,可获得 η 因子随裂纹初始长度的关系,如图 5-5 所示。从图 5-5 可发现,η 随裂纹初始尺寸稍有变化,平均值变化范围包含在测量标准差之内。因此,可认为 η 在所取的裂纹初始尺寸范围内为恒定值。

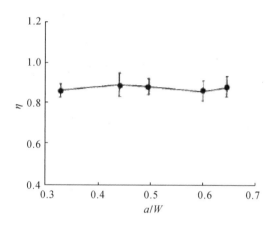

图 5-5　η 因子与裂纹初始尺寸关系

J 积分的测量使用单试样法在 20℃下展开,试样的初始裂纹长度 $a/W=0.5$,共进行 5 次重复性实验。实验过程中采集试样的载荷-位移曲线。对载荷-位移曲线积分,获得裂纹试样起裂时的裂尖输入能量 U,结合测量的 η 因子代入式(5-5),得到 HTPB 推进剂在 20mm/min 的拉伸速度下的黏聚区断裂能为(1.007±0.050) N/mm。黏聚区断裂强度的测量采用标准单轴拉伸实验获取。在 20℃环境温度下,进行一组 20mm/min 的等速拉伸实验,得到 HTPB 推进剂的极限断裂强度为(0.548±0.033)MPa。

3. 数值算法

本节使用 Abaqus 的用户自定义单元子程序 UEL 开发出黏聚区单元,用来模拟 HTPB 推进剂的起裂和开裂过程。用 Abaqus Standard 求解时,需提供黏结单元的切线刚度矩阵和力矢量,下面详细推导其具体形式。

根据有限元虚功原理,不考虑体力情况下,包含黏结单元的平衡方程和边界的等效弱积分形式为

$$\int_V \delta\varepsilon_{ij}\,\sigma_{ij}\mathrm{d}V - \int_{S_c} \delta_i\,T_{ic}\mathrm{d}S_c - \int_{S_e} \delta u_i\,T_{ie}\mathrm{d}S_e = 0 \tag{5-7}$$

式中:$\delta\varepsilon_{ij}$,δ_i,δu_i 分别为实体单元应变、黏结单元相对位移、边界位移;σ_{ij},T_{ic},T_{ie} 分别代表实体单元应力、黏结单元黏聚力、力边界;$\mathrm{d}V$,$\mathrm{d}S_c$,$\mathrm{d}S_e$ 分别代表实体单元控制体、黏结单元表面、外

边界。

式(5-7)中的第二项代表黏结单元的贡献部分。图5-6所示为黏结单元变形示意图。

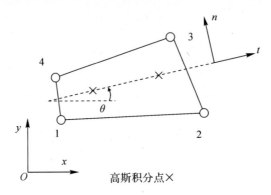

高斯积分点×

图5-6 黏结单元

黏结单元相对位移为

$$\boldsymbol{\delta}_1 = \begin{bmatrix} \delta_n \\ \delta_t \end{bmatrix} = \boldsymbol{R} \begin{bmatrix} \delta_X \\ \delta_Y \end{bmatrix} = \boldsymbol{RNLa} = \boldsymbol{Ba} \qquad (5-8)$$

式中：$\boldsymbol{a}$ 为黏结单元节点在系统坐标下的坐标值；$\boldsymbol{R}$ 为坐标转换矩阵，则有

$$\boldsymbol{a} = \begin{bmatrix} u_1^x & u_1^y & u_2^x & u_2^y & u_3^x & u_3^y & u_4^x & u_4^y \end{bmatrix}^{\mathrm{T}}$$

$$\boldsymbol{R} = \begin{bmatrix} \cos\theta & \sin\theta \\ -\sin\theta & \cos\theta \end{bmatrix}$$

$$\boldsymbol{L} = \begin{bmatrix} 1 & 0 & 0 & 0 & 0 & 0 & -1 & 0 \\ 0 & 1 & 0 & 0 & 0 & 0 & 0 & -1 \\ 0 & 0 & 1 & 0 & -1 & 0 & 0 & 0 \\ 0 & 0 & 0 & 1 & 0 & -1 & 0 & 0 \end{bmatrix}$$

插值形函数为

$$\boldsymbol{N}(\xi) = \begin{bmatrix} N_1(\xi)\,\boldsymbol{I}_{2\times 2} \,\big|\, N_2(\xi)\,\boldsymbol{I}_{2\times 2} \end{bmatrix}$$

$$\left\{ \begin{array}{l} N_1(\xi) = \dfrac{1}{2}(1-\xi) \\[2mm] N_2(\xi) = \dfrac{1}{2}(1+\xi) \end{array} \right., \; -1 \leqslant \xi \leqslant 1 \qquad (5-9)$$

黏结单元的切线刚度矩阵可表示为

$$\boldsymbol{K} = \int_{S_c} \boldsymbol{B}^{\mathrm{T}} \boldsymbol{C} \boldsymbol{B}\, \mathrm{d}\boldsymbol{S} \qquad (5-10)$$

式中：$\boldsymbol{C}$ 为黏结单元的 Jacobian 矩阵。

黏结单元所提供的力矢量表示为

$$\boldsymbol{F}_c = \int_{S_c} \boldsymbol{B}^{\mathrm{T}} \boldsymbol{T}_c\, \mathrm{d}\boldsymbol{S} \qquad (5-11)$$

Abaqus 开发过程中需提供式(5-10)、式(5-11)，系统建立起总体刚度矩阵，按牛顿迭代

法进行迭代求解，则有

$$K_T = \frac{\partial \boldsymbol{\varphi}}{\partial \boldsymbol{a}} = \sum \boldsymbol{c}_e^T \int_e \boldsymbol{B}^T \frac{d\boldsymbol{\sigma}}{d\boldsymbol{\varepsilon}} \frac{d\boldsymbol{\varepsilon}}{d\boldsymbol{a}} dv = \sum \boldsymbol{c}_e^T \left(\int_e \boldsymbol{B}^T \boldsymbol{C} \boldsymbol{B} \, dv \right) \boldsymbol{c}_e \qquad (5-12)$$

$$\left. \begin{array}{l} \boldsymbol{K}_T^a \Delta \boldsymbol{a}^n = -\boldsymbol{\varphi}(\boldsymbol{a}^n) = \boldsymbol{R} - \boldsymbol{R}^n \\ \boldsymbol{a}^{n+1} = \boldsymbol{a}^n + \Delta \boldsymbol{a}^n \end{array} \right\} \qquad (5-13)$$

式(5-12)为系统刚度矩阵，式(5-13)为牛顿迭代法的计算格式。

4. 模拟和模型验证

为了确定所使用的幂指数形式的黏聚区模型中的本构参数 σ，使用所建立的黏聚区有限元模拟方法，对包含 I 型裂纹的 HTPB 推进剂试样进行数值模拟。模拟模型为包含 I 型裂纹的板条形推进剂试样。试样初始裂纹长度为 15mm，上、下表面施加 20mm/min 等速位移载荷。HTPB 推进剂是一种典型的黏弹性材料，其力学特性和加载历史存在相关性。在模拟过程中，使用线黏弹性本构来描述 HTPB 推进剂的力学行为。图 5-7 中，灰色区域为拉伸实验获得的载荷-时间变化范围。图 5-7 中，3 条曲线分别为不同黏聚区本构参数 σ 下通过模拟获得的载荷-时间曲线。从图 5-7 可发现，随着 σ 的减小，模拟的最大载荷逐渐增大，断裂时间后延，但曲线之间的上升段初期基本重合，且变化趋势基本一致。通过对比发现，当 $\sigma =$ 0.55mm 时，模拟曲线基本位于实验结果的中间部分。因此，可确定出 HTPB 推进剂黏聚区本构参数 $\sigma \approx 0.55$。

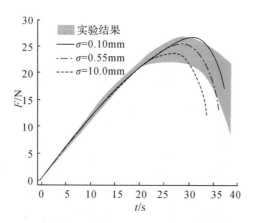

图 5-7　单边裂纹载荷-时间曲线模拟值和实验值

为了验证所建立的 HTPB 推进剂黏聚区模型的准确性和所建立的有限元模拟方法的精确性，下面将数值模拟预测结果和实验结果进行对比。如图 5-8 所示，模拟模型左右两侧开有 10mm 初始裂纹，左右裂纹上下相距 20mm。由于裂纹扩展路径未知，需在所有网格单元之间嵌入黏结单元，本节使用 Matlab 编程，生成了 Abaqus 识别的网格文件。图 5-8 所示为 27s 时的模拟和实验过程中的断裂形貌。由图 5-8 可见，2 条初始裂纹已出现扩展，试件的整体变形、裂纹扩展形貌基本一致。图 5-8(a) 给出了模拟中的 Mises 应力分布情况。可看到，裂纹尖端应力分布上下不对称，此时裂纹呈现出平面 I-II 型复合裂纹。

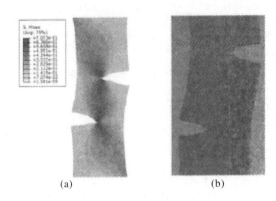

图 5 - 8　*t*＝27s 断裂形貌

(a)模拟 Mises 应力分布；(b)实验开裂形貌

　　图 5 - 9(a)所示为模拟结束后的网格，裂纹沿初始网格界面进行扩展。由于网格布置存在一定的不对称性和计算中的舍入误差原因，模拟结果中右上部裂纹贯穿，左下角裂纹未贯穿。图 5 - 9(b)所示为实验结束后裂纹扩展路径。由于裂纹体的不对称性，所做的 3 次重复性实验均呈现出如图 5 - 9 所示的单条裂纹贯穿情况，贯穿裂纹在扩展过程中逐渐转向。通过对比发现，模拟预测的裂纹扩展路径和实验结果吻合良好，证明所建立的嵌入黏结单元的模拟方法，可较好地模拟出复合裂纹的扩展路径。本节模拟过程中，裂纹表面在开裂后处于自由表面状态。在真实状况下，发动机药柱在裂纹扩展过程中，伴随着燃气的窜入过程。因此，开裂后的裂纹面将处于压力载荷作用之下。如果需考虑到裂纹面内存在压力载荷的情况，需在单元力矢量列阵中加入外界压力载荷的作用项。

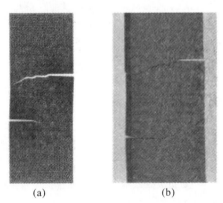

图 5 - 9　推进剂样品模拟和实验裂纹开裂路径

(a)模拟结果；(b)实验结果

　　图 5 - 10 所示为模拟和实验获得的载荷时间曲线，图中，灰色区域为实验测得的载荷时间变化情况，曲线为模拟预测结果。从图 5 - 10 中发现，模拟曲线的最高大值与实验测量结果基本一致。曲线前半部分在实验测量范围之内，表明所建立的模型对裂纹的起裂预测较为准确。曲线后半部分下降段曲线有所提前，这可能是因为实际情况下推进剂裂尖局部区域外也产生了脱湿等损伤，造成了材料整体软化、模量下降。因此，实际载荷时间曲线比预测值后移。

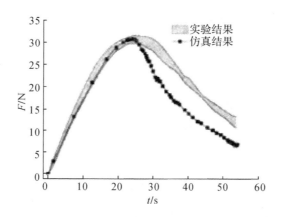

图 5 - 10　验证试样模拟和实验载荷-时间曲线

由图 5 - 9 和图 5 - 10 发现,建立的黏聚区本构模型和模拟方法为 HTPB 推进剂裂纹起裂和裂纹扩展过程提供了一个较先进的物理模型和数值模拟方法。传统有限元计算方法在计算裂纹起裂问题时,由于裂尖应力奇异性造成了裂尖应力计算的可信度不高。使用黏聚区模型来模拟裂尖应力时,黏聚区本构模型的损伤特性避免了裂尖应力的奇异性,使裂尖应力更加合乎物理实际。裂纹起裂扩展,造成了物理模型在裂尖的几何不连续性,这是传统有限元单元所无法实现的。本书建立的模拟计算方法,通过合理地构建黏结单元来模拟裂纹开裂这一物理现象,可有效地解决由于裂纹扩展所造成的几何不连续性。

实验发现,HTPB 推进剂断裂性能和断裂强度随加载速度变化,HTPB 推进剂黏聚区本构也存在一定的黏弹性效果。

5.3　复合推进剂断裂性能分析

复合材料的损伤与失效通常包括三种形式:增强相的损伤和断裂、增强相和基体之间界面的脱黏和失效,以及基体内空洞的形核、长大和汇合导致的基体失效。复合材料的损伤与失效机制主要通过实验方法进行研究,但是实验本身一般不能给出定量的结果,因此,利用细观力学方法对此种问题进行数值模拟研究是一种重要的手段。

5.3.1　复合推进剂裂纹的起裂准则

固体推进剂的断裂准则主要考虑推进剂的外在因素和内部因素。内部因素一般包括推进剂的微观结构、材料的性质以及缺陷等,外在因素主要包括载荷、几何形状和环境等。目前,对于推进剂的材料特性、缺陷、载荷和几何形状等因素的研究较多,但是对于其微观结构和环境因素对于断裂准则的影响研究则相对较少,可以考虑从细观力学方面着手,采用分子动力学模拟以及多尺度模拟等方法对其进行研究。

裂纹起裂准则是断裂理论的一个中心问题,是安全设计的依据。目前,固体推进剂的裂纹起裂准则有很多,常用的有 K 准则、J 积分准则、应变能释放率准则以及复合型断裂准则等。

Schaffer 建立了一种能够计算复合固体推进剂断裂时间的方法,将推进剂看成是流变材料,提出了一种断裂准则。不考虑时间的影响,这个准则就是应变能释放率准则的特殊形式。Gledhill 等人将连续断裂力学方法应用于双基固体推进剂上,认为应力强度因子是平面应变(K_{c1})和平面应力(K_{c2})状态应力强度因子的总和。其中,平面应变状态应力强度因子与温度无关,平面应力状态应力强度因子则与温度相关,并且认为平面应力状态应力强度因子和它的屈服应力成线性关系。这形成了一个独特的失效准则,即裂纹尖端的平面应力塑性区达到临界值时裂纹开始扩展。Christensen 将格里菲斯裂纹扩展准则一般化,得到时间相关性的裂纹扩展准则。将格里菲斯能量耗散率应用于黏弹性材料,最终得到裂纹扩展速度与材料的蠕变特性、载荷情况以及产生新的裂纹面所需能量的关系。最后将分析预测结果与聚亚胺酯橡胶实验结果做了比较。Devereaux 使用 J 积分分析了推进剂的裂纹起裂,预测了药柱的危险性,研究了 J 积分与载荷和形状的相关性,计算了圆柱体外周预置裂纹试件平面应变状态积分值,并运用有限元计算预测了发动机的安全极限,并通过缩比发动机实验对预测结果进行了验证。Ravi-Chandar 研究了固体推进剂的复合型裂纹断裂行为,进行了不同温度和应变速度条件下不同复合型裂纹断裂实验。结果表明,最大周向应力准则可以很好地预测裂纹的起裂,但是由于裂纹尖端损伤的发展,不能预测裂纹扩展方向。他引入吸附区损伤模型,并将其应用于边界元方法模拟复杂载荷下的裂纹扩展,将基于 K 准则的裂纹预测结果与基于吸附区模型的模拟计算结果进行了比较。Koppenhoefer 等人利用预制裂纹 Charpy 试件研究了冲击载荷作用下断裂韧性的约束效应问题。Liu 等人分析了由实验得出的脆性材料的裂纹起始传播所需要的应力强度因子随加载速度的升高而显著上升的结果,发现在断裂时间很短、加载速度较高时,必须考虑材料的应变速度相关性。

强洪夫等人针对脆性材料提出了最大应力三维度准则(M 准则),并引入统一强度理论定义裂尖塑性区,修正 M 准则中临界载荷的判据,将其推广到延性材料中。结合 I-II 复合型裂纹的 HTPB 推进剂的单轴拉伸实验结果,并与其他准则进行比较,表明推进剂的裂纹起裂角和修正的 M 准则预测的结果较为接近。职世君等人以最大周向应力准则和最大能量释放率准则作为裂纹扩展方向的判据,以 J 积分作为裂纹扩展的判据,计算了不同倾斜角裂纹的初始扩展方向。计算结果表明,该方法可以有效模拟固体推进剂的断裂过程。

5.3.2 含初始缺陷复合推进剂的力学性能

复合固体推进剂作为一种复合含能材料被广泛用作运载火箭及各种战略战术导弹的动力能源,其力学性能很大程度上影响着导弹的生存能力及作战能力。早期对复合固体推进剂的研究大多基于连续介质力学,通过实验从唯象的角度得到推进剂宏观力学响应的本构关系,但这种方法无法对推进剂内在结构变化机理进行有效研究。近年来,随着计算机性能的提高,国内外众多学者开始着手从细观角度出发,建立了复合固体推进剂细观颗粒的填充模型,对推进剂的力学性能进行了定量的分析,并取得了一定的成果。

Matous 等人最先通过自主开发的 Rocpack 软件生成了固体推进剂代表性体积单元,并在颗粒与基体之间的界面层设置了黏结单元来模拟界面脱黏损伤的产生与发展。常武军等人通过实验证实了颗粒/基体界面是推进剂的薄弱环节,其脱黏是造成宏观应力-应变曲线非线性的重要原因之一,获得界面确切的力学性能参数对推进剂的细观研究工作至关重要。张兴高等人采用扫描电子显微镜,并结合界面化学原理,准确测量了 AP 及 HTPB 黏结剂基体的接触角和表面能参数,得到了界面性能与老化之间的有效关系。职世君等人在研究推进剂的细观损伤和非线性力学性能时,用双线性内聚力模型近似表征推进剂颗粒/基体界面的脱黏损伤,同时还研究了颗粒的体积分数、粒径大小、位置的随机分布对推进剂细观损伤及宏观力学性能的影响。韩龙等人研究了复合固体推进剂细观界面性能随拉伸速度的变化规律,通过参数反演的分析算法得到了优化后的界面参数值,该值能准确预测不同加载速度下推进剂的宏观力学行为。

以往的研究中多认为推进剂为黏结剂基体、增强颗粒和界面相组成的三相复合材料,认为其内部细观结构完好,没有考虑到真实情况下推进剂生产过程中存在的初始缺陷的影响。事实上,复合固体推进剂细观组成与混凝土极为相似,二者经常被用来作比较研究,受混凝土研究中的启发。笔者认为,由于工艺限制,推进剂细观颗粒/基体界面处存在着包裹不完全的初始缺陷,并对含缺陷的界面力学性能进行了定义,研究当界面存在缺陷时推进剂的宏观力学行为,得到推进剂的初始弹性模量及拉伸强度随界面缺陷含量的变化规律。

1. 细观建模及参数获取

复合固体推进剂是由分散相颗粒、中间相界面和连续相基体组成的高填充比三相复合材料。要从细观层面上研究其力学性能,首要的是建立一个能符合推进剂真实细观结构的颗粒填充模型,然后赋予模型相应的力学参数和边界条件,模拟推进剂在载荷作用下的力学响应。

(1)细观建模

1)代表性体积单元生成。颗粒增强复合材料细观建模主要有基于蒙特卡罗算法的随机模拟方法和基于分子动力学算法的碰撞模拟方法,由于复合固体推进剂的颗粒填充体积分数通常较大,可以达到 80%,再综合考虑到算法实现的效率、成熟度以及有限元前处理的工作量等相关因素,本书选用分子动力学方法建立复合固体推进剂的颗粒填充模型。表 5-1 为复合固体推进剂的典型配方见表 5-1。图 5-11 所示为推进剂典型配方中颗粒粒径分布。

表 5-1　复合固体推进剂典型配方

组分	质量分数/(%)	体积分数/(%)
HTPB	7.85	22.6
AP	69.5	63.8
Al	18.5	12.3
其他	4.15	1.3

结合表 5-1 所示推进剂配方及图 5-11 所示的颗粒分布规律,应用分子动力学方法对复合固体推进剂颗粒填充模型建模,如图 5-12 所示。由于颗粒的填充体积分数较高,颗粒间大小差异很大,在这种模型上直接生成网格进行有限元计算是非常困难的。为了简化计算模型,相关文献通过 Mori-Tanaka 等效的方法将 Al 颗粒对推进剂力学性能的影响等效到复合基体中,在计算时只单独考虑 AP 颗粒的影响。

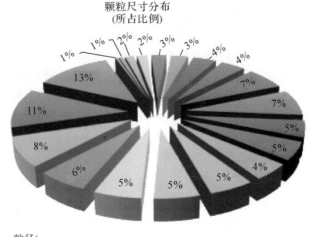

图 5-11　固体推进剂颗粒粒径分布

2)边界条件。基于周期性假设认为,推进剂在外载荷的作用下,其内部的应力场和应变场存在连续性和周期性,因此在利用有限元方法预测复合材料固有属性参数时,需要对代表性体积单元施加周期性边界条件以满足宏观上的连续均质假设,并确保得到合理的细观应力、应变分布。周期性边界可以表示为

$$\left.\begin{array}{l} u(x,0)-u_1 = u(x,L) \\ u(0,y)-u_2 = u(L,y) \end{array}\right\} \tag{5-14}$$

式中:L 为代表性体积单元的尺寸;u_1 和 u_2 为施加在边界上的位移载荷。

由于周期边界条件须在周期性网格的基础上方能实现,在实际应用中较为不便,为了能在有限元软件 Abaqus 中既准确又简便地模拟推进剂的单轴拉伸力学行为,选用均匀位移边界条件,如图 5-12(a)所示。均匀位移边界条件下,代表性体积单元在受载变形过程中各边始终保持平直,图 5-12(a)中虚线为变形后的代表性体积单元边界位置。上边界所给的均匀位移载荷为 0.166 7mm/s,对应的应变速度为 0.003 333s^{-1},同时给右边界施加一个限制 x 方向位移一致的耦合约束。相关文献研究表明,使用均匀位移边界与周期性边界计算的结果不存在明显的差异,并且随着代表性体积单元尺寸的增加误差渐渐趋近于零。

3)网格划分。本研究是基于推进剂二维颗粒填充模型展开,并视为平面应变问题进行数值求解。在有限元计算中,AP 颗粒被视为弹性体,其模量相对基体材料大得多,近似认为在受载时不变形,于是在网格划分时对其采用四节点的平面应变单元 CPE4,并在界面附近处将网格细化以提高计算的收敛性。

在有限元分析中,除平面应力问题外,需采用杂交单元来模拟不可压缩材料(泊松比为

0.5)或近似不可压缩材料(泊松比大于 0.475)的响应。HTPB 基体材料为近似不可压缩材料,在受载荷时体积保持恒定,不随应力应变状态而发生改变,在计算时无法利用节点处的位移插值函数来获得单元的压应力,而杂交单元无须通过节点位移插值,通过自身设定的额外自由度便可直接获取单元的压应力,其偏应力及偏应变的获取则仍然依赖于节点的位移场计算。因此对基体材料的网格划分选用平面应变 4 节点四边形线性积分的杂交单元 CPE4H,模型网格划分如图 5-12(b)所示。

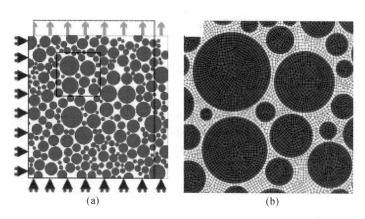

(a)　　　　　　　　　　　　　(b)

图 5-12　复合固体推进剂颗粒填充模型

(a)模型和边界条件;(b)网格

在颗粒与基体界面处设置黏结单元(cohesive element),模拟颗粒与基体的黏结特性,并沿界面的径向设置扫掠网格,为保证黏结单元的收敛,在计算时设置较小的初始载荷步并对黏结单元设定一定的黏性。通过在界面处定义摩擦罚函数来施加通用接触算法以防止界面脱黏后颗粒与基体可能会发生重叠或相互渗透。

(2)组分参数获取

复合推进剂对应的组分参数为黏结剂基体的松弛模量和固体填充颗粒的弹性模量及泊松比。其中颗粒的相关参数依据相关文献选取,AP:弹性模量 32 447MPa,泊松比 0.143 3;Al:弹性模量 683 00MPa,泊松比 0.33。

对推进剂基体材料的等速度拉伸应力响应,本研究从线黏弹性理论出发,结合对基体材料松弛实验测得的应力响应,将松弛模量以 Prony 级数形式进行拟合,具体拟合表达式为

$$E(t) = E_\infty + \sum_{i=1}^{n} E_i \exp(-\frac{t}{\tau_i}) \tag{5-15}$$

式中:E_∞ 为平衡模量;E_i 和 τ_i 分别为第 i 个 Maxwell 单元的模量和松弛时间;t 为时间。

松弛曲线拟合结果如图 5-13 所示。由此可得 HTPB 基体的黏弹性松弛行为描述,进而得到基体基于松弛模量的应力-应变本构关系为

$$\sigma(t) = \int_0^t \left[E_\infty + \sum_{i=1}^{n} E_i \, e^{-(t-\tau)/\tau_i} \right] \dot{\varepsilon} \, d\tau \tag{5-16}$$

式中:$\sigma(t)$ 为基体应力响应;$\dot{\varepsilon}$ 为应变速度。

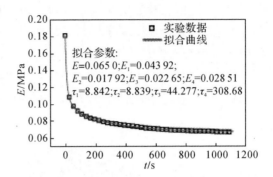

图 5 - 13 HTPB 推进剂基体应力-松弛曲线

2. 界面缺陷单元定义

内聚力模型（Cohesive Zone Model，CZM）建立在弹塑性断裂力学的基础上，最早由 Dugdale 和 Barenblatt 在研究脆性材料的断裂时提出，其基本思想是将界面理想化为具有一定黏结强度等力学特性的无厚度面，并通过牵引力-位移法则（Traction Separation Law，TSL）定义黏结单元的力学响应，从而表征整个界面处的损伤起始和演化形式。

（1）双线型内聚力模型

在 Abaqus 中，内聚区采用一层厚度近似为 0 的内聚力单元表示，将内聚力单元嵌入传统单元之间使其上下表面与相邻单元连接，外载荷引起的材料损伤只发生在内聚力单元中，周围单元不受影响。通过定义内聚力单元的 TSL 本构关系，以实现内聚力单元在外力作用下损伤的起始与演化。双线型损伤内聚力模型由于结构简单，在较复杂的工程环境下也能很好地表征内聚区损伤演化等力学行为，被广泛地应用于各种研究之中，典型的双线型损伤内聚力模型示意图如图 5 - 14 所示。

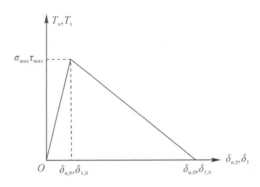

图 5 - 14 双线型内聚力模型示意

满足的牵引力-位移法则如下：

$$
\left.\begin{aligned}
T_n &= (1-D)\frac{\delta_n}{\delta_{n,0}}\sigma_{\max} \\
T_t &= (1-D)\frac{\delta_n}{\delta_{n,0}}\sigma_{\max}
\end{aligned}\right\} \tag{5-17}
$$

式中：n，t 分别代表界面的法向和切向；T 为内聚应力；δ 为界面的分离位移；$\sigma_{\max}$ 和 $\tau_{\max}$ 分别表示法向和切向的内聚强度，且 $\sigma_{max} = \tau_{max}$；$\delta_0$ 是临界位移，表示内聚应力达到内聚强度时对应界面的分离位移；D 为定义的损伤变量。

二维界面的内聚力单元中存在两个应力分量（T_n，T_t）和位移分量（δ_n，δ_t），载荷作用初期，界面应力和位移为线性关系，在应力达到界面损伤初始准则后，界面处产生损伤，其应力和位移关系不再线性变化，采用下式中的二次应力作为损伤起始准则，即

$$\left(\frac{T_n}{\sigma_{max}}\right)^2 + \left(\frac{T_t}{\tau_{max}}\right)^2 = 1 \tag{5-18}$$

损伤变量的定义如下：

$$D = \begin{cases} 0, & \delta \leqslant \delta_0 \\ \dfrac{\delta_f(\delta - \delta_0)}{\delta(\delta_f - \delta_0)}, & \delta > \delta_0 \end{cases} \tag{5-19}$$

式中：δ_f 为失效位移，表示界面分离位移的最大值，此后界面破坏失效，失去承载能力。

采用以下断裂能准则判断界面是否破坏失效，即

$$\left(\frac{G_n}{G_{n,C}}\right)^a + \left(\frac{t}{G_{t,C}}\right)^a = 1 \tag{5-20}$$

式中，$G_{n,C}$，$G_{t,C}$ 分别为界面的法向和切向的内聚能；a 为界面参数（取值为 2）。

（2）初始缺陷定义

复合固体推进剂是典型的多相混合非均匀材料，在其制备过程中由于材料特性及制备工艺限制，推进剂中会随机分布着大量的初始缺陷，包括：在机械混合时无法严格控制真空环境，使得有少许空气进入黏结剂基体而导致孔洞和气泡；在加入固体填充颗粒后搅拌至混合均匀过程中，颗粒间因相互碰撞导致的颗粒破碎；更多的缺陷是在固化降温过程中，颗粒和基体导热性能差异使得二者变形不一致而导致的颗粒/基体界面缺陷。这些初始缺陷的存在降低了推进剂的结构强度和刚度，严重降低了其力学性能。因此需要对含初始缺陷的复合固体推进剂颗粒填充模型进行数值计算，从细观尺度探究初始缺陷的存在对推进剂力学性能的影响。

以往有关推进剂的宏观力学实验证实，颗粒/基体界面作为推进剂结构中最薄弱的一环，在载荷作用下界面的脱黏是导致推进剂失效破坏的根本原因。本节只考虑推进剂颗粒/基体界面处的初始缺陷，并注意到推进剂在固化降温过程中形成的应力集中与颗粒间距有关这一事实，对界面缺陷做如下假设：

1）对于某一给定位置的颗粒，在其周边两倍最大颗粒粒径的同心圆域内，计算其他颗粒与该颗粒之间的距离 d，如果该间距小于设定的最小距离，即 $d < d_{min}$ 时认为在该颗粒界面处存在初始缺陷，d_{min} 的取值为最小填充颗粒的粒径。

2）初始缺陷在两颗粒外公切线区域内的界面上均匀分布，如图 5-15 所示，采用弱化的界面单元来表征初始缺陷，定义缺陷系数为 $\eta = d/d_{min}$，则含缺陷的界面力学性能为 $\delta_{d,0} = \eta\delta_0$，$T_d = \eta T$，$\delta_{d,f} = \eta\delta_f$。

3）设界面初始缺陷含量为 p_d，其定义为 $p_d = \sum C_d^i / C$，其中 C_d^i 为单个界面缺陷单元周长；C 为所有界面单元总周长。

（3）界面力学参数确定

细观界面力学性能参数的取值直接影响到数值计算结果的准确性，目前还不能通过实验技术测得其确切值，对于参数的选取更多的是依据文献和经验来预估，但是这样得到的模型参

数往往并不精确,因此,众多学者提出了基于 Hooke-Jeeves 的参数反演方法,其基本原理是通过不断地调整模型参数的取值来改变模拟结果,最终使模拟结果与实验值的误差小于规定值的过程。

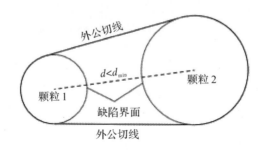

图 5-15 缺陷界面定义示意图

为反演需要,对复合固体推进剂进行单轴拉伸实验,不考虑推进剂力学性能的温度相关性和应变速度相关性,实验在室温下进行,采用的拉伸速度为 10mm/min,对应的应变速度为 0.003 333s^{-1},得到推进剂的工程应力-应变曲线,结果如图 5-16 所示。

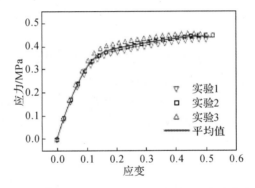

图 5-16 HTPB 推进剂单轴拉伸应力-应变曲线

界面力学模型中主要有 3 个模型参数:界面临界位移 δ_0、内聚强度 σ_{max} 和破坏位移 δ_f。研究发现,改变临界位移 δ_0 只会影响模拟结果中应力-应变曲线的线性上升段的斜率,曲线的下降段不会受到影响。内聚强度 σ_{max} 的取值主要影响应力-应变曲线的峰值载荷区域,究其原因,内聚强度 σ_{max} 是弹性段与损伤段的分界点,应力达到内聚强度之后,损伤起始,界面单元力学性能开始发生衰减。破坏位移 δ_f 表示的是界面单元失效时界面层上、下端的分离位移,其对应力-应变曲线下降段有显著的影响,取值越大曲线下降段上载荷值越大。针对这 3 种参数对应力-应变曲线的不同影响特性,确定了分步反演的思路,构建表征实验曲线与模拟曲线重合度目标函数,则有

$$R = \frac{1}{N}\sum_{i=1}^{N}\left[\sigma_{\varepsilon i,\,sim}\left(K,\sigma_{max,\delta}\right) - \sigma_{\varepsilon i,\,exp}\right]^2 \qquad (5-21)$$

当目标函数的值小于选定容差 R_{lim} 时,认为当前界面参数模拟所得结果与实验结果吻合,界面参数的初始值选取及反演优化后的值列于表 5-2 中。

表 5-2 界面内聚参数

状态	δ_0/mm	$\delta_{\max}/\mathrm{mm}$	$\delta_{\mathrm{f}}/\mathrm{mm}$
初始	0.001 0	0.500 0	0.010 0
最终	0.001 3	0.450 0	0.020 0

（4）界面参数验证

虽然通过推进剂的单轴拉伸实验反演出黏结完好的颗粒/基体界面的内聚参数，但还需要进一步验证参数的准确性。考虑到固体火箭发动机装药实际工作过程中承载的复杂性及多样性，采用多阶段的加载方式进行验证实验。首先将推进剂试样以 10mm/min 的速度拉伸至 10% 应变，接着松弛 1 min，再以 10mm/min 的速度对试样加载至 20% 应变。同时，运用本研究构建的细观模型和相关界面参数，对该实验过程进行有限元模拟分析，输出验证 $F-t$ 曲线，验证实验曲线与模拟曲线，如图 5-17 所示。可以看出，实验结果与模拟结果吻合度较高，曲线的大体走势基本一致，虽然两者仍存在一定的偏差，但在一定程度上模拟结果能够反映真实实验过程中的载荷变化情况，表明本研究通过反演优化算法获得的界面参数是准确可靠的，能用以描述推进剂颗粒与基体界面的黏结力学性能。

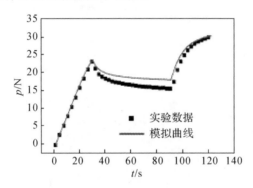

图 5-17 模拟曲线与验证曲线对比

3. 算例分析

采用 Abaqus 软件，建立了 4 种颗粒含量均为 0.72、具有不同分布的复合固体推进剂细观颗粒填充模型（见图 5-18），并对所建立的模型进行数值计算。为满足对比分析的需要，模型（a）暂未考虑初始缺陷的影响，模型（b）（c）（d）均基于假设定义初始缺陷，并计算得到其对应的缺陷含量分别为 10%，20% 和 30%。这里以界面缺陷含量为 20% 的模型（c）为例，图 5-19 所示为相应初始缺陷分布及载荷作用下应力-应变云图。

由图 5-19 可以看出，当整体应变为 5% 时，推进剂组分材料属性的不同以及颗粒之间的相互作用，导致推进剂内部应力和应变分布很不均匀。颗粒作为弹性体，其模量相对于基体和界面大得多，在拉伸过程中，颗粒的变形较小，基体的变形较大，这就使得颗粒/基体界面成为整个推进剂中的薄弱环节，在载荷作用下很容易就会产生界面脱黏现象。尤其当颗粒/基体界面处存在着初始缺陷时，即使很小的外力也能使这些弱界面处产生很明显的脱黏形貌，从而产生微孔洞。

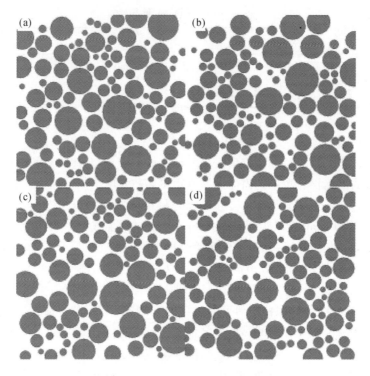

图 5-18　推进剂细观颗粒填充模型

(a)0 缺陷;(b)10%缺陷;(c)20%缺陷;(d)30%缺陷

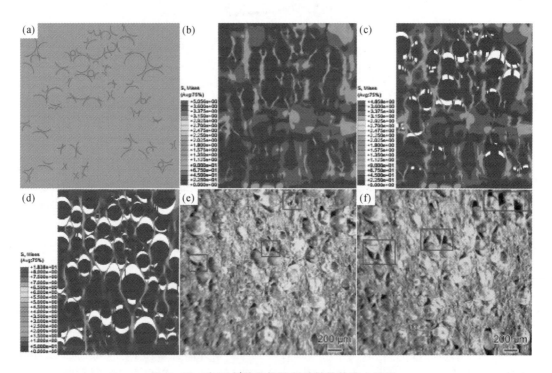

图 5-19　含 20%缺陷推进剂单轴拉伸应力云图

(a)0 应变;(b)5%应变;(c)15%应变;(d)50%应变;(e)(f)扫描电子显微镜照片

当应变达到 15％时,颗粒/基体界面处的变形进一步增加,在定义的缺陷界面处开始出现脱黏,形成明显的微孔洞。究其原因,推进剂中颗粒与基体形变的差异以及颗粒的相互作用很大程度决定了推进剂内部的应力和应变分布,进而影响了颗粒与基体黏结界面处的脱黏过程。在定义的缺陷界面处其局部应变会先达到相应的失效位移,导致界面破坏失去承载能力,形成明显的孔洞。在以往文献中多提出大颗粒附近界面会较先产生脱黏,其根本原因是在界面性能相同的前提下,较大颗粒界面处的局部应变更大,最先达到界面的失效位移致使界面失效,这虽与本书得出的弱界面最先产生脱黏失效看似不同,但两者的本质是一样的,都是局部应力超过了当前的界面强度引起的。

整体应变持续增加达到 50％,这时推进剂中因界面脱黏产生的微孔洞处就开始出现明显的裂纹直至破坏。随着载荷的进一步增加,界面进一步扩展,颗粒与基体的分离程度也不断增加,不仅定义的弱界面几乎都已经发生脱黏失效,在较大颗粒处黏结完好的界面也因局部应变达到失效位移而失效。界面完全脱黏后,颗粒不再承受应力,从而导致在因脱黏形成的裂隙尖端附近存在明显应力集中现象,慢慢地这些由于界面脱黏而导致基体应力集中处的微孔洞逐渐汇合,最终使基体撕裂导致裂纹产生,进而造成推进剂的宏观破坏。由图 5-19 所示真实推进剂拉断的 SEM 图可见,线框标记的脱黏形貌与模拟结果吻合较好,验证了本节方法的可靠性。

将模拟结果中模型上边界各节点在加载方向上的约束反力求和,即为上边界所受的拉力 F,经处理可得推进剂模拟所得的工程应力-应变曲线,将其与 5.3.1 节的实验曲线的平均值进行对比,如图 5-20 所示。

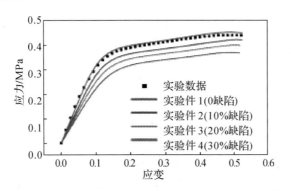

图 5-20　HTPB 推进剂应力-应变曲线

比较图 5-19 中推进剂拉伸应力云图和图 5-20 中应力-应变曲线可以看出,在较小应变(ε<5％)时,推进剂处于线弹性段,应力随着应变的增加表现出线性增长,在该阶段推进剂内部颗粒/基体界面处虽有较大应变,但仍未达到界面的失效位移,即使存在缺陷的颗粒界面处也无脱黏现象。继续加载,当应变达到 15％时,由图 5-19 可知,此时推进剂内部缺陷界面处存在着密集的脱黏,界面承载能力下降,在宏观应力-应变曲线上此时开始出现非线性,进入"应力平台区"。载荷继续增加到图 5-19 所示的 50％应变时,即便当初黏结完好的颗粒基体界面也产生了严重的脱黏,脱黏处的颗粒丧失承载能力,黏结剂基体完全承担外载荷,而后推进剂基体被不断拉长,最终因微孔洞的汇合造成基体撕裂,在很短时间内推进剂宏观破坏。

比较图 5-20 中不含缺陷的模型模拟曲线与推进剂的宏观实验曲线,可以看出,经过反演优化获得的模拟曲线与实际实验曲线吻合度较高,但同时也存在着一定的差距。这可能是因为:

1)本研究的推进剂细观模拟是建立在二维平面应变基础上的,这与真实推进剂三维结构应力状态存在着一定的偏差;

2)所建立的细观模型中所有固体颗粒形貌均是规则的圆形,实际推进剂中可能含有一些不规则的颗粒,相比于规整的球体,这些颗粒附近更容易出现应力集中,在载荷作用下更容易产生脱黏现象,这也是实验应力-应变曲线始终在模拟曲线下方的原因。

比较图 5-20 中不同界面缺陷含量的推进剂模拟结果曲线,不难发现:

1)界面缺陷的存在使得推进剂的初始弹性模量降低了,并且缺陷含量越高其弹性模量下降得越剧烈,这是因为含有缺陷的界面传递载荷的能力相对较低,在相同的小应变下,其对应的应力也较低;缺陷含量越高则表现得越明显;

2)界面缺陷的存在降低了推进剂的拉伸强度,这主要是因为存在缺陷的颗粒/基体界面在拉伸过程中会更早出现脱黏,造成推进剂应力下降,缺陷含量越高则下降愈多。

图 5-21 所示为初始弹性模量、拉伸强度与缺陷含量关系。初步探索表 5-3 中推进剂的初始弹性模量及拉伸强度随缺陷含量的变化规律,根据图 5-21 中散点分布,认为其可能为线性或指数关系,在尝试选用线性拟合时发现当缺陷含量为 1 时,推进剂的初始弹性模量和拉伸强度均为负,这违背了物理规律,因此本节选用指数函数拟合其关系,相应的拟合结果如图 5-21 所示。

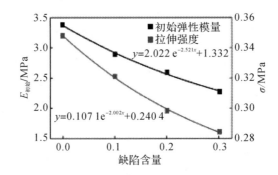

图 5-21 初始弹性模量、拉伸强度与缺陷含量关系

表 5-3 推进剂力学性能

缺陷含量/(%)	$E_{初始}$/MPa	σ_s/MPa
0	3.36	0.347
10	2.88	0.321
20	2.58	0.298
30	2.27	0.285

5.3.3　复合推进剂双参数断裂研究

固体火箭发动机推进剂药柱在固化降温、贮存运输以及使用过程中由于某些原因,很可能造成药柱形成不同尺寸的裂纹。药柱中的裂纹对于发动机的燃烧规律起着重大影响:推进剂药柱存在裂纹的发动机点火时,燃气可能会进入裂纹腔内,导致药柱燃面增加,并有可能使裂纹扩展,进而导致内弹道参数变化或发动机轰爆等事故。

固体火箭发动机药柱采用的复合推进剂是由结晶氧化物颗粒和高聚物的燃料黏结剂均匀混合在一起构成的,裂纹尖端存在一个损伤区,由此判断推进剂能否破坏,不能单用诸如应力强度因子 K 或者 J 积分等单参数准则作为判据。

1. 双参数断裂准则

无限大板中 Griffith 裂纹在均匀拉伸应力 σ 作用下的应力强度因子为

$$K_1 = \sigma \sqrt{\pi c} \tag{5-22}$$

式中: σ 为无穷远处应力; c 为裂纹半长。

类似于 Dugdale 模型,假定裂纹尖端存在长度为 a_{ci} 的损伤区,则有

$$K_{Q\infty} = \sigma_{NC}^{\infty} \sqrt{\pi(c + a_{ci})} \tag{5-23}$$

式中: σ_{NC}^{∞} 为裂纹半长为 c 的拉伸试件的断裂强度;$(c + a_{ci})$ 为等效裂纹半长,对于一个无裂纹的试件,式(5-23)变为

$$K_{Q\infty} = \sigma_0 \sqrt{\pi a_{ci}} \tag{5-24}$$

式中: a_{ci} 可以认为是含损伤而无裂纹拉伸试件的等效裂纹半长; σ_0 为无裂纹试件的断裂强度。

由式(5-23)和式(5-24),可得

$$\frac{c + a_{ci}}{a_{ci}} = \left(\frac{\sigma_0}{\sigma_{NC}^{\infty}}\right)^2 \tag{5-25}$$

由式(5-24)中可以看出,断裂强度 σ_{NC}^{∞} 随着裂纹长度 c 的增加而降低。为了表征应力强度因子与断裂强度的关系,Newman 提出了一个双参数准则:

$$K_{Q\infty} = K_F \left(1 - m \frac{\sigma_{NC}^{\infty}}{\sigma_0}\right) \tag{5-26}$$

式中: K_F 和 m 通过 $K_{Q\infty}$,σ_{NC}^{∞} ,σ_0 决定,即通过单轴拉伸实验可以得到 σ_0 ,同时再加上两个以上含有不同长度裂纹的断裂实验,就可以由(5-26)式通过曲线拟合求得参数 K_F 和 m 。另规定 $0 \leqslant m \leqslant 1$;若 $m > 1$,可以令 $m = 1$;若 $m < 0$,可以令 $m = 0$,此时参数 K_F 以 $K_{Q\infty}$ 的平均值代替。

由式(5-24)和式(5-26),可得

$$\sqrt{\frac{a_{ci}}{a^*}} + m \frac{\sigma_{NC}^{\infty}}{\sigma_0} = 1 \tag{5-27}$$

式中: $a^* = \dfrac{1}{\pi}\left(\dfrac{K_F}{\sigma_0}\right)^2$ 。

一旦 a^* 和 m ,亦即 K_F 和 m 确定,由式(5-27)和式(5-25)消去 a_{ci} ,得到非线性断裂强度方程为

$$\frac{\sigma_{NC}^{\infty}}{K_F} \sqrt{\frac{\pi c}{1 - \left(\frac{\sigma_{NC}^{\infty}}{\sigma_0}\right)^2}} + m \frac{\sigma_{NC}^{\infty}}{\sigma_0} = 1 \tag{5-28}$$

由式(5-28)利用 Newton-Raphson 迭代法即可求得指定切口尺寸的断裂强度 σ_{NC}^{∞}。将求得的断裂强度 σ_{NC}^{∞} 再代入式(5-25),还可以求得损伤长度 a_{ci} 的值。

又由于 $K_Q = \sigma_{NC}^{\infty}\sqrt{\pi c}$,因此,式(5-28)还可以写为

$$K_Q = K_F\left(1 - m\frac{\sigma_{NC}^{\infty}}{\sigma_0}\right)\sqrt{1 - \left(\frac{\sigma_{NC}^{\infty}}{\sigma_0}\right)^2} \tag{5-29}$$

将式(5-29)按 K_Q 对 $\sigma_{NC}^{\infty}/\sigma_0$ 进行作图,得到一个典型的断裂失效评估图,如图 5-22 所示。可以看出,对于一定的裂纹长度 c 和外载荷 σ_0,可以求得应力强度因子 K_Q 和断裂强度 σ_{NC}^{∞},如果点 $A(K_Q,\sigma_{NC}^{\infty}/\sigma_0)$ 位于曲线图以内,那么就是安全的,B 点是对应的断裂点,则可以得到安全因数:安全因数$=OB/OA$。

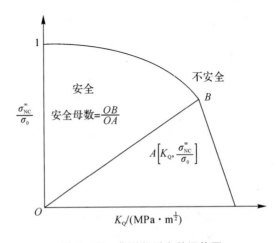

图 5-22 典型断裂失效评估图

2. 实验

实验采用 HTBP/AP/Al 复合固体推进剂,其固体填充颗粒质量分数为 86%。根据航天部标准《复合固体推进剂性能测试用试样》(QJ 1113—1987)及《复合固体推进剂单向拉伸试验方法》(QJ 924—1985)将推进剂制成标准哑铃形试件,试件形状大小如图 5-23 所示。本实验采用的试件标距为 $l=70\text{mm}$。实验主要得到在单轴拉伸实验下无裂纹试件的断裂强度 σ_0。

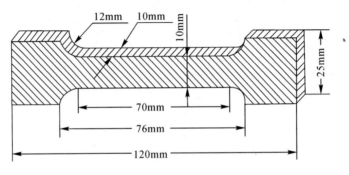

图 5-23 QJ 924—1985 中单轴拉伸试件

单边切口拉伸试件,形状如图 5-24 所示,厚度为 10mm。裂纹的制作是先切开一个裂纹

长度的切口,再用保险刀片修尖。实验过程中测量并记录裂纹长度 c、裂纹厚度 B、试件宽度 W 及断裂时最大载荷 F_Q。

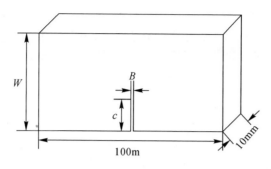

图 5-24　单边切口拉伸试件

两种实验均采用 INSTRON 4500 电子拉伸机,拉伸速度为 10mm/min,温度为 23℃,湿度为 50%。

3. 结果与分析

对无切口的单轴拉伸试件进行拉伸实验,得到单轴拉伸的屈服强度为 $\sigma_0 = 0.693\ 8$MPa。

对单边切口拉伸试件进行实验,单边切口拉伸试件的临界应力强度因子满足:

$$K_Q = \frac{F_Q \sqrt{c}}{BW} Y(\varepsilon) \tag{5-30}$$

式中:F_Q 为最大载荷;

$$Y(\varepsilon) = 1.99 - 6.41\varepsilon + 18.7\varepsilon^2 + 38.48\varepsilon^3 + 53.85\varepsilon^4 \tag{5-31}$$

式中:$\varepsilon = c/W$。

式(5-30)和式(5-31)中的裂纹长度 c、裂纹厚度 B 及试件宽度 W,断裂时最大载荷 F_Q 可以由实验直接测得。由实验结果根据式(5-31)计算出 K_Q,将实验及计算结果进行列表,见表 5-4。

表 5-4　复合固体推进剂单边切口拉伸实验结果

裂纹长度 c/mm	宽度 W/mm	厚度 B/mm	c/W	$Y(c/W)$	失效载荷/kN	K_Q/(MPa·m$^{1/2}$)
7.650 0	49.514 6	0.319 2	0.154 5	1.334 8	0.170 4	0.039 8
8.120 0	49.093 1	0.319 8	0.165 4	1.307 6	0.150 0	0.035 6
11.345 0	47.869 2	0.307 1	0.237 0	1.178 8	0.111 8	0.030 2
16.100 0	51.602 6	0.294 8	0.312 0	1.152 0	0.109 6	0.033 3
16.660 0	50.195 8	0.339 7	0.331 9	1.169 0	0.112 2	0.031 4
18.380 0	50.095 4	0.328 8	0.366 9	1.230 7	0.108 0	0.034 6
19.590 0	50.803 9	0.291 8	0.385 6	1.283 2	0.092 4	0.035 4

根据表 5-4 结果,通过对式(5-26)用最小二乘法进行曲线拟合,可以得到 $K_F = 0.026\ 8$,$m = -1.335\ 8$,但由于有 $0 \leqslant m \leqslant 1$,故令 $m = 0$,对 K_F 进行修正可得 $K_F = 0.035\ 8$。

由求得的 K_F 和 m 值,利用式(5-30)即可以对最大断裂力进行预估,计算结果见表 5-5。

表 5-5　复合固体推进剂破坏载荷预估结果

裂纹长度 c/mm	$\sigma_{NC}^{\infty}/\sigma_0$	$K_{Q\infty}$	测试失效载荷/kN	预估失效载荷/kN	相对误差/(%)
7.450 0	0.337 6	0.038 1	0.154 7	0.145 6	5.87
7.860 0	0.328 5	0.037 9	0.154 6	0.146 0	5.59
11.730 0	0.247 6	0.034 0	0.126 2	0.132 7	5.15
15.650 0	0.235 2	0.037 2	0.127 1	0.122 2	−3.87
16.380 0	0.216 6	0.034 9	0.105 7	0.107 8	2.35
18.830 0	0.208 7	0.036 0	0.109 2	0.108 6	−0.57
19.860 0	0.201 0	0.035 6	0.093 1	0.093 9	0.86

由表 5-5 中可以看出,利用双参数准则,预测的推进剂破坏载荷与实验所测结果符合得很好。

5.3.4　含缺陷复合推进剂断裂准则

固体火箭发动机装药内的微裂纹对发动机的安全性具有重大影响,因此对于固体火箭发动机装药裂纹扩展的预测具有很大的实际意义。现阶段国内装药结构完整性分析中,针对装药表面裂纹断裂准则的研究较少。国内外针对固体推进剂断裂性能的研究大多集中在实验研究方面,即通过实验获取材料的断裂韧性数据,或者得到裂纹扩展的相关规律和实验现象。断裂力学中常用的表征材料断裂强度的指标有应力强度因子和 J 积分。Tussiwand 根据线弹性断裂力学的理论,使用中心裂纹试样测量了 HTPB 推进剂的临界应力强度因子。Rao 等人研究了挤压成型、浇注成型改性双基复合推进剂和 HTPB 复合推进剂的断裂韧性。石增强等人针对复合固体推进剂裂纹尖端的损伤特性,基于 Dugdale 模型建立了一个符合固体推进剂双断裂参数断裂准则,但仅仅是针对固定应变速度下的结果。Zwerneman 等人针对 Ⅰ 型裂纹建立了基于平均应变的断裂准则,用于发动机的安全性设计中,但是发动机药柱工作过程中应变分布十分复杂,采用平均应变具有一定局限性。常新龙等人使用中心裂纹试样获得了 8mm/min 拉伸速度下的 HTPB 推进剂 J_{IC},并且通过数值模拟方法验证了其所采用的方法的合理性。值得注意的是,推进剂的断裂韧性与应变速度具有明显的相关性(简称"率相关性"),而相关文献中所得出的实验结果均为单一拉伸速度下的推进剂裂韧性,所使用的拉伸速度从 0.5~50mm/min 不等。

综上所述,现阶段固体火箭发动机装药裂纹模拟预测存在一个问题:装药断裂准则没有考虑到推进剂断裂特性的率相关性。单纯线弹性断裂力学的相关结论和准则不宜直接应用于固体火箭发动机装药设计中。因此本节通过对 THPB 推进剂实验数据的观察,采用单轴拉伸实验和有限元数值模拟方法,建立了一种基于应变的含裂纹缺陷的发动机装药断裂准则。

1. 实验研究

为了获得 HTPB 推进剂的常规力学性能数据和断裂韧性数据,进行了标准拉伸实验和单边裂纹拉伸实验。标准拉伸实验按照《火工品药剂试验方法》(GJB 5891—2006)中的实验方法进行。目前,国内外尚无适用于复合推进剂断裂韧性测试的相关标准,国内外研究人员的通行做法是根据断裂力学原理,参考相关材料的测试方法进行实验。考虑到试样制作的简便性,采用相关文献中使用的单边裂纹试样进行实验。

(1)试样制备

实验使用的试样由药厂提供,使用切刀制作成图 5 - 25(a)中所示的哑铃形试样,试样尺寸符合《火工品药剂试验方法》(GJB 5891—2006)的要求。单边裂纹拉伸试样如图 5 - 25(b)所示。在标准哑铃型试样的基础上使用刀片制作出深度为 2mm、长度为 10mm 的水平预置裂纹。使用刀片切割出的裂纹尖端十分尖锐,符合断裂力学中裂纹尖端足够尖锐的要求。

(2)实验方案

实验分为标准拉伸实验和单边裂纹拉伸实验两种,实验温度为(15±2)℃,使用 QJ - 211B 电子万能材料实验机进行实验。为了研究应变速度对 HTPB 推进剂力学性能的影响,两种实验的拉伸速度均使用 5mm/min,20mm/min,50mm/min,100mm/min 4 个拉伸速度,每个拉伸速度下进行 5 次重复性实验。标准拉伸实验中使用标距为 10mm 的引伸计记录推进剂拉伸过程中的变形,实验机记录拉伸过程中的拉力。单边裂纹拉伸实验中使用同样的引伸计夹持在试样上,预置裂纹位于引伸计标距中部,实验过程中记录裂纹区域的变形和拉力。

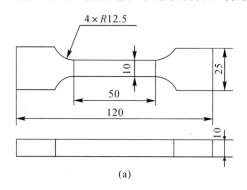

(a)

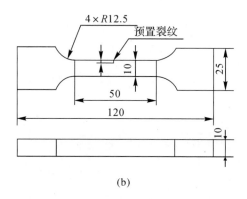

(b)

图 5 - 25　两种拉伸试样(单位 imm)

2. 结果与讨论

图 5 - 26 所示为不同拉伸速度下标准拉伸实验获得的 HTPB 应力-应变曲线。可以看出，HTPB 的抗拉强度具有明显的率相关性，材料的抗拉强度在 5mm/min 时为 0.37MPa 左右，在 100mm/min 时达到了 0.55MPa 左右。材料的整体最大伸长率在 40％ 左右。

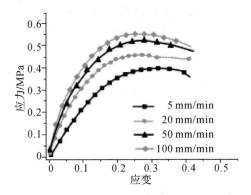

图 5 - 26 不同速度下 HTPB 标准试样的应力-应变曲线

图 5 - 27 所示为不同拉伸速度下的标准试样和单边裂纹试样抗拉强度的平均值和标准差。可以看出，HTPB 推进剂标准试样的抗拉强度与拉伸速度存在正相关性，拉伸速度大于 100mm/min 时抗拉强度随速度增长有放缓的趋势。对比单边裂纹试样的抗拉强度发现，由于裂纹所造成的强度削弱，抗拉强度有所下降，但是其随拉伸速度的变化趋势和标准试样完全一致。

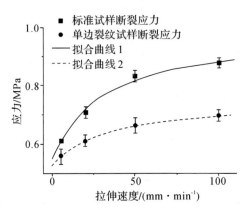

图 5 - 27 不同拉伸速度下裂纹试样和标准试样断裂应力

在经典断裂理论中，经常使用应力强度因子来衡量材料裂尖处的应力奇异场的强度，对于 I 型裂纹，不同拉伸情况下的应力强度因子为

$$\left.\begin{array}{l} K_I = \sigma\sqrt{\pi a}\sqrt{\dfrac{2b}{\pi a}\tan\dfrac{\pi a}{2b}G_1} \\[3mm] G_I = \dfrac{0.752 + 2.02\dfrac{a}{b} + 0.37\left(1 - \sin\dfrac{\pi a}{2b}\right)^3}{\cos\dfrac{\pi a}{2b}} \end{array}\right\} \qquad (5-32)$$

式中：σ 为平均应力；a 为裂纹长度；b 为试样宽度。

图 5-28 所示为不同拉伸速度下的应力强度因子和拟合曲线。对比图 5-27 和图 5-28 可以发现，K_{IC} 与 σ_m 具有相同的变化趋势，K_{IC} 作为基于应力的断裂准则，能够描述不同应变速度下的材料断裂参数。

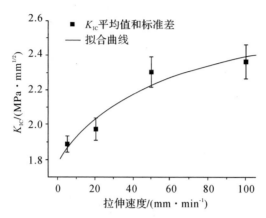

图 5-28　不同拉伸速度下 K_{IC} 平均值、标准差和拟合曲线

断裂力学研究内容是判断结构上存在微小缺陷情况下的强度问题。装药在生产过程中缺陷产生位置的随机性导致缺陷部位的应变速度具有随机性，发动机点火阶段装药各区域的应变速度也不同，而推进剂 K_{IC} 存在明显的率相关性，因此，以应力作为裂纹开裂的准则在实际运用过程中存在一定的不便之处。

表 5-6 列出了图 5-27 和图 5-28 中标准试样抗拉强度 σ_m、裂纹试样抗拉强度 $\bar{\sigma}_m$ 和应力强度因子 K_{IC} 随拉伸速度 v 变化的回归分析。使用有理式拟合所得的相关系数高于相关文献中所采用的幂律拟合方式。

表 5-6　回归分析

有理式回归			幂律回归		
回归方程	相关系数	回归参数	回归方程	相关系数	回归参数
$\sigma_m = \dfrac{a_1 v + b_1}{v + c_1}$	0.972 6	$a_1 = 0.992\,2$ $b_1 = 17.81$ $c_1 = 32.36$	$\sigma_m = p_1 \lg v + q_1$	0.960 9	$p_1 = 0.212\,0$ $q_1 = 0.455\,8$
$\bar{\sigma}_m = \dfrac{a_2 v + b_2}{c_2 v}$	0.876 4	$a_2 = 0.992\,2$ $b_2 = 17.81$ $c_2 = 32.36$	$\bar{\sigma}_m = p_2 \lg v + q_2$	0.8671	$p_2 = 0.109\,4$ $q_2 = 0.476\,7$
$K_{IC} = \dfrac{a v + b}{v + c}$	0.848 4	$a = 0.992\,2$ $b = 17.81$ $c = 32.36$	$K_{IC} = p \lg v + q$	0.794 9	$p = 0.298\,8$ $q = 1.569\,0$

图 5-29 所示为不同拉伸速度下标准试样断裂应变和单边裂纹试样断裂应变。从图中发现两者分布散布均较大,这是由于 HTPB 推进剂是一种高固体含量的复合推进剂,固体颗粒的大小、分布以及试样的加工公差等随机因素对材料的性能影响比较大。然而,HTPB 材料较软,夹持困难,在实验过程中也存在一定的仪器设备和安装误差。通过非参数 Friedman 检验分析,取显著性水平 $\alpha=0.01$ 情况下,标准试样和裂纹试样的断裂应变随拉伸速度的检验 p 值分别为 0.015 0 和 0.144 7,认定拉伸速度对两者没有明显的影响。由于 HTPB 的断裂应变 ε_m 的率相关性较应力强度因子 K_1 不明显,因此采用应变作为中低应变速度下 HTPB 推进剂的裂纹断裂指标更具有应用潜力。

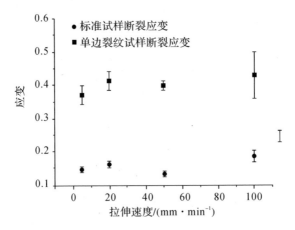

图 5-29 裂纹试样断裂应变和完整试样断裂应变平均值、标准差

3. 应变断裂准则的建立

Kuo 等人针对固体火箭发动机装药表面裂纹流场展开了较多的实验研究,发现裂纹内燃气压力大于装药通道内的压力,表面裂纹在燃气压力作用下会出现 I 型开裂,同时考虑到整个发动机药柱在工作状态下受到十分复杂的载荷作用,所以,可以认为在表面裂纹附近装药受到应力场控制,并在装药的其他部位处于复杂应力状态,因此有必要通过实验所测量的裂纹远场应变来研究裂纹尖端的应变分布情况,从而确定出含裂纹装药的断裂准则。

材料的断裂应变强度因子定义为

$$K_\varepsilon = \lim_{r \to 0}\left[\varepsilon_y(r,\theta=0)\sqrt{2\pi r}\,\right] \tag{5-33}$$

式中:r 为离裂纹尖端的距离;θ 为与裂纹平面的夹角。

应变强度因子的确定采用有限元方法获得,使用 4 节点平面应变线性减缩积分单元,在试样自由端加载位移边界,保证断裂应变值达到图 5-29 所示的结果。

以 20mm/min 拉伸速度下的模拟结果为例,图 5-30 所示为裂纹前端单元积分点的应变强度因子分布。受限于目前有限元计算发展水平,不能很精确地获得裂纹尖端的应变强度因子,应变因子在将接近裂纹尖端的时候存在数值振荡。假设裂尖前端距离 r 和 K_ε 可以用线性关系来近似,即 $K_\varepsilon = Ar + B$。剔除靠近裂纹尖端产生振荡的数据,得出相关的拟合参数和裂纹尖端的应变强度因子。

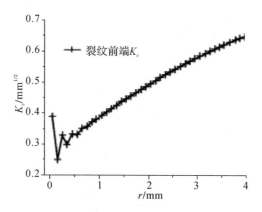

图 5-30　裂纹尖端应变强度因子分布

对图 5-29 中断裂试样的 20 组试样进行有限元模拟得到图 5-31 不同应变速度下的断裂应变强度因子。取显著性水平 $\alpha=0.01$，裂纹试样的断裂应变随拉伸速度的检验值 p 为 0.029，可以判断图 5-31 中断裂应变强度因子的平均值随拉伸速度变化不大。材料的应变强度因子标准差与平均值之比最大为 12%，考虑到材料本身的力学性能、试样加工精度和实验手段所造成的散布，12% 的相对误差在可接受的范围之内。因此，在中低应变速度下将基于应变的应变强度因子的断裂准则作为 HTPB 推进剂的断裂准则具有实际的应用价值。

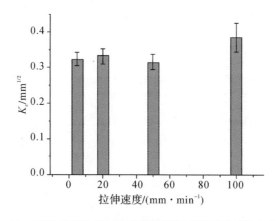

图 5-31　不同应变速度下的断裂应变强度因子平均值和标准差

由于发动机点火阶段装药的应变速度较高，研究高应变速度下推进剂的断裂准则十分必要。现阶段，Abdelaziz 等人使用分离式霍普金森拉杆装置测量了高应变速度下的复合推进剂 J_{IC}。试样采用圆柱形环向切槽的几何模型，试样应变速度达到了 $300s^{-1}$。之后，Abdelaziz 等人又总结了不同应变速度下的推进剂断裂能，实验结果显示，推进剂的断裂能在 $0.001\sim100s^{-1}$ 的应变速度变化范围之内呈现出单峰曲线的形式。当应变速度在 $0.001\sim0.1s^{-1}$ 时断裂韧性迅速增大；当应变速度在 $0.1\sim1s^{-1}$ 时断裂韧性出现极值；当应变速度在 $1\sim100s^{-1}$ 时断裂韧性缓慢下降。高应变速度下推进剂的断裂准则是下一步的研究重点。

参 考 文 献

[1] 庞维强，李高春，许进升，等. 固体推进剂损伤多尺度模拟[M]. 北京：科学出版社，2021.

[2] YILDIRM H C, OZUPEK S. Structural assessment of a solid propellant rocket motor：Effects of aging and damage [J]. Aerospace Science & Technology, 2011, 15(8)：635-641.

[3] CHYUAN S W. Dynamic analysis of solid propellant grains subjected to ignition pressurization loading [J]. Journal of Sound & Vibration, 2003, 268(3)：465-483.

[4] MARTINSON R H, HARTOR J J, FMOLLMAN G C. On the damage field near crack tips in a filled polymer [J]. Experimental Mechanics, 1982, 22(9)：329-335.

[5] BARENBLATT G I. The formation of equilibrium cracks during brittle fracture：general ideas and hypotheses axially - symmetric cracks [J]. Journal of Applied Mathematics and Mechanics, 1959, 23(3)：622-636.

[6] DUGDALE D. Yielding of steel sheets containing slits [J]. Journal of the Mechanics and Physics of Solids, 1960, 8(2)：100-104.

[7] 阳建红，王芳文，覃世勇. HTPB复合固体推进剂的声发射特性及损伤模型的实验和理论研究[J]. 固体火箭技术, 2000, 23(3)：37-40.

[8] 韩波，鞠玉涛，周长省. HTPB推进剂黏聚断裂研究[J]. 固体火箭技术, 2013, 36(1)：89-93.

[9] TABAKOVIC A, KARAC A, IVANKOVIC A, et al. Modelling the quasi - static behavior of bituminous material using a cohesive zone model [J]. Engineering Fracture Mechanics, 2010, 77(13)：2403-2418.

[10] SUMPTER J D G. Elastic plastic fracture analysis and design using the finite element method [D]. London：University of London, 1973.

[11] RAMORINO G, AGNELLI S, DE R S, et al. Investigation of fracture resistance of natural rubber/clay nanocomposites by J - testing [J]. Engineering Fracture Mechanics, 2010, 77(10)：1527-1536.

[12] SCHAEFFER B. Fracture criterion for solid propellants [J]. Fracture, 1977, 3(4)：19-24.

[13] GLEDHILL R A, KINLOCH A J. A unique failure criterion for characterizing the fracture of propellants [J]. Propellants and Explosives, 1979, 4：73-77.

[14] CHRISTENSEN R M. A rate - dependent criterion for crack growth [J]. International Journal of Fracture, 1979, 15(1)：3-21.

[15] KÖPPENHOEFER K C, DODDS R H. Constraint effect on fracture toughness of impact - loaded, Preeracked charily specimens [J]. Nuclear Engineering and Design,

1996，162(2/3)：145 – 158.

［16］　LIU C，KNAUSS W G，ROSAKIS A J. Loading rates and the dynamic initiation toughness in brittle solids［J］. International Journal of Fracture，1998，90(1/2)：103 – 118.

［17］　强洪夫，曹大志，张亚. 基于统一强度理论的修正 M 准则及其在药柱裂纹预测中的应用［J］. 固体火箭技术，2008，31(4)：340 – 343.

［18］　职世君，孙冰，张建伟. 固体推进剂复合型裂纹扩展数值计算［J］. 固体火箭技术，2011，34(1)：28 – 32.

［19］　JUNG G D，YOUN S K. A nonlinear viscoelastic constitutive model of solid propellant［J］. International Journal of Solids ＆ Structures，1999，36 (25)：3755 – 3777.

［20］　XU F，ARAVAS N，SOFRONIS P. Constitutive modeling of solid propellant materials with evolving microstructural damage［J］. Journal of the Mechanics ＆ Physics of Solids，2008，56(5)：2050 – 2073.

［21］　王哲君，强洪夫，王广，等. 固体推进剂力学性能和本构模型的研究进展［J］. 含能材料，2016，24(4)：403 – 416.

［22］　MATOUŠ K，INGLIS H M，GU X，et al. Multiscale modeling of solid propellants：from particle packing to failure［J］. Composites Science ＆ Technology，2007，67(7/8)：1694 – 1708.

［23］　常武军，鞠玉涛，王蓬勃. HTPB 推进剂脱湿与力学性能的相关性研究［J］. 兵工学报，2012，32(3)：261 – 266.

［24］　张兴高，张炜，芦伟，等. HTPB 推进剂填料/基体界面黏结性能老化特性研究［J］. 含能材料，2009，17(3)：269 – 273.

［25］　ZHI S J，SUN B，ZHANG J W. Multiscale modeling of heterogeneous propellants from particle packing to grain failure using a surface – based cohesive approach［J］. Acta Mechanica Sinica，2012，28(3)：746 – 759.

［26］　ZHI S J，SUN B，ZHANG J W. Multiscale modeling of heterogeneous propellants from particle packing to grain failure using a surface – based cohesive approach［J］. Acta Mechanica Sinica，2012，28(3)：746 – 759.

［27］　职世君，曹付齐，申志彬，等. 复合固体推进剂颗粒脱湿损伤参数反演［J］. 推进技术，2016，37(10)：1977 – 1983.

［28］　职世君，孙冰，张建伟. 基于表面黏结损伤的复合固体推进剂细观损伤数值模拟［J］. 推进技术，2013，34(2)：273 – 279.

［29］　韩龙，许进升，周长省. HTPB/IPDI 复合固体推进剂细观界面率相关参数的反演识别研究［J］. 含能材料，2016，24(10)：928 – 935.

［30］　王娟，管巧艳，孔宇田，等. 界面初始缺陷对混凝土单轴抗拉强度的影响［J］. 水利水电科技进展，2016，36(5)：46 – 49.

［31］　杜修力，揭鹏力，金浏. 考虑初始缺陷影响的混凝土梁动态弯拉破坏模式分析［J］. 工程力学，2015(2)：74 – 81.

［32］ FISH J. Multiscale modeling and simulation of composite materials and structures ［J］. Multiscale Methods in Computational Mechanics，2011，55：215 – 231.

［33］ HUMPHREYS D D，FRIESNER R A，BERNE B J. A multiple – time – step molecular dynamics algorithm for macromolecules ［J］. Journal of Physical Chemistry，2002，98(27)：6885 – 6892.

［34］ 马昌兵. 复合固体推进剂细观结构建模及其力学行为数值模拟［D］. 西安：第二炮兵工程学院，2011.

［35］ PIERARD O. Micromechanics of inclusion – reinforced composites in elasto – plasticity and elasto – viscoplasticity：modeling and computation ［D］. Leuven：University Catholique de Louvain，2006.

［36］ 常武军. 复合固体推进剂细观损伤及其数值模拟研究［D］. 南京：南京理工大学，2013.

［37］ XU J，HAN L，ZHENG J，et al. Finite element implementation of a thermo – damage – viscoelastic constitutive model for hydroxyl – terminated polybutadiene composite propellant［J］. Mechanics of Time – Dependent Materials，2017，8：1 – 19.

［38］ DUGDALE D S. Yielding of steel sheets containing slits ［J］. Journal of the Mechanics & Physics of Solids，1960，8(2)：100 – 104.

［39］ BARENBLATT G I. The mathematical theory of equilibrium cracks in brittle fracture ［J］. Advances in Applied Mechanics，1962，7：55 – 129.

［40］ ELICES M，GUINEA G V，GÓMEZ J，et al. The cohesive zone model：advantages，limitations and challenges ［J］. Engineering Fracture Mechanics，2002，69 (2)：137 – 163.

［41］ JEEVES T A. "Direct Search" solution of numerical and statistical problems ［J］. Journal of the Acm，1961，8(2)：212 – 229.

［42］ 韩小云. 固体推进剂燃烧断裂研究和固体火箭发动机结构完整性分析［D］. 长沙：国防科技大学，1999.

［43］ 屈文忠. 国产 HTPB 复合推进剂裂纹扩展特性的实验研究［J］. 推进技术，1994，10(6)：88 – 92.

［44］ 石增强，刘朝丰，阳建红，等. 复合固体推进剂双参数断裂准则研究［J］. 宇航学报，2009，30(1)：287 – 290.

［45］ MARTINSON R H，HARTOR J J，KNOLLMAN G C. On the damage field near crack tips in a filled polymer［J］. Experimental Mechanicst，1982，2：329 – 335.

［46］ LIU C T. Crack growth behavior in a solid propellant［J］. Engineering Fracture Mechanics，1997，1(56)：127 – 135.

［47］ LIU C T. Investigation of the effect of pre – damage on the crack growth behavior in particulate composite material ［J］. AIAA – 93 – 1521 – CP(A93 – 34058)，2013，12(1)：1837 – 1843.

［48］ NEWMAN JR J C. The merging of fatigue and fracture mechanics concepts：ahistorical perspective［J］. Progress Aerospace Sciences，1998，5(34)：347 – 390.

[49]　张亮，邢国强. 某发动机装药结构完整性分析[J]. 航空兵器，2012(2)：29 - 32.

[50]　孔胜如，邢国强，张泽远. 固化降温过程中几何参数对车轮形药柱结构完整性的影响分析[J]. 航空兵器，2011(3)：62 - 66.

[51]　TUSSIWAND G S, SAOUMA V E, TERZENBACH R, et al. Fracture mechanics of composite solid rocket propellant grains：material testing [J]. Journal of Propulsion and Power，2009，25(1)：60 - 73.

[52]　RAO S, KRISHNA Y, RAO B N. Fracture toughness of nitramine and composite solid propellants [J]. Materials Science and Engineering：A，2005，403 (1/2)：125 - 133.

[53]　石增强，刘朝丰，阳建红，等. 复合固体推进剂双参数断裂准则研究[J]. 宇航学报，2009，30(1)：287 - 289.

[54]　常新龙，余堰峰，张有宏，等. 基于有限元理论的 HTPB 推进剂 I 型裂纹 J 积分数值模拟[J]. 火炸药学报，2010，33(5)：60 - 64.

[55]　GROSS D, SEELING T. Fracture mechanics [M]. Berlin：Springer，2006.

[56]　郭翔，张小平，张炜. 拉伸速度对 NEPE 推进剂力学性能的影响[J]. 固体火箭技术，2007,30(4)：49 - 53.

[57]　王玉峰，李高春，刘著卿. 应变速度和加载方式对 HTPB 推进剂力学性能及耗散特性的影响[J]. 含能材料，2010，18(4)：377 - 382.

[58]　LU Y C, KUO K K. Modeling and numerical Simulation of combustion process inside a solid propellant crack [J]. Propellants，Explosives，Pyrotechnics，1994，19(5)：217 - 226.

[59]　解德，钱勤，李长安. 断裂力学中的数值计算方法及工程应用[M]. 北京：科学出版社，2009.

[60]　ABDELAZIZ M N, NEVIERE R, PLUVINAGE G. Experimental method for JIC computation on fracture of solid propellant under dynamic loading conditions [J]. Engineering Fracture Mechanics，1987，28(4)：425 - 434.

[61]　ABDELAZIZ M N, NEVIERE R, PLUVINAGE G. Experimental investigation of fracture energy of a solid propellant under different loading rates [J]. Engineering Fracture Mechanics，1988，31(6)：1009 - 1026.

第6章 复合固体推进剂的破坏及失效机理

6.1 引　言

固体火箭发动机在工作过程中,燃烧室内为高温/高压的燃气,药柱及界面均处于三向受压状态。而装药所用的固体推进剂是含有大量固体颗粒的聚合物,呈黏弹特性,其力学性能对时间和温度具有很大的依赖关系,同时具有明显的拉压不等特性。而且,在固体火箭发动机服役的全寿命周期内,外载荷会使推进剂药柱内部产生应力和应变,如果超过其力学性能的允许范围,可能会引起药柱裂纹的形成和扩展,从而导致药柱结构完整性的破坏,进而影响固有火箭发动机的内弹道性能。固体推进剂是典型的颗粒增强复合含能材料,其变形特性和失效情况明显受到外界温度、加载应变速度以及应力(或应变)状态的影响。因此,有必要对复合固体推进剂的破坏模式和破坏机理及失效进行研究。

6.2 复合推进剂破坏模式

复合推进剂为黏弹性材料,在全寿命使用中,要承受热应力、冲击、振动、加速度和点火压力等载荷的作用,其力学性能不仅与环境温度有关,而且与加载速度等因素有关。国内外对复合推进剂的黏弹特性进行了大量的研究,王玉峰等人对 HTPB 复合推进剂在不同拉伸速度下的力学性能进行了测试,研究发现,推进剂材料具有明显的应变速度效应。王亚平等人采用扫描电子显微镜实验手段,研究了拉伸速度对丁羟推进剂拉伸性能的影响,并对不同拉伸速度下丁羟推进剂的破坏机理进行了分析。Tussiwand 等人研究了推进剂在不同温度下裂纹扩展行为,研究发现在低温情况下裂纹尖端的损伤区和裂纹张开位移明显增加。常新龙等人通过扫描电子显微镜实验研究了不同老化和拉伸条件下推进剂拉伸断口形貌以及低温失效机理。王哲君等人采用高应变速度液压伺服实验机对不同温度和拉伸速度下推进剂力学性能进行实验研究,并分析了温度和应变速度对推进剂力学性能的影响,从而为固体火箭发动机药柱点火瞬态条件下结构完整性分析提供依据。从国内外研究来看,由于受实验条件和费用限制,主要侧重于给定温度或拉伸速度下性能测试和断口观察,对不同温度和拉伸速度下的失效准则及破坏模式研究较少。近年来,随着固体火箭发动机使用环境越来越复杂,出现了低温条件下发动机点火爆炸的情况。因此,有必要分析推进剂在低温、高拉伸速度条件下的力学特性及破坏模式,从而为固体火箭发动机低温点火过程中装药结构完整性分析提供参考依据。

本节采用高速拉伸实验机对推进剂在不同温度和拉伸速度条件下的单向拉伸力学性能进行研究,基于时温等效原理,建立推进剂拉伸破坏的主曲线和破坏包络线。基于此,根据获得的推进剂扫描电子显微镜照片,分析推进剂在不同温度和拉伸速度下的细观失效模式,特别是在低温、高拉伸速度条件下推进剂呈现不同失效模式,为装药低温结构完整性分析提供参考。

推进剂试件的制取按照《火工品药剂试验方法》(GJB 5891—2006)所规定的方法执行,试件的形状为哑铃形。采用高速拉伸实验机进行测试,拉伸实验条件:实验温度分别为 65℃, 45℃,15℃,－25℃,－45℃;拉伸速度为 0.5mm/min,2mm/min,100mm/min,500mm/min, 2000mm/min,5000mm/min。试件在不同温度条件下保温 2h 后,采用高速拉伸实验机进行实验。实验采用计算机控制,加载时可保持恒速。通过对应力-应变曲线处理,得到推进剂各项力学性能:初始弹性模量、抗拉强度和断裂伸长率等。

将拉伸断裂后的推进剂试件断口在常温下送入扫描电子显微镜中进行形貌观察,实验采用 JSM5410 LV 型扫描电子显微镜,加速器电压 5kV。为便于观察对比,拍摄获取放大倍数为 50 的扫描电子显微镜图像,根据获得的扫描电子显微镜图像分析推进剂在不同温度、拉伸速度下的细观损伤破坏模式。

6.2.1　单向拉伸力学性能分析

图 6-1(a)所示为－25℃时不同拉伸速度下推进剂拉伸应力-应变曲线。可以看出,不同拉伸速度下的应力-应变关系呈现基本相同的趋势,在拉伸开始阶段,拉伸应变达到 10% 之前,其应力-应变线性关系较好,之后应力-应变曲线出现平台区,斜率逐渐减少,呈现非线性关系,最后出现断裂,推进剂的应力-应变曲线具有强烈的非线性。图 6-1(b)所示为拉伸速度 500mm/min 时不同温度下推进剂的拉伸应力-应变曲线。可以看出,相对于常温拉伸情况,低温条件下推进剂的应力-应变曲线具有以下几个典型特征:初始弹性模量和抗拉强度随温度降低逐渐增大;断裂伸长率随拉伸速度增加而增加,在－45℃时断裂伸长率相对于－25℃时明显降低。

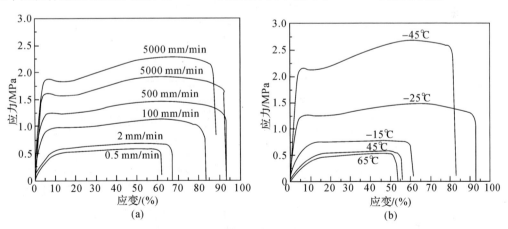

图 6-1　推进剂拉伸应力-应变曲线

(a) －25℃;(b) 500mm/min

图 6-2 所示为推进剂初始弹性模量、抗拉强度和断裂伸长率等力学性能随温度、拉伸速度的变化曲线。研究发现,推进剂在不同温度和拉伸速度下的初始弹性模量、抗拉强度和伸长

率等力学性能呈现出不同的变化规律。从图 6-2(a)~(d)可以看出,相同拉伸速度,初始弹性模量和抗拉强度随温度的降低而增加;相同温度,初始弹性模量和抗拉强度随拉伸速度的增加而增加。在低温、高拉伸速度下,推进剂呈现高弹性模量、高抗拉强度。对比拉伸速度和温度对推进剂力学性能影响可知,降低温度与提高拉伸速度,推进剂呈现高弹性模量、高抗拉强度。

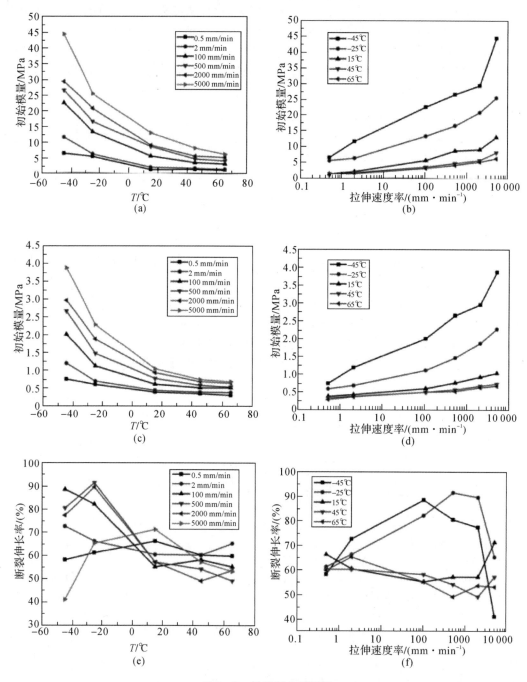

图 6-2　推进剂力学性能

推进剂断裂伸长率在不同温度和拉伸速度下呈现较大的分散性。在低温、高拉伸速度下，断裂伸长率降低。

6.2.2 力学性能主曲线分析

采用 WLF 方程对各个温度下的时温转换因子进行拟合，其结果为

$$\lg a_{\mathrm{T}} = \frac{-12.34(T-15)}{235+(T-15)} \tag{6-1}$$

根据获得的 WLF 方程，将横坐标表示为

$$\lg \frac{1}{Ra_{\mathrm{T}}} = \lg L_0 - \lg v - \lg a_{\mathrm{T}} \tag{6-2}$$

式中：L_0 为试样初始工程标距；v 为拉伸速度。

纵坐标分别为初始弹性模量、抗拉强度和伸长率等，基于时温等效原理，将不同温度和拉伸速度下的数据平移得到主曲线的散点图，采用不同函数对其进行拟合，得到的力学性能主曲线拟合关系式，具体见表 6-1 和图 6-3。

表 6-1 推进剂力学性能主曲线拟合关系式

力学参数	拟合关系式	相关系数
初始弹性模量/MPa	$E=4.78\exp[-0.38\lg(T/Ra_{\mathrm{T}})]$	0.98
抗拉强度/MPa	$\sigma_{\mathrm{m}}(T_s/T)=0.659\exp[-0.281\lg(T/Ra_{\mathrm{T}})]$	0.97
断裂伸长率/(%)	$\varepsilon_{\mathrm{b}}=-0.109[\lg(T/Ra_{\mathrm{T}})^4-0.111\lg(T/Ra_{\mathrm{T}})^3]+2.994\lg(T/Ra_{\mathrm{T}})^4-1.603\lg(T/Ra_{\mathrm{T}})^4+53.48$	0.87

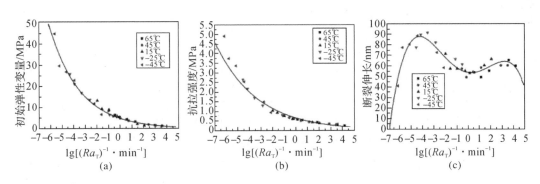

图 6-3 推进剂力学性能主曲线

(a) 初始弹性模量；(b) 抗拉强度；(c) 断裂伸长率

分析表 6-1 和图 6-3 可知，初始弹性模量、抗拉强度主曲线呈现指数递减趋势，在高温、低拉伸速度情况下，其值减小；断裂伸长率的主曲线呈现多项式关系，在低温和高拉伸速度下，伸长率下降。上述现象容易引起固体火箭发动机在低温条件下工作结构完整性的失效。

由不同温度和拉伸速度下的抗拉强度和断裂伸长率得到破坏包络线如图 6-4 所示。破

坏包络线提供了不同温度和拉伸速度下推进剂失效判据,在曲线的左边推进剂不发生破坏,在曲线的右边则发生破坏。破坏包络线综合断裂时的应力和应变,相对于最大延伸率等单一参数失效判据更加全面。

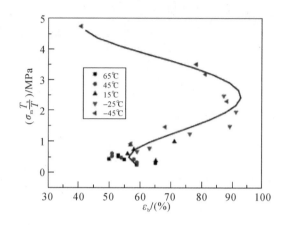

图6-4 推进剂破坏包络线

6.2.3 破坏模式分析

图6-5给出了典型温度和拉伸速度下推进剂拉伸断断口的扫描电子显微镜图像。从图6-5(a)(b)可看出,推进剂在较高温度下拉断时,推进剂的断口有突出的推进剂颗粒和颗粒拔出后留下的凹坑,颗粒表面比较光滑,几乎未见推进剂颗粒发生破碎。这表明在这些条件下,颗粒与基体的界面脱黏是其主要破坏形式。

在低温拉伸下[见图6-5(c)~(g)],推进剂断口形貌表现为颗粒断裂、界面脱黏等多种损伤破坏形式。颗粒由完整颗粒变为非完整颗粒,颗粒内部存在微裂纹,颗粒产生了明显的破碎,在较大的颗粒上还能观察到放射状裂纹。温度相同条件下,拉伸速度越高,颗粒破碎越严重;拉伸速度相同,温度越低,颗粒破碎就越严重,在-45℃,5000mm/min下推进剂几乎全部颗粒发生了断裂[见图6-5(h)]。

通过观察推进剂低温、高拉伸速度下断口可看出,颗粒断面大部分与拉伸断口表面平齐,部分颗粒表面存在台阶,上述台阶的形成是由于颗粒的取向是无序的,当两个不在同一平面上的断口,通过撕裂作用会形成台阶。

由拉伸断口分析可知,在低温、高拉伸速度下,颗粒产生了明显的破碎,呈现与常温颗粒脱湿之间不同失效模式。由脱湿临界应力公式可知,在体积分数、颗粒半径不变的情况下,推进剂基体弹性模量增加时,其界面的脱黏应力增加。由于低温和高应变速度下基体的硬化作用,其弹性模量提高,颗粒与基体临界脱湿应力增加。在拉伸情况下不易出现脱黏,颗粒内部受力更加严重,容易发生颗粒破碎。低温条件下颗粒更容易发生脆断,从而使低温下颗粒破碎更加明显。

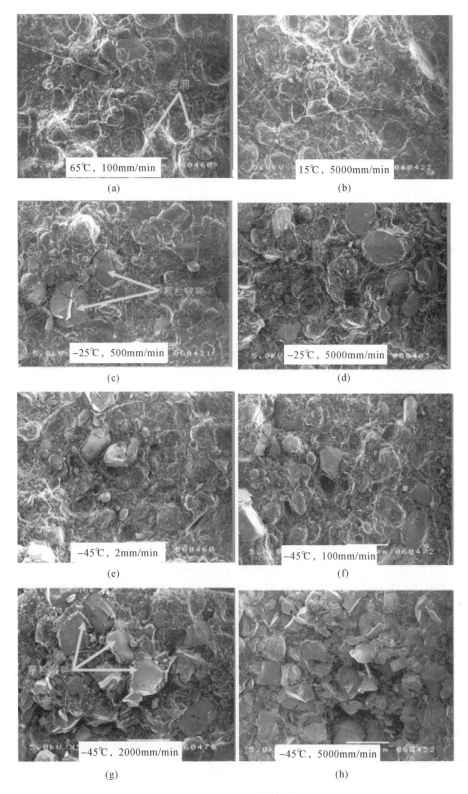

图 6-5　不同温度、拉伸速度下推进剂断口形貌(×50)

6.3　复合推进剂破坏机理

与金属及其他一些非金属材料相比,HTPB 推进剂的典型特征在于其爆炸特性。由于 HTPB 推进剂是固体颗粒和聚合物的复合含能材料,固体颗粒在 HTPB 推进剂中占主要成分,聚合物含量很少,仅起到黏结作用以便于工程应用,因此,这类材料称为颗粒填充聚合物复合材料(particulate - filled polymer composite)。由于材料的微结构特征和制备工艺特点,颗粒填充物复合材料是典型的损伤材料,在载荷作用下,损伤的演化结构或构件的破坏失效。

目前,固体推进剂的断裂力学性能测量主要是测量推进剂的平面应变断裂韧度和裂纹尖端前缘的 J 积分值。平面应变断裂韧度是在断裂力学中表征材料抵抗裂纹和扩展的力学性能指标,可由应力强度因子 K_1 来表示,它代表了裂纹尖端部位的应力和应变场强度。当 K_1 值达到临界值 K_{IC} 时,裂纹将向前扩展。K_{IC} 即为平面应变断裂韧性,反映了材料抵抗裂纹扩展的能力。研究表明,裂纹扩展阻力不仅与试样材料有关,还与裂纹尖端部位的应力和应变场状态有关。当裂纹尖端附近处于三向张力的平面应变状态时,裂纹扩展阻力将达到一个临界值,这个临界值就被称为材料的平面应变断裂韧性 K_{IC}。J 积分也是表征材料抵抗断裂的一个参量,是断裂力学中一个与路径无关的积分,可定量地描述裂纹体的应力-应变场的强度。当 J 积分满足式 $J \geqslant J_{IC}$ 时,裂纹体就将发生失稳断裂,作为临界值的 J_{IC} 就是材料的属性常数,可以用来度量材料在平面应变加载条件下的断裂韧性。

6.3.1　推进剂拉伸/压缩破坏机理

材料破坏过程或失效机制的确定,通常采用常规力学性能的测试并通过断口形态的观察和分析来建立断裂模式。但这些工作所得结论往往受到静态条件和某些假设的限制,易产生分歧。因此动态跟踪材料损伤与断裂过程的技术近年愈来愈受到重视。扫描电子显微镜原位观察是一种非常有效直观的断裂研究手段,它可用于观察损伤与断裂过程中表面裂纹的萌生、扩展及断裂过程或疲劳的累积损伤等。李敬明等人利用扫描电子显微镜对其在拉伸载荷作用下的细观形貌变化进行了原位观察。结果表明,NEPE 推进剂在静态拉伸应力作用下首先在大填充颗粒处出现界面脱黏形成微裂纹,同时黏结剂被拉成丝状。然后微裂纹沿着附近的大填充颗粒处进行扩展,形成宏观裂纹,同时伴随着黏结剂的断裂,并最终导致 NEPE 推进剂出现整体断裂。结果表明,在相同应变下,大颗粒黏结界面处的应力明显大于小颗粒黏结界面处的应力。可以认为,NEPE 推进剂在静态拉伸过程中的主要破坏模式为大填充颗粒处的黏结界面破坏。

为更直观、细致地研究复合推进剂层裂的发生过程,并考虑到实际使用中推进剂的直径较大,其意外冲击往往可以等效为动态压缩条件,黄凤雷等人设计了固体推进剂的动态压缩实验装置,并研究了丁羟复合推进剂[主要组分为 AP/HTPB/Al(质量比为 68:11:18),密度为 $1.79\text{g}/\text{cm}^3$,拉伸强度为 0.82MPa,最大延伸率为 55.7%]的动态压缩性能,实验中飞片速度在 $35.8 \sim 192.7\text{m/s}$ 范围内对推进剂进行动态加载。对回收试件进行微观分析后发现,该推进剂在动态压缩条件下主要表现为 AP 颗粒的破碎。在 50MPa 冲击压力作用下,部分 AP 颗粒由原来的完整颗粒变为非完整颗粒。随冲击压力的增加，该颗粒破碎愈加严重，且破碎顺序总是先大颗粒后小颗粒。实验结果表明，在动态压缩条件下推进剂中 AP 颗粒破碎的临界压力为 52MPa，黏结剂和铝粉无显著变化。

6.3.2　推进剂冲击破坏机理

复合固体推进剂作为固体火箭发动机的主要能量来源，在其制造和使用过程中除了受到机械振动、点火、拉伸、压缩等诸多动态载荷外，还会面临着高空坠物冲击和其他意外撞击的风险。研究表明，动态加载后损伤的固体推进剂内部比表面积显著增大，这将严重影响固体推进剂的感度和燃烧性能。因此，研究固体推进剂在冲击载荷下的动态损伤具有一定意义。在准静态条件下，HTPB 推进剂损伤最显著特点是裂纹的形成往往从"脱湿"开始，逐渐演变成微孔洞、微裂纹，继而形成贯穿的基体裂纹，最终造成力学性能下降。而在动态加载情况下，损伤初始演化则截然不同。

针对 HTPB 推进剂长期服役中面临动态冲击的风险，陈向东等人以未老化、热老化和湿热老化 3 种不同状态 HTPB 推进剂为研究对象，采用 SHPB 实验系统研究动态冲击条件下 HTPB 推进剂损伤情况，采用细观检测设备，以分形维数相结合的方式，定性和定量分析了损伤情况。未老化 HTPB 推进剂动态冲击损伤照片。可以看出，在高应变速度冲击下 HTPB 推进剂试件遭受了严重的损伤，主要表现为颗粒穿晶断裂、基体撕裂、孔隙率增大等。当应力波能量经过试件时，由于基体的黏弹性和超弹性，往往能承受较大的冲击能量，而 AP 颗粒是断裂韧性为定值的脆性材料，所以应力集中区易于在 AP 颗粒内部形成，在应力波作用下 AP 颗粒发生穿晶断裂。这种穿晶断裂后形成两种结果：一是穿晶断裂的能量未能突破颗粒与基体之间的包覆层，大的 AP 颗粒冲击碎成小的 AP 颗粒，这些小颗粒停留在原处或掉落形成孔穴，如图 6-6(b) 所示；另一种情形是穿晶断裂突破了包覆层的束缚，部分颗粒已滑移，颗粒中间形成缝隙，使之形成基体的撕裂，如图 6-6(d) 所示。不管何种情形，都会使固体推进剂的孔隙率增大，同时在各图中均可明显观察到颗粒穿晶断裂痕迹，断裂面呈随机状态。

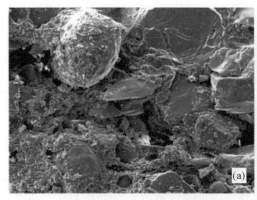

图 6-6　未老化 HTPB 推进剂动态冲击损伤扫描电子显微镜照片

(a)200×,25℃,800s^{-1};(b)500×,25℃,800s^{-1}

续图 6-6　未老化 HTPB 推进剂动态冲击损伤扫描电子显微镜照片

(c)200×,−50℃,1600s^{-1};(d)500×,−50℃,1600s^{-1}

　　将冲击后的试件回收,取试件的中央部位,用刀片裁切成小长方体,在各项参数调整好的断层扫描仪上进行观察,图像重构得到的断层扫描图如图 6-7 所示。由图 6-7 可知,冲击后固体推进剂内部遭受了严重的损伤,Z 代表了该扫描断层所处的高度。为了能更好分析问题,从图中 A,B,C,D,E 5 处典型特征来分析。图中 A,C,E 3 处颗粒明显发生穿晶断裂,A 处颗粒裂纹贯穿了颗粒,但还是保持了颗粒的形状。C 处颗粒内部发生严重的破坏,大颗粒冲击成小碎片,并且冲击后颗粒的小碎片已经侵蚀到基体,周围已可见明显的孔隙,这与图 6-6(d)的分析能相互印证。E 处颗粒被冲击成若干小碎片,虽然能保持原有颗粒形状,但周围的孔隙也明显可见。通过对 A,C,E 3 处颗粒的断裂分析,印证了动态条件下裂纹易于从固体颗粒内部产生。D 点为试样中的孔隙,表明撞击后内部基体撕裂形成了孔洞。B 处颗粒虽然在动态冲击条件下未断裂,但是从颗粒周围能明显观察到孔隙现象,表明颗粒和基体的界面发生严重破坏。在动态条件下,推进剂试件受力时间极短,基体没有足够时间松弛,基体和颗粒并不是严格按照界面分离,导致了颗粒上还附着了部分基体,这与图 6-6(a)能相互印证。这从侧面也反映了另一个情况:当 HTPB 推进剂试件受动态载荷冲击时,应力集中区并不仅仅局限于 AP 颗粒内。由于 AP 颗粒形状不规则性,当应力波经过颗粒/基体界面,应力分量大于颗粒/基体界面黏结力时,应力集中区同样会在颗粒/基体表面发生,导致颗粒/基体之间形成与准静态条件下截然不容的损伤界面,这是以往的损伤研究所没有发现的。

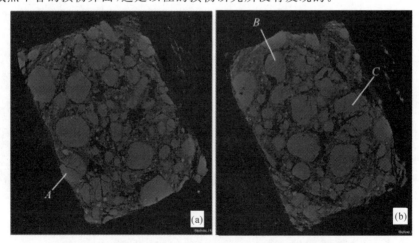

图 6-7　未老化 HTPB 推进剂动态冲击损伤断层扫描照片

(a)$Z=1.081$mm,25℃,1200s^{-1};(b)$Z=1.226$mm,25℃,1200s^{-1}

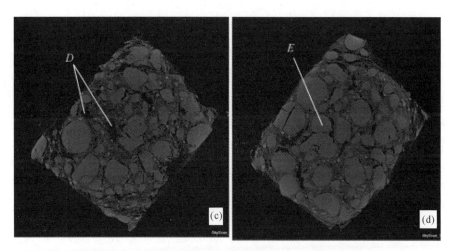

续图 6‑7　未老化 HTPB 推进剂动态冲击损伤断层扫描照片

(c)Z＝1.077mm,－30℃,1200s^{-1};(d)Z＝1.345mm,－30℃,1200s^{-1}

　　图 6‑8 所示为热老化后 HTPB 推进剂低温冲击损伤扫描电子显微镜形貌,热老化后 HTPB 推进剂同样受到严重破坏,损伤形态与未老化情况基本保持一致,可以明显看到基体撕裂、颗粒穿晶断裂现象。

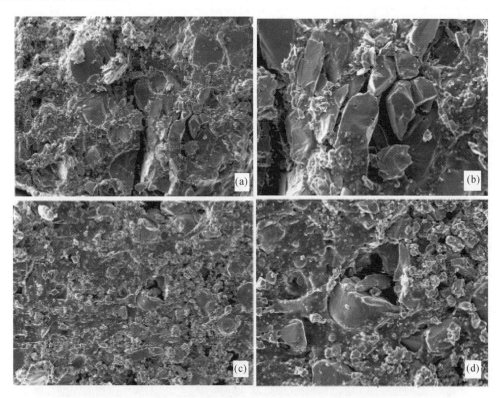

图 6‑8　热老化 HTPB 推进剂动态冲击损伤扫描电子显微镜照片

(a)200×,25℃,1200s^{-1};(b)500×,25℃,1200s^{-1};(c)200×,－30℃,1600s^{-1};(d)500×,－30℃,1600s^{-1}

通过分析未老化和热老化 HTPB 推进剂冲击后试件断裂面的扫描电子显微镜图,选取在同等实验条件下具有代表性的图作对比分析,如图 6-6(未老化)和图 6-8(热老化)所示。可以看出,经过热老化后推进剂内部填充的 AP 颗粒在冲击作用下呈穿晶断裂状态较多,且在低温情况下会加剧颗粒的破裂。而在未老化的试件扫描电子显微镜图中,还是存在完整的颗粒。之所以出现两者不同的情况,是由以下原因造成的:首先,经过热老化后的 HTPB 推进剂,AP颗粒在长时间热处理之后,颗粒内部已经存在缓慢热解的情况,在外界动态作用下更容易损伤;其次,由于键合剂作用,颗粒与基体之间存在大量有效的"附加交联点",在未老化固体推进剂颗粒周围会形成坚韧的包覆层,即使在动态冲击条件下包覆层仍然有完整存在的可能。而经过热老化后的固体推进剂,基体和 AP 颗粒的性能都发生了变化,两者之间的匹配性变差,原先因键合剂作用形成的包覆层效果变差,基体与颗粒之间的"附加交联点"数量大大降少,因而在高应变速度冲击条件下,热老化后 HTPB 推进剂在断裂面处呈现出 AP 颗粒穿晶断裂现象居多的情况。

图 6-9 所示为热老化后 HTPB 推进剂断层扫描图,从图中可以观察到推进剂试件内部发生了严重的损伤,Z 代表该扫描断层所处的高度。从四张图中可以明显地观察到推进剂内部颗粒的穿晶断裂、破裂以及基体撕裂等现象,为了更好说明问题,从图 6-9 中 A,B,C,D 4处进行分析。从图中 A 点所示位置可以观察到大粒径 AP 颗粒发生明显的穿晶断裂;由于热老化、低温和高应变速度等多重因素的共同作用,图 6-9(c)(d)中不但大粒径 AP 颗粒发生穿晶断裂,小粒径 AP 颗粒也发生了断裂,如图中 C 点所示,这是图 6-9(a)(b)中所不具有的特征。同时,也可以观察到图 6-9(c)(d)中的孔隙明显比图 6-9(a)(b)多。图中 D 点位置为高应变速度冲击后基体错位运动形成的孔隙。

在相同实验条件下未老化和热老化固体推进剂断层扫描对比,如图 6-7(b)(未老化)和图 6-9(b)(热老化)所示。通过对比分析两者断层扫描图,发现在高应变速度冲击条件下都发生了颗粒破裂、基体撕裂、界面损伤等情况。但是,从图中可以发现在热老化情况下固体推进剂内部的损伤更为严重,冲击后内部的孔隙明显更大,颗粒破裂程度以及孔隙率等损伤严重程度要明显高于未老化情况。

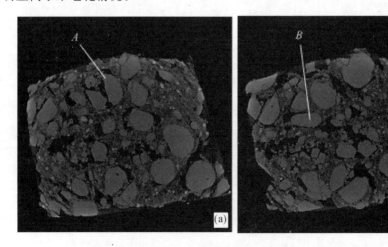

图 6-9 老化 HTPB 推进剂动态冲击损伤断层扫描照片

(a)$Z=1.213$mm,25℃,1200s^{-1};(b)$Z=2.367$mm,25℃,1200s^{-1}

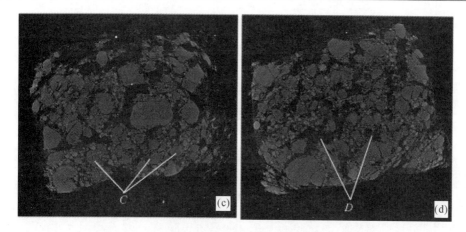

续图 6-9　老化 HTPB 推进剂动态冲击损伤断层扫描照片

(c)$Z=0.529$mm,-30℃,1600s^{-1};(d)$Z=0.769$mm,-30℃,1600s^{-1}

图 6-10 所示为湿热老化后 HTPB 推进剂冲击损伤的扫描电子显微镜形貌,其损伤的主要形态表现为颗粒"脱湿"、基体撕裂、颗粒穿晶断裂等。由图 6-10 可以清晰地看到,断裂面处 AP 颗粒表面光滑,在图 6-10(a)中可以清晰观察到基体上有明显的颗粒凹坑,这是颗粒"脱湿"的重要特征,并且可以发现颗粒"脱湿"现象在扫描电子显微镜图像中较为普遍,在图 6-10(c)中能观察到有少部分颗粒穿晶断裂现象,但穿晶断裂现象出现较少,这种损伤形态与未老化和热老化后固体推进剂的冲击损伤截然不同。

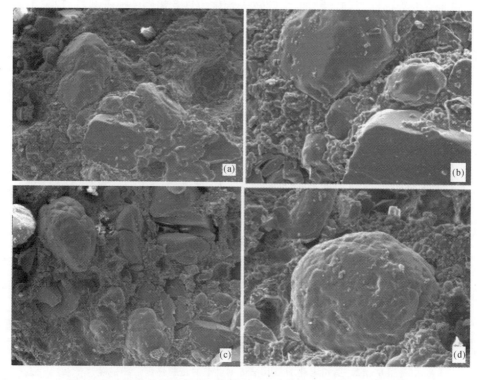

图 6-10　湿热老化后 HTPB 推进剂冲击损伤的扫描电子显微镜照片

(a)$200\times$,25℃,1600s^{-1};(b)$500\times$,25℃,1600s^{-1};(c)$200\times$,-30℃,1200s^{-1};(d)$500\times$,-30℃,1200s^{-1}

图 6-11 所示为不同条件下 HTPB 推进剂损伤断面。从图中可以发现,图 6-11(b)准静态压缩条件下损伤断面的基体和颗粒表面均较为光滑,这是因为在准静态条件下基体有足够时间松弛,裂纹沿着应力集中区逐渐扩展;图 6-11(c)中可以明显发现颗粒穿晶断裂和基体撕裂的特征;图 6-11(a)中出现颗粒"脱湿"、基体撕裂和颗粒断裂现象。这表明,湿热老化后固体推进剂在动态冲击下,损伤形态既包含准静态条件下的颗粒"脱湿"特征,又包含了未老化冲击时的基体撕裂和颗粒断裂特征。

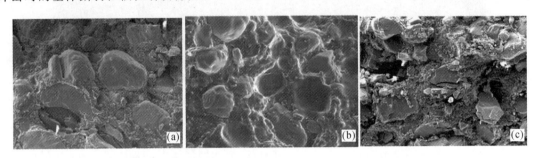

图 6-11   不同条件下 HTPB 推进剂损伤断面扫描电子显微镜照片
(a)湿热老化后动态压缩;(b)准静态压缩;(c)未老化动态压缩

图 6-12 所示湿热老化后固体推进剂动态压缩条件下典型的断层扫描图像,下面从图中 A,B,C,D,E 几处典型的特征进行分析。由图 6-12(a)中 A,B 处可以观察到,在冲击条件下大 AP 颗粒也存在穿晶断裂的情况,但是较之未老化和热老化固体推进剂,该现象出现的情况较少,并且在冲击后并没有形成小碎片。图中 C,D 处明显可见颗粒周围出现孔隙现象,表明在湿热老化后动态冲击应力集中区易于在颗粒周围形成。导致此现象的原因是湿热老化后基体明显变软,颗粒/基体界面性能弱化,且颗粒比基体模量要大得多,冲击时基体相对于颗粒错位运动形成"脱湿"。同时,动态冲击时,由于基体之间也会形成错位运动,形成孔隙,如图 6-12(d)中 E 处所示。

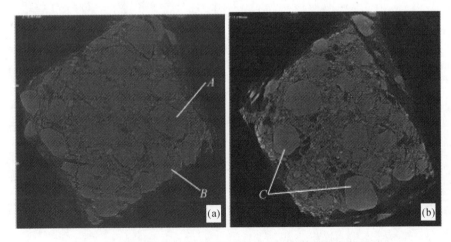

图 6-12   湿热老化 HTPB 推进剂动态冲击损伤断层扫描照片
(a)$Z=0.461mm,-10℃,1600s^{-1}$;(b)$Z=1.230mm,-10℃,1600s^{-1}$

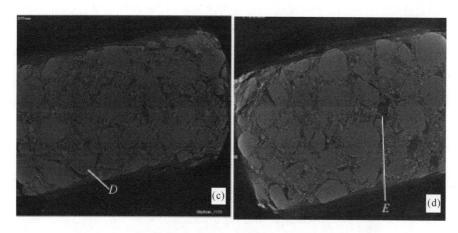

续图 6 – 12 湿热老化 HTPB 推进剂动态冲击损伤断层扫描照片

(c)$Z=0.577$mm,$-30℃$,1200s^{-1};(d)$Z=0.923$mm,$-30℃$,1200s^{-1}

为了能进一步分析湿热老化后固体推进剂的损伤,将湿热老化后固体推进剂动态冲击损伤的断层扫描图像与未老化情况的断层扫描图像进行对比分析,如图 6 – 7(c)(未老化)和图 6 – 12(d)(湿热老化)所示。比较可以看出,未老化固体推进剂中明显可见颗粒穿晶断裂、破裂等现象,而经过湿热老化后的固体推进剂颗粒断裂现象并不显著,并且碎裂损伤程度没有未老化推进剂的严重。另外,经过湿热老化推进剂中孔隙往往发生在颗粒周围,而未老化固体推进剂内部的孔隙是由颗粒破裂、界面损伤和基体撕裂等多种因素共同作用形成,孔隙明显增多。经过湿热老化后,水分子进入固体推进剂内部,研究表明水分子可与固化剂中的异氰酸根发生化学反应,引发基体力学性能的改变,内部分子间的范德华力已经大大降低;同时,水分子会集聚在 AP 颗粒表面,在 AP 颗粒周围建立起一层低弹性模量液层,致使颗粒与基体之间的有效"交联点"的数量减少,这些都促使固体推进剂抵抗外界冲击的能力大为削弱。

6.3.3 推进剂弯曲破坏机理

复合固体推进剂广泛应用于各类固体火箭发动机,发动机中推进剂药柱的形状复杂,在机械载荷的作用下,在某些关键部位产生损伤从而萌生裂纹。裂纹的产生导致发动机的燃面增大,进而影响发动机工作过程。对于推进剂裂纹及损伤破坏一直是研究者关注的热点。

1.细观动态观察实验

(1)实验方法

实验采用的是某型 HTPB 推进剂,其中固体颗粒的质量分数为 86%,固体颗粒中 AP 含量为 69%,铝粉含量为 17%,HTPB 基体含量为 11.5%,其他助剂含量为 2.5%。由于扫描电子显微镜的电镜室尺寸限制,不能制作标准三点弯曲试件,只能制作小试件,设计的试件尺寸为 30mm$×10$mm$×5$mm。为了更好地观察裂纹尖端变化过程,实验之前,用锋利的小刀在试件中央切割一条长度为 5 mm 的预制裂纹。实验在岛津 JSM – 5410LV 型扫描电子显微镜实验系统上进行。通过伺服控制系统控制实验过程的压缩速度,采用扫描电子显微镜观察试件表面形貌,实验时温度为 $25℃$。为了排除试件制作时颗粒残留在试件表面造成的干扰,实验时先将试件表面吹除干净。由于扫描电子显微镜成像较慢,要求压缩速度不能太快,所以设置压缩速度为 0.12mm/min。对电镜加载 15kV 电压,设置放大倍数为 50 倍,调节对比度与亮度,使屏幕能清晰显示裂纹尖端的细观形貌。试件尺寸及夹具的安装如图 6-13 所示。

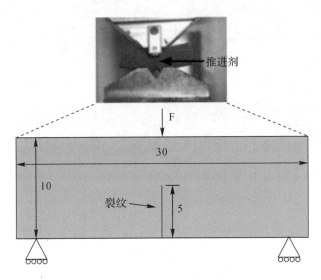

图 6-13 试件尺寸及夹具安装(单位:mm)

(2)实验过程

不同压缩位移时裂纹尖端放大 50 倍扫描电子显微镜图像如图 6-14 所示,这些图像清晰地反映了不同阶段裂纹尖端细观形貌变化特点。图 6-14(a)所示为初始时刻裂纹尖端的细观形貌,可以看出,预制裂纹的过程中导致少数颗粒破碎,但是大多数颗粒基本保持完好。压缩位移从 0 增加至 2.0mm[见图 6-14(b)~(e)],裂纹张开角度随压缩位移的增加而变大。裂尖出现钝化,裂尖附近的颗粒"脱湿"形成微裂纹,微裂纹随着压缩位移的增加不断扩展。压缩位移从 2.5mm 增加至 3.0mm[见图 6-14(f)~(g)],微裂纹的扩展使基体颗粒界面的黏结能力减弱,基体开始承受抵抗裂纹作用的载荷,发生较大变形。裂纹尖端载荷的作用使内部薄弱处的基体发生断裂,"脱湿"不断汇聚,在裂尖前方形成一个明显的孔洞,如图 6-14(g)所示。压缩位移为 3.5mm 时,裂纹尖端两侧的拉伸载荷超过基体的抗拉强度,使裂尖基体发生断裂,裂纹开始向前扩展,如图 6-14(h)所示。整个过程中,远离裂纹尖端颗粒未见明显"脱湿"现象,裂纹尖端颗粒的"脱湿"以及不同颗粒间"脱湿"的汇聚,与裂纹尖端的作用一起,使裂纹向前扩展。

2. 数值模拟

(1)计算模型

为了定量地描述裂纹尖端的损伤过程,对其开展数值模拟研究。对于推进剂三点弯曲过程,如果只是建立宏观模型,则无法反映裂纹尖端细观损伤过程,如果建立整个试件的细观模型,则会导致计算量太大,所以本节提出对 HTPB 推进剂三点弯曲动态过程进行多尺度数值模拟。其思想是在关心的裂纹尖端采用细观模型,在远离裂纹尖端区域采用宏观模型。多尺度数值模拟采用子模型方法来完成,建立的多尺度模型如图 6-15 所示。宏观模型尺寸与三点弯曲试件一致,边界条件的设置与实验相同,在宏观模型中预置一条与三点弯曲试件裂纹尺寸及位置相同的裂纹。在宏观模型裂纹尖端中心切割一个尺寸为 $1000\mu m \times 1000\mu m$ 的子模型，对子模型进行颗粒填充处理。根据相关文献，HTPB 推进剂细观代表性单元的最小尺寸为 $680\mu m \times 680\mu m$，建立的子模型尺寸大于该尺寸，因此建立的细观模型是合理的。由于铝粉等细颗粒几乎不会"脱湿"，只是起到了增强基体弹性模量的作用，所以模型中不考虑铝粉等细颗粒，建模时将细 AP、铝粉等颗粒融入基体中，混合后基体的弹性模量可以通过 Mori - Tanaka 法计算得到，将混合后的基体统称为基体。根据实验结果，压缩过程中，主要的损伤形式是颗粒与基体界面处的脱黏，所以在基体与颗粒之间采用内聚力模型。

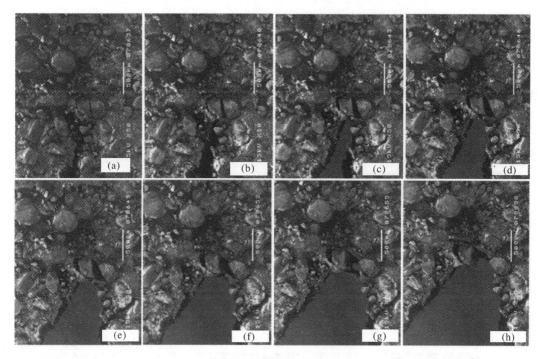

图 6 - 14　不同压缩位移下裂纹尖端形貌

(a)0mm；(b)0.5mm；(c)1.0mm；(d)1.5mm；(e)2.0mm；(f)2.5mm；(g)3.0mm；(h)3.5mm

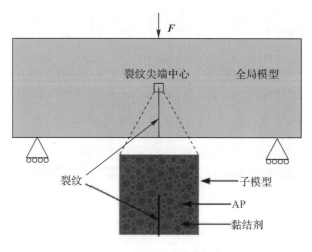

图 6 - 15　多尺度计算模型

（2）推进剂及其组分的力学本构

将 HTPB 推进剂视为线弹性材料，其弹性模量 E 与泊松比 ν 分别为 1.79MPa 和 0.495。对于 HTPB 基体，采用 $N=3$ 的 Ogden 超弹性本构模型，其 Ogden 模型各项系数见表 6-2。推进剂中的 AP 颗粒，采用线弹性本构，其弹性模量 E 和泊松比 ν 分别为 32 450MPa 和 0.143 3。

表 6-2　Ogden 超弹性模型参数

系数	μ_1/MPa	a_1	μ_2/MPa	a_2	μ_3/MPa	a_3
黏结剂	$-0.067\ 44$	0.036 2	0.094 93	1.456 1	2.013 4	0.626 7

（3）裂纹尖端动态损伤过程分析

图 6-16 所示为不同压缩位移下裂纹尖端的 Von Mises 应力云图。由图 6-16 可知，在细观尺度下，推进剂内部的应力不是均匀分布的，颗粒内部的应力明显高于基体。压缩位移从 0.5 mm 增加至 1mm[见图 6-16(a)(b)]，裂纹尖端的应力从 0.11MPa 增加至 0.26MPa，同时裂尖开始钝化。压缩位移为 1.5mm 时[见图 6-16(c)]，裂尖处的颗粒发生了"脱湿"，出现微裂纹，"脱湿"之后基体受到裂纹两端的拉扯作用发生较大变形，内部应力增大。位移从 2.0mm 增加至 2.5mm[见图 6-16(d)(e)]，随压缩位移的增加，沿裂纹尖端向前方向的颗粒不断"脱湿"，"脱湿"后颗粒基体界面承受裂纹载荷作用的能力减弱，抵抗裂纹作用的载荷主要由"脱湿"后的基体承受，其内部的应力较周边区域高。压缩位移为 3.0mm[见图 6-16(f)]，可以看出，"脱湿"后的基体内部应力远远高于周边区域，应力极值约为 0.74MPa。根据 Von Mises 屈服准则，失效将会首先发生在这些应力较高的基体处，使颗粒之间的微裂纹汇聚，与裂纹尖端的作用一起，使裂纹扩展。整个过程中，远离裂纹尖端两侧的颗粒基本不会发生"脱湿"。裂纹尖端变形、损伤过程数值模拟结果与实验现象一致。

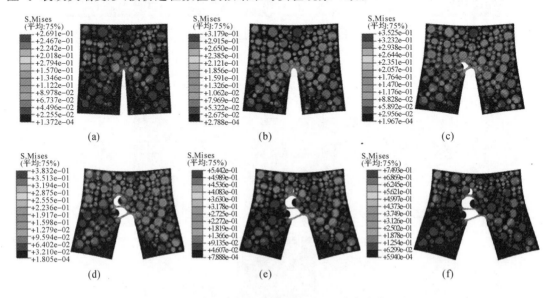

图 6-16　不同压缩位移下 Von Mises 应力分布云图

图 6-17 所示为不同压缩位移下裂纹尖端的最大主应变云图。由图 6-17 可知,与颗粒相比,基体模量较小,所以应变主要位于基体内部。压缩位移从 0.5mm 增加至 1.0mm[见图 6-17(a)(b)],应变极值位于裂尖处,应变从 0.5 mm 时的 0.39 增加到 1.0mm 时的 0.84。颗粒"脱湿"之后,应变最大的位置由裂纹尖端转移至"脱湿"之后的基体[见图 6-17(c)]。继续增加压缩位移,沿裂尖向前方向颗粒相继"脱湿","脱湿"之后的基体受到裂纹两侧拉伸载荷的作用,应变增大。压缩位移为 3.0mm 时,应变极值位于颗粒"脱湿"之后的基体处,约为 1.72。

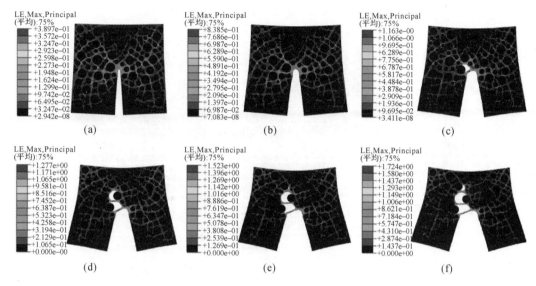

图 6-17　不同压缩位移下应变分布云图

裂纹张开位移理论(Crack Opening Displacement,COD)认为,"当裂纹张开位移 δ_{COD} 达到材料的临界值时,裂纹即发生失稳扩展",因此裂纹张开位移对衡量裂纹是否扩展具有重要意义。对子模型中压缩起始($S=0$mm)至裂尖首次出现颗粒脱湿($S=1.2$ mm)阶段裂纹张开位移进行了测量,裂纹张开位移随压缩位移变化过程如图 6-18 所示。可以看出,裂纹张开位移随压缩位移的增大逐渐增大,当压缩位移从 0 增加至 1.2mm 时,裂纹张开位移从 0 增加至 84.1 μm。

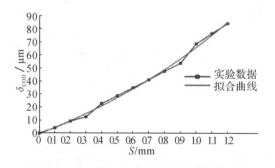

图 6-18　裂纹张开位移与压缩位移关系

为排除测量过程误差的影响,将裂纹张开位移与压缩位移进行了拟合,发现裂纹张开位移与压缩位移之间比较符合指数型关系,得到如下式所示关系($R^2=0.996\ 1$),即

$$\delta_{COD} = 70.68 \times 10^{0.287\,3S} - 71.21, \quad 0 < S < 1.2 \text{ mm} \tag{6-3}$$

式(6-3)表明,裂纹张开位移不仅随压缩位移的增大而增大,而且增加的速度也增大。

3. 模拟实验验证

压缩位移较小时,"颗粒"脱湿较小,不易观察,压缩位移较大时,推进剂基体已经发生断裂,不易于比较。选取压缩位移中间值附近约为 1.5mm 和 1.0mm 时的裂纹尖端扫描电子显微镜图像与子模型裂纹尖端进行对比,如图 6-19 所示。

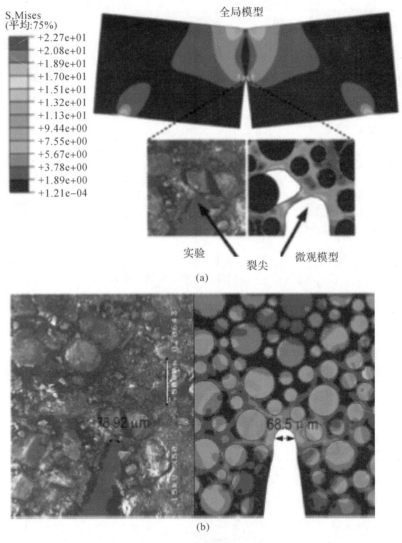

图 6-19　实验与数值模拟结果对比

图 6-19(a)中上侧为宏观三点弯曲试件模拟结果,右下侧为子模型中裂纹尖端模拟结果,左下侧为实验拍摄裂纹尖端细观形貌。从图中可以明显地看出,位于裂尖附近处颗粒的脱湿以及"脱湿"之后形成的微孔洞,实验结果与数值模拟结果比较吻合,表明子模型方法能够较好地反映宏观三点弯曲过程试件宏观变形与裂纹尖端细观损伤过程的特点,避免了宏观模型无法反映裂纹尖端细观损伤的问题,同时与建立整个试件细观模型的方法相比,降低了计算

量,具有明显的优势。本节建立的多尺度数值模型能够有效地反映推进剂宏观三点弯曲裂纹尖端细观动态损伤过程。对实验与数值模拟压缩位移为 1.0mm 时裂纹张开位移进行研究,实验过程实测值约为 $78.92\mu m$,子模型模拟值约为 $68.5\mu m$。实测值较模拟值稍大,对比实验过程裂尖与数值模拟裂尖形貌,分析其原因,主要有两点:一是实验结果中,颗粒与裂纹裂尖的距离较数值模拟中更近,裂尖两侧对基体的作用更大,基体受拉伸作用更严重,所以裂纹张开位移更大;二是预制裂缝,造成了推进剂裂尖处初始损伤,使裂尖颗粒在压缩初期就开始脱湿,"脱湿"之后颗粒/基体界面承受裂尖两侧拉伸作用能力减弱,抵抗裂尖两侧拉伸作用主要由基体承受,所以基体变形更大,造成裂纹张开位移更大。而数值模型中颗粒/基体界面黏结良好,所以裂纹张开位移较小。总的来说,两者之间相差较小,再一次印证了模型建立的合理性。

纪纲采用三点弯曲试样用 MISTRAS2001 声发射仪研究了由奥克托今、三氨基三硝基苯以及聚合物黏结剂等组成,且奥克托今和在氨基三硝基苯质量含量大于 90% 的复合含能材料的声发射特征以及对试件拉伸、压缩和三点弯曲断口的细观观察和损伤破坏,模拟材料主要由季戊四醇硝酸钡和黏结剂等组成,其中季戊四醇和硝酸钡颗粒占主要体积分数。三点弯曲试件的几何构形为 $B\times W\times S=9mm\times18mm\times72mm$,其中 B,W 和 S 分别为试件的厚度、高度和跨度;HTPB 推进剂压缩试件的几何尺寸为:$\phi20mm\times40mm$,以 0.1mm/min 的加载速度(即实验机加载头的运动速度)对试件进行加载直至破坏,测试装置如图 6-20 所示。

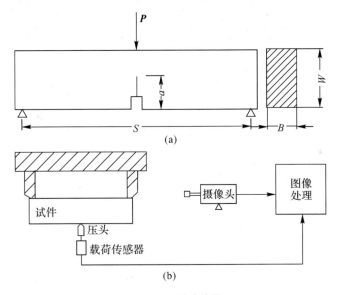

(a)

(b)

图 6-20 测试装置

(a)三点弯曲试样;(b)测定 K_{IC} 的实验装置

通过扫描电子显微镜对三点弯曲试件拉伸/压缩断口进行细观观察,如图 6-21 所示。由图 6-21(a)可见,材料中颗粒的解理断裂,在垂直于平行线方向产生的裂纹,裂纹从表面起始向晶体内扩展。压缩区内有大量的穿晶断裂(颗粒破裂),解理断裂面与断口平行或呈较小角度。由图 6-21(b)可见颗粒上的大台阶,在断面上还可看到细小平行线组成的小台阶,表明颗粒中缺陷很多,且分布不均匀。由图 6-21(c)可看到,晶体颗粒沿两个垂直的晶面断开。因此,在三点弯曲试件受压缩区域,断面特征以颗粒断裂为主,即穿晶断裂。图 6-21(d)断面上典型形貌是高聚物覆盖的晶体颗粒和颗粒脱落后留下的孔洞以及基体延性断裂留下的韧窝。因此,在三点弯曲试件拉伸区域,断口特征主要以颗粒与基体脱黏(沿晶断裂)和基体延性断裂为主。由图6-21(e)可见,断面上颗粒脱落留下的孔洞及基体延性断裂的韧窝。晶体颗粒也有断裂现象,但颗粒断裂并不沿试件断面,而是与试件断面垂直,并可明显看到大颗粒断裂破碎后的小晶体颗粒,解离断裂方向也垂直于试件断面。图6-21(f)表明,晶体颗粒脱落留下的韧窝,晶体颗粒受拉伸应力后与晶体结合松散;在下部也有颗粒断裂的现象。因此,试件断口特征是以颗粒脱落的沿晶断裂为主,也存在晶体断裂现象。

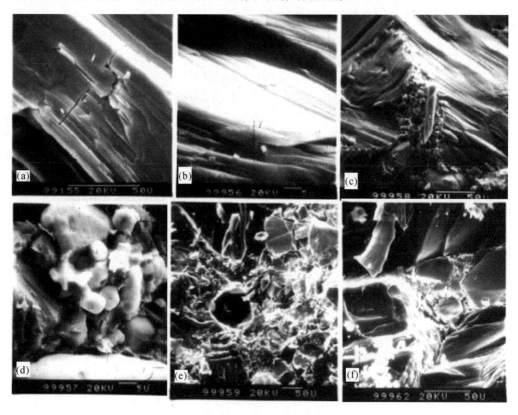

图6-21 三点弯曲试样端口区域形貌

(a)(b)(c)试样压缩断口形貌;(d)试样拉伸断口形貌;(e)拉伸试样颗粒脱黏和聚合物断裂;
(f)晶体颗粒脱落留下的孔洞

研究结果表明,HTPB推进剂在拉伸和压缩下具有不同的破坏机制。拉伸载荷下以颗粒与聚合物的界面分离以及聚合物的开裂为主,伴随少量的颗粒破碎;而压缩载荷下以颗粒破裂为主。正是这种破坏机制,使得材料在拉伸和压缩下具有不同的力学行为。

6.4 固体推进剂装药结构完整性影响因素分析

6.4.1 固体推进剂的破坏准则

推进剂破坏判据是一个很复杂的问题,涉及多向应力-应变状态、加载历史、应变速度、温度与湿度、老化等多种因素。通常情况下,在分析结构完整性问题时,破坏判据应视载荷类型而定:当受温度载荷和工作压强载荷时,以延伸率作为判据较为合理;而受加速度载荷和自重载荷时,以强度作为判据较为合理。这是因为受温度载荷和工作压强载荷时,发动机壳体很刚硬,且是发动机的主要承力部件,推进剂药柱只要随着变形就不至于产生裂纹与脱黏。而在加速度载荷和自重载荷作用下,推进剂药柱必须承载,所以应以强度作为判据。现行的破坏理论是借鉴金属材料的强度理论,如最大应力理论、最大应变理论、最大剪切应力理论、最大剪切应变理论和最大应变能理论等,但是这些破坏准则经验成分都非常明显且不能兼顾所有影响推进剂破坏机理的因素,因此,实验研究和理论推导得出复合推进剂破坏特性的破坏准则尤为重要。例如,在做推进剂药柱内表面的破坏分析时,经常采用最大应变理论。因为推进剂药柱内表面裂纹多发生在固化冷却至低温的情况下。由温度载荷分析可知,在低温下药柱内表面的应力、应变都较大;由推进剂的极限特性可知,在低温下推进剂承受应力的能力 δ_m 最大,而承受应变的能力 ε_m 最小。因此,认为在低温下药柱内表面出现裂纹是由于最大应变 $\varepsilon_\theta(a)$ 超过了极限应变 ε_m 所致。一般认为,药柱内表面不出现裂纹的条件为

$$D = \varepsilon_\theta(a)/\varepsilon_m < 1 \tag{6-4}$$

在做药柱黏结面的破坏分析时,可以采用最大应力理论,也可以根据恒定应力下的承载时间来判定黏结面是否会脱黏。例如,推进剂试件在恒定应力作用下破坏时的承载时间为 t_f,黏结面承受该应力值的时间为 t,则黏结面不脱黏的条件为

$$D = t/t_f < 1 \tag{6-5}$$

推进剂装药从生产直到点火,经历着各种载荷的作用,对推进剂药柱来讲,每次承载都会造成一定的损坏。这些载荷共同造成的损伤称为累积性损坏。按照损伤累积叠加原理,燃烧室装药在各载荷联合作用下总的安全因数为单一载荷作用下安全因数的损伤累积,且损伤累积必须是在药柱的同一部位叠加,一般只针对药柱几个较危险部位进行。

6.4.2　材料参数的影响

影响推进剂结构完整性的因素很多,推进剂药柱材料的性能参数便是其中之一。推进剂的药型、配方、载荷环境、采用的研究方法和测量手段都会影响测得的材料参数值,进而影响药柱的结构完整性分析结果。同时,不同的材料参数,如松弛模量、泊松比、热膨胀系数等,对结构完整性的影响程度也不尽相同。蒙上阳分析了在温度和内压作用下材料参数对固体推进剂结构完整性的影响,得出了在温度载荷下影响结构完整性的主要是泊松比和线膨胀系数,在内压载荷作用下则是包覆层和推进剂的泊松比以及推进剂的初始弹性模量;蔺文峰分析了绝热层材料对装药结构完整性的影响,指出增大各向同性的绝热层材料的弹性模量 E 和泊松比 ν,有利于药柱的结构完整性,见表 6-3,绝热层为各向同性材料时,随着弹性模量和泊松比的增大,药柱的 Von Mises 应变逐渐变小,但变化幅度很小,这是由于绝热层距药柱内表面比较远,绝热层自身材料属性的变化对药柱 Von Mises 应变最大点的影响甚微。

表 6-3　各向同性绝热层材料参数改变时发动机药柱的 Von Mises 应变

序号	E/MPa	ν	最大 Von Mises 应变/(%)
1	11	0.498 5	32.54

续表

序号	E/MPa	ν	最大 Von Mises 应变/(%)
2	22	0.498 5	32.51
3	44	0.498 5	32.49
4	22	0.495	32.98
5	22	0.497	32.71
6	22	0.498 5	32.51
7	22	0.499	32.45

鉴于材料参数对结构完整性的重大影响,对于实验测得的数据,如何进行数据处理才能得到更符合实际的仿真所需实验参数具有重要意义。刘甫等人用分段加权目标函数逼近法,对不同时间段的实验数据取不同的权值来拟合黏弹性材料参数,该方法比最小二乘法有更好的效果,更适用于计算药柱的长期贮存与寿命评估。针对工程实际中材料参数难以精确测量,即材料参数具有一定的不确定性,张海联等人建立了考虑泊松比和松弛模量随机性的有限元行列式,通过算例证明了此方法的正确性,并能提高计算效率。

国内外学者已经充分认识到材料参数对结构完整性影响的重要性。由于材料参数测量的不确定性,研究适用于可靠性分析的随机有限元法,进行材料参数不确定性的药柱结构可靠性分析是未来的发展方向;同时材料参数随时间和温度而改变,通过改进测量方法,获得更精确的材料参数,建立起完善的材料数据库,并开发新的材料模型融入仿真软件中,才能使所建立的理论和方法具有工程应用意义。

6.4.3　药型结构的影响

目前,推进剂装药药型趋于复杂多样,易发生应力集中现象,进行各种载荷下应力应变分析也将更加困难。针对不同的药型,借助有限元仿真软件开展了研究,得到了不同药型的几何参数对应力集中程度的影响规律,为药型设计提供了依据。例如,刘明谦利用 Nastran 软件对星槽结构推进剂药柱进行了三维黏弹性分析,通过改变药柱的几何尺寸并进行结构分析,探讨了几何尺寸对结构完整性的影响,并指出增加发动机药柱内孔直径和沟槽顶弧采用三心圆结构设计均能有效降低药柱的应力集中水平;刘华等人通过建立不同装药模数和长径比的三维黏弹性模型,分析指出装药的等效 Mises 应力随装药弹性模量增大而增加,随长径比增大而减小,当长径比大于 3 时基本无影响;雷勇军进行了星型药柱的结构优化分析,得出了增大星型药柱顶槽倒角可有效减小应力集中程度的结论。孟红磊分析了自由装填形式改性双基推进剂药柱星孔几何参数对装药结构完整性的影响,从图 6-22～图 6-24 的 Mises 等效应力、屈服损伤度随肉厚的变化曲线可以看出,星孔推进剂装药星孔处的几何尺寸参数对装药结构内压载荷下的应力场分布的影响较大,随着星尖圆弧半径 r 的增大,Mises 等效应力 σ_{eq} 逐渐减小,且减小的速度略有下降,但接近直线下降,屈服损伤度 D_s 呈指数下降;随着角分数的增大,Mises 等效应力近似直线上升,角分数从 0.6 增大到 1 的过程中,Mises 等效应力增大了

3.2MPa,增大了 37%,变化幅度比较明显,屈服损伤度呈指数上升;随着肉厚的增大,等效
Mises 应力逐渐减小,且减小速度逐渐变大,随着肉厚从 0.093 增大到 0.279 的过程中,Mises
等效应力减小了 1.76MPa,减小了 16%,减小幅度相对较小。

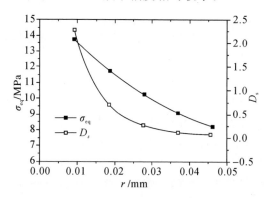

图 6 - 22　Mises 等效应力、屈服损伤度随星尖圆弧半径变化曲线

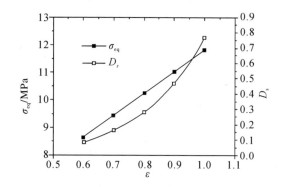

图 6 - 23　Mises 等效应力、屈服损伤度随角分数变化曲线

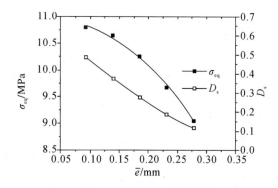

图 6 - 24　Mises 等效应力、屈服损伤度随肉厚变化曲线

6.4.4　环境载荷的影响

推进剂药柱承受的载荷一般分为两类:规定载荷和工作载荷。规定载荷是指火箭总体所

要求的,如工作环境温度、飞行加速度、运输和飞行中的振动、冲击以及其他环境(如老化、湿度、各种化学气氛等)。工作载荷指发动机制造和工作中产生的载荷,如固化降温和点火增压等。

(1)温度载荷

固体推进剂在生产、运输、贮存以及使用环境中均会经历复杂苛刻的温度变化历程,进而产生温度应力。对于贴壁浇铸式药柱而言,在浇铸后的固化期间,药柱体积会发生收缩。由于药柱与壳体黏结,它的收缩受到壳体的约束,于是在药柱内引起应力和应变。通常用一个等效温度来考虑这种固化时体积收缩的影响,该等效温度可以用实验测定:将已固化并取出芯模的药柱,慢慢加温到固化温度以上,并观测药柱内部尺寸的变化。当其内部尺寸等于芯模尺寸时的温度定义为零应力-应变温度,以 T_1 表示,对于浇铸的双基推进剂药柱,T_1 比固化温度约高 12.2℃。在推进剂药柱固化后,从固化温度冷却至室温期间,由于壳体和推进剂的热膨胀系数不同(通常推进剂的热膨胀系数约为钢壳体的 10 倍),药柱冷却收缩受到壳体的约束,在药柱内造成很大的热应力和热应变,从而使药柱表面产生裂纹,使药柱和壳体黏结面上产生拉伸应力会引起脱落。固化完成之后,环境的改变也会引起推进剂药柱温度变化,产生热应力和热应变,这两个过程由于时间比较长,往往按均匀温度场随时间变化分析。对于自由装填式药柱的固体火箭发动机在温度载荷下的结构完整性研究较少,这主要是因为采用自由装填式药柱的固体发动机较小,且应用场合不多,药柱结构完整性问题不很突出。目前,关于温度载荷的研究主要是基于均匀温度场假设,对于推进剂也一般假设其各向同性,而实际发动机内部的温度场是一个非均匀非恒定的梯度场。同时固体推进剂的宏观力学性能有强烈的温度依赖性,药柱中的温度分布不均匀性使得材料参数也具有空间分布特性。只有建立更加真实的材料本构模型和载荷环境,才能提高分析的可信度。

(2)点火增压过程

对于贴壁浇铸式药柱,发动机点火时,药柱受燃气内压的作用,药柱内表面发生较大的应力和应变,可能导致内表面出现裂纹。压力载荷引起的应力和应变,与药柱的肉厚和内孔形状有关,肉厚越大,应力和应变越大,内孔形状复杂的药柱有较严重的强度问题。一般情况下,药柱在燃烧初期最易出现强度问题,因为燃烧初期药柱的肉厚最大,内孔过渡圆弧也最小,应力集中现象最严重。对于自由装填式药柱,在稳态加压过程没有应力应变的变化,但有很多影响因素会造成不稳定加压过程,使燃烧室内压强以及推进剂药柱和壳体间隙内的压强以不同速度增加,使药柱经受了引起推进剂应力、应变的压强梯度,从而对结构完整性产生影响。

在分析点火过程药柱的应力-应变时,通常将点火压力载荷简化为点火压力峰等点火压力曲线来进行分析。推进剂材料的力学性质对应变速度十分敏感,点火升压过程的应变速度较大,因此开展有关应变速度的破坏准则的研究,建立适用于高应变速度下的推进剂破坏准则,将是进行点火过程结构完整性分析的必要条件。

6.4.5 有限元网格划分的影响

目前,广泛应用于药柱黏弹性或黏塑性数值分析的方法是有限元法,其基本思路是把复杂的形体离散为有限个简单形状的单元,通过单元节点研究单元内部的插值来实现总体结构的分析。这一离散化的过程即为有限元网格划分,用划分了网格的有限元模型替代原有的实体模型,使得所有的计算分析都能在有限元模型上进行,因此有限元网格划分是固体火箭发动机结构完整性数值分析中的重要环节,它决定了分析过程的规模和速度、分析结果的精度,甚至能影响计算的成败。

随着药型结构趋于复杂多样,现有的多数有限元分析软件自身的智能自动网格划分技术已不能满足计算精度和计算速度的要求,还会因为对不必要的部分进行网格加密而造成计算资源的浪费。例如,Tejas 应用 Ansys 有限元软件基于线弹性模型分析了点火增压条件下不同药型对药柱应力、应变的影响。通过有限元数值仿真分析,得到药柱的应力、应变分布以及药柱模量的变化情况。有限元模拟方法虽然可以评估药柱弹性模量变化情况和结构完整性,但对特定发动机在不同载荷工况下药柱的结构完整性分析时,需多次模拟计算且每次耗时较长,时效性不高。彭瑾等人针对某星型药柱,采用不同的网格划分方法,通过对比各自的计算时间和计算精度,指出混合分网的划分方法能在提高精度的同时减少计算时间。

尽管混合分网的划分方法更能满足固体发动机复杂药柱结构完整性分析,但是固体发动机药柱优化设计中,常需对几何参数相近的多个模型进行有限元结构分析,若对每个模型都采用混合分网来划分网格,将会大大增加工作量。因此,为了工程应用和分析研究的需要,需要开发出专用于固体发动机药柱的结构分析平台,此软件能够在忠于实际模型的前提下,采用混合分网等方法,实现对药柱的智能自动网格划分,生成以六面体网格为主的、可以在应力集中部位进行网格加密的有限元网格划分,以提高计算精度和速度。

6.5　失效判据及失效机理

由于固体推进剂性能与温度、应变速度、热老化及应力状态等其他因素有关,所以构建强度准则时必须把上述因素考虑进去。目前,尽管针对固体推进剂强度准则研究主要以实验为基础,从理论方面,复合材料的强度准则主要有两条探索途径,即宏观强度理论途径和细观强度理论途径。宏观途径强度准则直接由常规均质各向同性材料强度准则推广得到,寻求一个以单向应力强度为参数的准则方程,以拟合材料在任意应力状态下的强度,因它不涉及材料具体破坏形式和机理,故又称为唯象强度准则;细观途径强度准则则试图以材料细观层次(即基体、颗粒和界面)的破坏形式和失效机理为基础,建立一个以细观组分性能为参数的强度准则方程。常见的预测复合材料失效的准则很多,按其研究方法的不同,也可分为宏观失效准则和细观失效准则。

6.5.1　失效准则

1. 宏观失效准则

宏观力学从复合材料的均匀性假设出发,不考虑颗粒和基体具体的区别,用其平均性能来表现复合材料的各种力学性能。宏观准则主要用来判断哪一处发生了失效,但具体是何种失效模式,宏观准则是不能判别的。固体推进剂属于黏弹性材料,分析其破坏的准则除了常见的宏观失效准则,主要有最大应力强度准则(Maximum Stress Criterion)、最大应变强度准则(Maximum Strain Criterion)、Tsai-Hill 强度准则、Tsai-Wu 张量强度准则等。

（1）最大应力强度准则

最大应力强度准则认为，只要材料主方向上任何一个应力分量达到基本强度值，材料便破坏，包括拉伸和压缩两种情况。

对于拉伸应力：

$$\left.\begin{array}{c} \sigma_1 < X_t \\ \sigma_2 < Y_t \\ |\tau_{12}| < S \end{array}\right\} \qquad (6-6)$$

对于压缩应力：

$$\left.\begin{array}{c} |\sigma_1| < X_c \\ |\sigma_2| < Y_c \end{array}\right\} \qquad (6-7)$$

式（6-6）或式（6-7）中：σ_1，σ_2 和 τ_{12} 分别为沿着材料主方向的 3 个应力分量；X_t 为沿颗粒方向的抗拉强度；X_c 为沿颗粒方向的抗压强度；Y_t 为垂直于颗粒方向的抗拉强度；Y_c 为垂直于颗粒方向的抗压强度；S 为 1—2 面内的抗剪强度。

（2）最大应变强度准则

最大应变强度准则认为，只要材料主方向上任何一个应变分量达到基本强度值，材料便破坏。

对于拉伸应变：

$$\left.\begin{array}{c} \varepsilon_1 < \varepsilon_{x_t} \\ \varepsilon_2 < \varepsilon_{y_t} \\ |\gamma_{12}| < \varepsilon_s \end{array}\right\} \qquad (6-8)$$

对于压缩应变：

$$\left.\begin{array}{c} |\varepsilon_1| < \varepsilon_{x_c} \\ |\varepsilon_2| < \varepsilon_{y_c} \end{array}\right\} \qquad (6-9)$$

式（6-8）或式（6-9）中：ε_1，ε_2 和 γ_{12} 分别为沿着材料主方向的 3 个应变分量；ε_{x_t} 为颗粒方向的抗拉应变；ε_{x_c} 为颗粒方向的抗压应变；ε_{y_t} 为垂直于颗粒方向的抗拉应变；ε_{y_c} 为垂直于颗粒方向的抗压应变；ε_s 为 1—2 面内的抗剪应变。

（3）Tsai - Hill 强度准则

单向板的 Tsai - Hill 强度准则为

$$\frac{\sigma_1^2}{x^2} - \frac{\sigma_1\sigma_2}{x^2} + \frac{\sigma_2^2}{y^2} + \frac{\tau_{12}^2}{S^2} = 1 \qquad (6-10)$$

Tsai - Hill 强度准则实际上是各向同性材料的 Mises 屈服准则在正交异性材料中的推广，其 6 个强度系数完全由材料的 6 个基本强度所决定，该准则原则上只适用于在材料主方向上抗拉、抗压强度相同的单向板。

（4）Tsai - Wu 张量强度准则

Tsai - Wu 准则是 Tsai 与 Wu 在综合了许多强度准则的基础上，提出的一个能量多项式准则，即

$$F_i\sigma_i + F_{ij}\sigma_i\sigma_j + F_{ijk}\sigma_i\sigma_j\sigma_k + \cdots = 1 \qquad (6-11)$$

对于处于平面应力状态的单向板，F_i，F_{ij}，F_{ijk}，$\cdots$ 分别为材料的强度参数。在工程设计

中,通常取前两项,强度准则的表达式为

$$F_i\sigma_i + F_{ij}\sigma_i\sigma_j = 1 \tag{6-12}$$

Tsai – Wu 张量强度准则是将目前所有唯象论强度准则都归结为高阶张量多项式强度准则的特殊情况,其表达式为一个二阶张量多项式,该准则引入了材料影响系数 F_{ij},它依赖于基本强度,且与双向抗拉强度有关。

2. 细观失效准则

细观力学的目的是建立复合材料宏观性能同其组分材料性能及细观结构之间的定量关系,是分析复合材料层合板损伤和失效的重要方法。目前,比较常用的细观失效准则有 Hashin 准则、Hou 失效准则、Chang – Chang 准则、Shahid – Chang 准则等。

(1)Hashin 准则

Hashin 准则包括四种失效模式,即颗粒拉伸破坏、颗粒压缩破坏、基体拉伸破坏和基体压缩破坏。

1)颗粒拉伸破坏($\sigma_{11} > 0$):

$$\left(\frac{\sigma_{11}}{x_t}\right)^2 + \left(\frac{\tau_{12}}{R}\right)^2 + \left(\frac{\tau_{13}}{S}\right)^2 = 1 \tag{6-13}$$

2)颗粒压缩破坏($\sigma_{11} < 0$):

$$\left(\frac{\sigma_{11}}{x_c}\right)^2 = 1 \tag{6-14}$$

3)基体拉伸破坏($\sigma_{22} + \sigma_{33} > 0$):

$$\left(\frac{\sigma_{22} + \sigma_{33}}{y_t}\right)^2 + \frac{(\tau_{23}^2 - \sigma_{22}\sigma_{33})}{T^2} + \left(\frac{\tau_{12}}{R}\right)^2 + \left(\frac{\tau_{13}}{S}\right)^2 = 1 \tag{6-15}$$

4)基体压缩破坏($\sigma_{22} + \sigma_{33} < 0$):

$$\frac{1}{y_c}\left[\left(\frac{y_c}{2T}\right)^2 - 1\right](\sigma_{22} + \sigma_{33}) + \frac{(\sigma_{22} + \sigma_{33})^2}{4T^2} + \frac{(\tau_{23}^2 - \sigma_{22}\sigma_{33})}{4T^2} + \left(\frac{\tau_{12}}{R}\right)^2 + \left(\frac{\tau_{13}}{R}\right)^2 = 1 \tag{6-16}$$

式(6 – 13)~式(6 – 16)中, x_t 为纵向拉伸强度; x_c 为纵向压缩强度; y_t 为横向拉伸强度; y_c 为横向压缩强度; R 为纵向剪切强度; S 为横向剪切强度。

(2)Hou 失效准则

1)基体开裂($\sigma_{22} > 0$):

$$e_m^2 = \left(\frac{\sigma_{22}}{y_t}\right)^2 + \left(\frac{\sigma_{12}}{S_{12}}\right)^2 + \left(\frac{\sigma_{13}}{S_{13}}\right)^2 \geq 1 \tag{6-17}$$

2)基体挤压破坏($\sigma_{22} < 0$):

$$e_d^2 = \frac{1}{4}\left(-\frac{\sigma_{22}}{y_t}\right)^2 + \frac{y_c^2\sigma_{22}}{4S_{12}^2 y_c} - \frac{\sigma_{22}}{y_c} + \left(\frac{\sigma_{12}}{S_{12}}\right) \geq 1 \tag{6-18}$$

3)颗粒断裂:

$$e_f^2 = \left(\frac{\sigma_{11}}{x_t}\right)^2 + \left(\frac{\sigma_{12}^2 + \sigma_{13}^2}{S_f^2}\right)^2 \geq 1 \tag{6-19}$$

(3)Chang – Chang 准则

1)基体开裂:

$$\left(\frac{\sigma_{22}}{y_t}\right)^2 + \frac{\dfrac{\sigma_{12}^2}{2G_{12}} + \dfrac{3}{4}\alpha\sigma_{12}^4}{\dfrac{S_{is}^2}{2G_{12}} + \dfrac{3}{4}\alpha S_{is}^4} \geqslant 1 \qquad (6-20)$$

2）基体-颗粒断裂：

$$\left(\frac{\sigma_{11}}{x}\right)^2 + \frac{\dfrac{\sigma_{12}^2}{2G_{12}} + \dfrac{3}{4}\alpha\sigma_{12}^4}{\dfrac{S_{is}^2}{2G_{12}} + \dfrac{3}{4}\alpha S_{is}^4} \geqslant 1 \qquad (6-21)$$

（4）Shahid - Chang 准则

1）基体开裂：

$$\left[\frac{\sigma_{22}}{y_t(\varphi)}\right]^2 + \left[\frac{\sigma_{12}}{S(\varphi)}\right]^2 \geqslant 1 \qquad (6-22)$$

2）基体-颗粒剪切：

$$\left(\frac{\sigma_{11}}{x_t}\right)^2 + \left[\frac{\sigma_{12}}{S(\varphi)}\right]^2 \geqslant 1 \qquad (6-23)$$

3）颗粒断裂：

$$\left(\frac{\sigma_{11}}{x_t}\right) \geqslant 1 \qquad (6-24)$$

6.5.2　推进剂温度相关失效判据

随着现代武器远程化要求的不断提高,固体推进剂的能量要求和长径比也越来越高。然而,由于固体火箭发动机中装有高能推进剂,其安全问题受到高度关注。近年来,国内外在固体火箭武器试飞过程以及战争中,多次出现由于推进剂药柱结构完整性破坏导致的发动机爆炸事故,造成重大人员财产损失。分析其原因,可能是在装药设计中缺乏准确有效的装药结构完整性分析方法,没有精确掌握推进剂材料的损伤失效特性。

国外在研究推进剂等黏弹性材料损伤失效特性方面进展较快,基于累积损伤理论,建立了不同的损伤模型或失效准则来描述固体推进剂等黏弹性材料的损伤失效过程。基于 Mier 在研究金属材料循环载荷下提出的线性累积损伤理论,Laheru 和 Bills 在研究黏弹性材料受载于恒定载荷下时,认为损伤与时间呈线性关系,提出了失效时间关于应力的幂率形式的损伤失效模型。后来 Desmorat 等人研究认为损伤不再是线性变化,而是以频率关于损伤的函数来表征损伤失效过程。Duncan 在研究 HTPB 推进剂时,建立了一种包含累积损伤的单轴非线性黏弹性本构方程,并成功应用该方程表征常温下整个应力过程中材料的损伤失效过程。近几年,Sullivan 利用 Kachanov 提出的损伤演化定律研究黏弹性材料在循环载荷下的损伤失效情况,并给出损伤参数 S 的拟合方程。Kunz 论述了线性累积损伤模型能很好地预测推进剂在某些载荷条件下的失效情况,提出了适用于 Laheru 线性累积模型参数确定的方法,以及利用 Kachanov 损伤模型,得到了固体推进剂在恒定应变速度、蠕变等载荷下的损伤失效过程。孟红磊等人将 Duncan 建立的累积损伤模型在常温下应用于双基推进剂,结果显示该累积损伤模型能够很好判断双基推进剂材料的失效情况。史佩利用连续损伤力学理论并耦合线性累积损伤,建立了复合固体推进剂蠕变累积损伤模型,得到了推进剂在蠕变下的损伤失效曲线。

梁蔚等人在研究循环载荷下 HTPB 推进剂的疲劳特性时,基于损伤力学理论和黏弹性理论,建立了 HTPB 推进剂含温度效应的疲劳损伤三阶段演化模型。

因此,本节拟针对 HTPB 推进剂在不同温度和不同应变速度下的失效特性进行探索,基于 Duncan 提出的累积损伤模型,建立一种含时温等效因子的失效准则,为 HTPB 推进剂装药结构完整性分析计算和装药结构设计以及推进剂的贮存提供必要的依据。

1. 实验方法与实验结果

(1)实验试件

实验对象为 HTPB 推进剂,主要成分为氧化剂 AP、黏结剂、铝粉、黑索今等,试件形状为哑铃型板条状,其尺寸如图 6 - 25 所示。

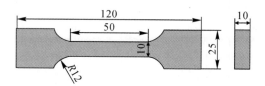

图 6 - 25　试件的尺寸(单位:mm)

(2)应力松弛实验

首先将材料试样密封包装后进行保温 3h 左右,待保温箱中温度达到实验所需温度时,利用 QJ211B 型电子万能实验机进行材料的应力松弛实验。按《火工药剂试验方法》(GJB 5891—2006)方法 413.4 规定,实验温度选择为 233.15K,253.15K,273.15K,293.15K,323.15K,343.15K,松弛应力测试时间为 2s,4s,8s,20s,40s,80s,200s,600s,1000s,初始恒定应变为 5%。每组温度下应力松弛实验重复 3 次,结果取平均值。其中 HTPB 推进剂在 293.15K 下的应力松弛实验曲线如图 6 - 26 所示。

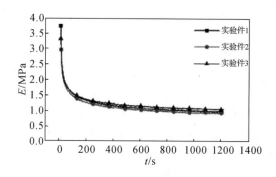

图 6 - 26　HTPB 推进剂 293.15 K 下的应力松弛曲线

(3)单轴等速拉伸实验

与应力松弛实验同样的保温方法,在低温 233.15K,253.15K,273.15K 下进行 2mm/min,20mm/min,100mm/min,500mm/min 的等速拉伸破坏实验和在高温 293.15K,323.15K,343.15K 下进行 0.5mm/min,2mm/min,20mm/min,100mm/min 的等速拉伸破坏实验,同样利用 QJ211B 型电子万能实验机记录整个实验过程中试件的应力和应变随时间的变化情况,同组实验重复 3 次,取平均值为当组最终结果。其中 HTPB 推进剂在 293.15K 温度水平下以不同拉伸速度的应力-应变曲线如图 6 - 27 所示,HTPB 推进剂在不同温度水平下以 20mm/min 拉伸速度的应力-应变曲线图 6 - 28 所示。

由图 6 - 27 可见,HTPB 推进剂的力学性能明显受应变速度影响,应变速度越高,屈服应力越高。由图 6 - 28 可知,HTPB 推进剂力学特性具有温度相关性,低温下(233.15K)推进剂最大应力可以达到 2.16MPa,然而相对高温(343.15K)时,最大应力只有 0.68MPa,可见外部环境温度对 HTPB 推进剂力学性能影响很大,尤其是在低温下,HTPB 推进剂的力学特性随温度变化很大。

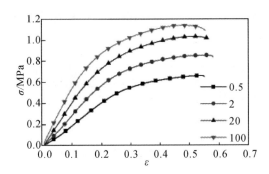

图 6 - 27 293.15 K,不同拉伸速度下 HTPB 推进剂的应力-应变曲线

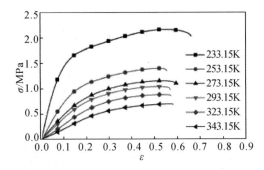

图 6 - 28 HTPB 推进剂在不同温度于 20mm/min 拉伸速度下的应力-应变曲线

2. 时温等效原理及时温等效因子获取

研究发现,复合固体推进剂是一种典型的非线性黏弹性聚合物。黏弹性聚合物材料的力学性能的时间相关性和温度相关性之间存在某种转换或等价关系,即时间-温度等效原理,因此时温等效原理也适用于复合固体推进剂。松弛模量-温度曲线方法是研究时温等效原理常用的方法,即采用同一对数坐标描述不同温度下松弛模量与时间的关系,选取 T_s 作为参考温度,将对应温度 T 下的模量曲线随对数时间轴平移至与参考温度 T_s 重合位置,需要移动的量记为 $\lg a_T$,其数学关系式为

$$E[\lg(t),T] = E[\lg(t)-\lg a_T,T_s] \qquad (6-25)$$

即

$$E(t,T) = E(t/a_T,T_0) \qquad (6-26)$$

式中:T 为当前温度;T_s 为参考温度;a_T 为时温等效因子。

由于温度变化会引起材料松弛模量和密度的变化,而模量又随单位体积内所含物质的多

少而变化,考虑到这些因素,因此需要对式(6-26)做出 $\rho T/\rho_s T_s$ 的修正[ρ 表示实验温度(T)下材料密度,ρ_s 表示参考温度(T_s)下的材料密度]。但是对于 HTPB 推进剂材料而言,温度引起材料密度变化量非常小,因此可以忽略不计,式(6-26)修正后为

$$E(t,T) = \frac{1}{T_s}E(t/a_T, T_0) \qquad (6-27)$$

将修正量移至等式左边,取对数,得

$$\lg\left[E(t)\frac{T_s}{T}\right] = \lg E(t) - \lg a_T \qquad (6-28)$$

将不同温度下的松弛应力-时间曲线用对数坐标表示;再根据式(6-28)取 $T_s = 293.15\mathrm{K}$ 为参考温度,在同一对数坐标系中对不同温度下的模量曲线进行温度修正,得到不同温度水平下的模量曲线,如图 6-29 所示。将其他温度所对应的模量曲线平移至与参考温度所对应的模量曲线重叠,即可得到松弛模量主曲线,分别记录不同温度下的模量曲线平移到参考温度下松弛模量曲线的距离值,即为时温等效因子的对数值 $\lg a_T$,重复 3 次取平均值,得到时温等效因子对数值,见表 6-4。

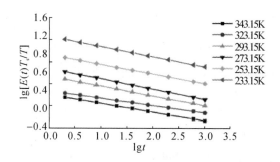

图 6-29　不同温度下 HTPB 推进剂的松弛模量曲线

表 6-4　时温等效因子对数值

T/K	$\lg a_T$
233.15	3.855 5
253.15	3.153 6
273.15	0.679
293.15	0
323.15	−1.152 7
343.15	−1.881 5

3. 基于累积损伤的失效准则研究

（1）失效准则模型

Duncan 在研究 HTPB 推进剂时,提出了一种累积损伤模型,孟红磊也用此模型研究了双基推进剂,该模型表征如下:

$$D(t) = \frac{1}{\lambda} \int_0^t \left[\sigma(t) \right]^\beta \mathrm{d}t \qquad (6-29)$$

式中：$\sigma(t)$是应力的时间函数；λ 和 β 是材料的累积损伤系数。

此模型认为刚开始材料还没有受力时，$D(t)=0$，此时材料没有损伤；在力作用材料一段时间后，$D(t)=1$，此时材料已失效。但是他们均未考虑温度对推进剂失效过程的影响，因此，为了准确表述 HTPB 推进剂在不同温度下损伤失效过程，需要建立考虑温度及应变速度的基于累积损伤模型的失效准则。

HTPB 推进剂线黏弹性本构模型的卷积形式为

$$\sigma = \int_0^t E(\xi^t - \xi^\tau) \frac{\mathrm{d}\varepsilon}{\mathrm{d}\tau} \mathrm{d}\tau \qquad (6-30)$$

式中：$E(t)$为松弛模量；ξ 为折算时间；τ 为积分变量。

其中将松弛模量表示为 n 阶 Prony 级数形式，对于等速拉伸过程，应变速度保持不变，$\dot{\varepsilon}_0 = \mathrm{d}\varepsilon/\mathrm{d}\tau$，则式(6-30)变为

$$\sigma = \dot{\varepsilon}_0 \int_0^t \left[E_\infty + \sum_{i=1}^n E_i \exp\left(-\frac{\xi^t - \xi^\tau}{\tau_i}\right) \right] \mathrm{d}\tau = \dot{\varepsilon}_0 \left\{ E_\infty t + \sum_{i=1}^n E_i \tau_i a_T \left[1 - \exp\left(-\frac{\xi^t}{\tau_i}\right) \right] \right\}$$

$$= \dot{\varepsilon}_0 a_T \left\{ E_\infty \xi + \sum_{i=1}^n E_i \tau_i \left[1 - \exp\left(-\frac{\xi^t}{\tau_i}\right) \right] \right\} \qquad (6-31)$$

式中：E_∞为稳态松弛模量；n 为松弛模量 Prony 级数；E_i为第 i 项系数；τ_i为第 i 项松弛特征时间。

根据式(6-31)，可以发现应力与折算时间在 HTPB 推进剂线黏弹性阶段存在一种函数关系，同时根据相关文献关于时温等效原理在 HTPB 推进剂非线性阶段的适用研究，可以知道 HTPB 推进剂应力-物理时间关系同时也可以通过应力-折算时间关系表示，故基于时温等效原理，引入折算时间 ξ，$\xi = t/a_T$，将原模型中积分实际时间更换为折算时间，使模型考虑温度效应，则新失效准则为

$$D(t) = \frac{1}{\lambda} \int_0^\xi \left[\sigma(\xi) \right]^\beta \mathrm{d}\xi \qquad (6-32)$$

(2)模型参数获取

1)参数率相关性。孟红磊在研究改性双基推进剂在不同拉伸速度下的屈服和破坏情况时，提出修正型累积损伤模型为

$$D(t) = \int_0^t a(\dot{\varepsilon}) \left[\frac{\sigma(t)}{\sigma_{\mathrm{ref}}} \right]^\beta \mathrm{d}t \qquad (6-33)$$

认为损伤模型参数 a 与应变速度呈幂率关系。

基于这种思想，假设失效准则中累积损伤系数 λ 与应变速度的关系也呈幂率关系，即 $\lambda = a \times \dot{\varepsilon}^b$，此处 a 不同于式(6-33)，则失效准则变换为

$$D(t) = \frac{1}{a \times \dot{\varepsilon}^b} \int_0^\xi \left[\sigma(\xi) \right]^\beta \mathrm{d}\xi \qquad (6-34)$$

由此可知，在同一温度下，失效准则模型[见式(6-34)]有 3 个未知数 β, a, b。故选用温度 293.15K 下 3 组实验数据(0.5mm/min，2mm/min，100mm/min)代入式(6-34)求取模型参数。由于从实验得到的 3 组实验数据是应力-时间曲线，通过折算时间与实际物理时间的关系，即 $\xi = t/a_T$（a_T由 6.3 节求出），可以得到应力-折算时间曲线，但是仍不便代入式(6-34)中

进行数值计算。为了方便计算,在这里引入一种常用的应力-折算时间函数:

$$\sigma(\xi) = \frac{M_0 \xi}{1 + (\frac{M_0}{\sigma_f} - 2)\frac{\xi}{\xi_f} + (\frac{\xi}{\xi_f})^2} \qquad (6-35)$$

式中:M_0 为应力时间曲线的初始斜率;ξ_f 为材料折算失效时间;σ_f 为临界失效应力。

将温度为 293.15K 下拉伸速度为 0.5mm/min,2mm/min,100mm/min 的应力随折算时间变化值用式(6 − 35)拟合,拟合结果如图 6 − 30 所示,分布点表示实验获得的应力随折算时间变化过程,实线表示实验数据根据式(6 − 35)的形式拟合得到的函数曲线。由图 6 − 30 可见,拟合情况较好,该方程能较好地表示 HTPB 推进剂在等速拉伸情况下的应力折算时间变化过程。其中各拉伸速度下函数方程[见式(6 − 35)]的参数 M_0 值、ξ_f 值、σ_f 值见表 6 − 5。

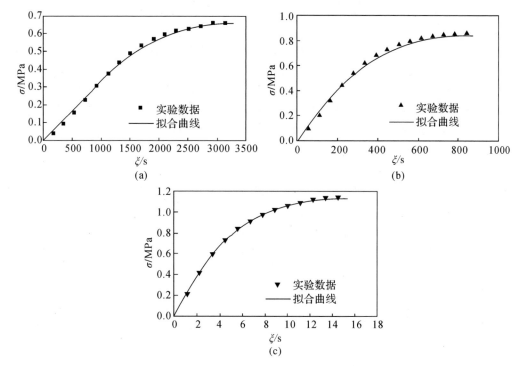

图 6 − 30 利用函数方程式(6 − 35)拟合的拉伸实验结果

(a)0.5mm/min;(b)2mm/min;(c)100mm/min

表 6 − 5 不同拉伸速度下函数方程[见式(6 − 35)]的参数值

$v/(mm \cdot min^{-1})$	$M_0/(MPa \cdot s^{-1})$	ξ_f/s	σ_f/MPa
0.5	0.000 328	3282	0.66
2	0.002 28	868	0.85
100	0.224 7	15.4	1.13

注:v 为拉伸速度,mm/min;M_0 为应力-减少时间曲线的初始斜率,$MPa \cdot s^{-1}$;ξ_f 为减少时间,s;σ_f 为失效应力,MPa。

将表 6 − 5 中各项参数代入式(6 − 35)中,可以得到各拉伸速度下应力随折算时间曲线变化曲线的数值方程,将数值方程代入式(6 − 34)中,以失效准则模型数值为 1,运用 Matlab 数值积分和插值运算方法,反算得到参数 $\beta=1.82$,从而得到不同拉伸速度下的 λ 值,将 λ 的值拟合成关于应变速度的幂率函数,拟合曲线如图 6 - 31 所示,其中 $a=0.696\ 82,b=-0.824$,即 $\lambda=0.696\ 82\times\varepsilon^{-0.824}$。

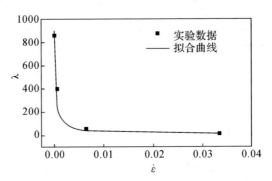

图 6 - 31　在 293.15K 不同应变速度下的 λ 值

2)参数温度相关性。假设 β 的值不随温度的变化而变化,认为 λ 同时也是温度的函数,其他温度下 λ 的获取方法与 293.15K 下相同,再通过同样的拟合方法,以幂率形式表示 λ(将温度 323.15K 下实验数据用作失效准则验证,在此不拟合),可以得到不同温度下的 a 值、b 值,见表 6 - 6。利用 Origin 将表 6 - 6 中不同温度下 a,b 值分别用含温度的函数关系式拟合表示:

$$\lg a=1.794\ 94-215.287\exp(-T/61.693\ 78)$$
$$b=-0.763\ 3-5.124\ 79\times10^{-5}\exp(T/40.38)$$

表 6 - 6　不同温度下的 a 值、b 值

T/K	a	b
233.15	0.000 774 272	−0.771 45
253.15	0.012 156 3	−0.798 71
273.15	0.217 49	−0.808 18
293.15	5.027 28	−0.920 94
343.15	8.804 15	−1.016

当考虑到应变速度和温度对 HTPB 推进剂失效的影响时,失效准则的表达式为

$$D(\zeta)=\frac{\int_0^\xi [\sigma(\xi)]^{1.82}\mathrm{d}\xi}{10^{1.794\ 94-215.287\exp(-T/61.693\ 78)}\times\varepsilon^{-0.763\ 3-5.124\ 79\times10^{-5}\exp(T/40.38)}} \qquad (6-36)$$

(3)失效准则验证

根据已经确定的失效准则模型,即式(6 - 36),结合 323.15K 温度下的 2mm/min,100mm/min 拉伸实验数据,可以得到相应拉伸速度下 HTPB 推进剂材料损伤演化曲线,如图 6 - 32 所示。可以看出,损伤在载荷作用初期,损伤演化很慢,一段时间的损伤模型数值都接近于 0,分析其原因为是 HTPB 推进剂处于弹性阶段,损伤较小,在损伤演化曲线中基本不显

示;随后伴随着加载时间的增长,应力不断增大,应变在 10% 左右时,损伤开始明显出现,这与相关文献对 HTPB 推进剂的细观损伤研究,HTPB 推进剂的损伤发生在其应变 10% 左右的结果基本吻合;随着加载时间延续,损伤累积增加,直至材料发生失效,此时失效准则模型数值为 1。

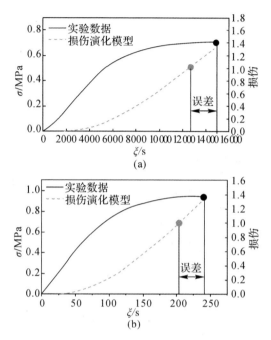

图 6 - 32　HTPB 推进剂在 323.15 K 下不同拉伸速度的损伤演化曲线

(a)2mm/min;(b)100mm/min

在 323.15K 下:以 2mm/min 的拉伸速度得到的推进剂实验失效折算时间为 $\xi_{f1} = 14\,937.7s$,当损伤模型 $D(\xi) = 1$ 时,得到的失效时间为 $-\xi_{f1} = 12\,573.3s$;以 100mm/min 的拉伸速度得到的实验折算失效时间为 $\xi_{f2} = 240s$,当损伤模型 $D(\xi) = 1$ 时,得到的失效时间为 $-\xi_{f2} = 203.19s$。选用由失效准则预测的材料失效时间 $\bar{\xi}_f$ 与实际实验材料失效时间 ξ_f 的差值的绝对值与实际实验材料失效时间 ξ_f 的比作为验证所建立的失效准则准确性指标。

拉伸速度为 2mm/min 时:

$$\frac{|\bar{\xi}_{f1} - \xi_{f1}|}{\xi_{f1}} = \frac{|12\,573.3 - 14\,937.7|}{14\,937.7} = 15.8\%$$

拉伸速度为 100mm/min 时:

$$\frac{|\bar{\xi}_{f2} - \xi_{f2}|}{\xi_{f2}} = \frac{|203.19 - 240|}{240} = 15.3\%$$

通过上述相对误差计算方法,由失效准则预测的 HTPB 推进剂失效时间的相对误差见表 6 - 7。可以看出,由失效准则得到的失效时间相对误差小于 20%(除 293.15K 下 500mm/min 和 20℃ 下 0.5mm/min,分析这两组实验误差较大的原因可能是由于两次拟合造成的)。这表明,该基于累积损伤模型的失效准则可以很好地预测 HTPB 推进剂在不同应变速度及温度下的损伤失效过程和失效时间,具备描述 HTPB 推进剂损伤演化的能力,可作为普遍适用的失效准则用于推进剂的失效预测。

表 6 - 7　失效准则预测的失效时间相对误差

T/K	相对误差/(%)				T/K	相对误差/(%)			
	2mm·min⁻¹	20mm·min⁻¹	100mm·min⁻¹	500mm·min⁻¹		0.5mm·min⁻¹	2mm·min⁻¹	20mm·min⁻¹	100mm·min⁻¹
233.15	1.89	8.10	16.1	3.97	293.15	>20	1.69	2.42	13.1
253.15	8.75	14.1	13.0	18.1	323.15	7.50	15.8	10.1	15.3
273.15	14.3	17.5	14.2	>20	343.15	4.51	9.85	12.7	10.8

6.5.3　推进剂界面失效机理

由于体积分数的变化并不会改变复合固体推进剂的主要损伤现象,因此,我们以 20% 体积分数的复合推进剂为例分析其界面失效机理。图 6 - 33 给出了代表性体积单元中间截面的应力云图及不同应变条件下界面单元刚度退化过程,其中界面单元删除的尺寸代表了形成的孔隙尺寸。从图中可以看出,当复合推进剂受到拉伸载荷作用时,由于颗粒与基体的性能不同,颗粒与基体将出现不同的变形,在两者之间的界面上也会出现应力集中,如图 6 - 33(a)所示。当应力集中的程度达到颗粒与基体之间的界面强度时,界面将会出现脱黏。界面脱黏首先发生在与加载轴方向平行而且离载荷位置较近的颗粒一端[见图 6 - 33(b)]。随后,颗粒与基体之间的界面脱黏将进一步扩展。随着变形的增加,新的界面脱黏将会出现在颗粒的另一端[见图 6 - 33(c)]。随着拉伸变形的持续增加,在颗粒两侧的界面脱黏尺寸(即形成的空隙)会逐渐增大。在图 6 - 33(d)中,脱黏损伤出现在水平方向,而在垂直方向上主要是基体对于颗粒的压缩作用。同时,在损伤的区域,颗粒和基体的部分元素已经失去了承载能力,或已经出现了卸载的情况,这一部分可以看作是失效区域。随着脱黏过程的继续,受压区域的尺寸会逐渐减小,而界面的失效单元则显著增加。进一步可以预测,基体的损伤或断裂将会出现在失效区域和受压区域的重叠位置。实验研究表明,随着载荷的增加,小孔隙可能会逐渐成核,并且相邻颗粒之间孔隙的干扰或者基体内部孔隙的局部塑性变形将会导致基体损伤或者断裂,而基体断裂主要沿着与拉伸载荷大约成 45° 的方向。同时,在模拟过程中,整个颗粒不可能出现完全的界面脱黏,这个结论通过其他学者的实验研究也被证明。事实上,颗粒和基体的应力会由于界面脱黏而出现应力重分布的情况,并且部分单元也会出现应力松弛。界面脱黏达到一定的程度后,模型的整体应力会随着应变的增加而减小。

此外,颗粒周围基体的塑性变形也会进一步促进孔隙的形成,且界面损伤的程度通常与颗粒的特征(如尺寸、形状、成分和体积分数)和复合材料的制备工艺有关。图 6 - 34 所示为代表性体积单元与载荷方向相同侧面的应力云图和界面单元的刚度退化。由图中可以看出,代表性体积单元边角上的颗粒与基体之间的界面也出现了脱黏。这些损伤对代表性单元整体应力-应变曲线的下降部分有一定的影响。通过这样的方式,代表性体积单元可以获得粒子间的相互作用。

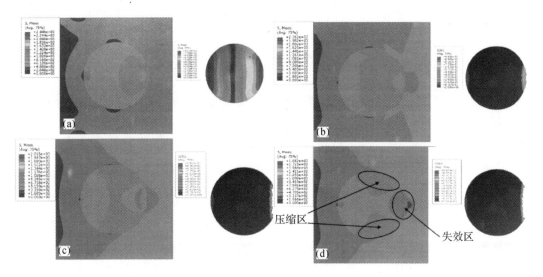

图 6-33　20％颗粒体积含量复合推进剂的应力云图和不同应变作用下界面单元的刚度退化

(a)1.5％；(b)2.5％；(c)3.0％；(d)3.5％

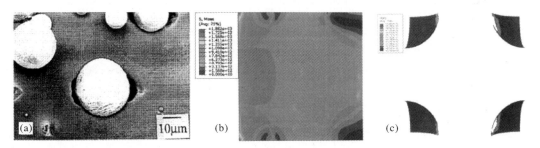

图 6-34　复合推进剂界面脱黏的实验表征和代表体积单元模拟结果

(a)固体推进剂界面脱黏的实验表征；(b)代表性体积单元侧面的应力云图；(c)界面单元的刚度退化

参 考 文 献

[1]　庞维强，李高春，许近升，等. 固体推进剂损伤多尺度模拟[M]. 北京：科学出版社，2021.

[2]　王玉峰，李高春. 应变速度和加载方式对 HTPB 推进剂力学性能及耗散特性的影响[J]. 含能材料，2010，18(4)：377-382.

[3]　王亚平，王北海. 丁羟推进剂拉伸的电子显微镜观测[J]. 固体火箭技术，1998，21(2)：69-74.

[4]　TUSSIWAND G S，SAOUMA V E，TERZENBACH R，et al. Fracture mechanics of composite solid rocket propellant grains：Materials testing [J]. Journal of Propulsion and Power，2009，25(1)：60-73.

[5] 常新龙，余堰峰，张有宏. HTPB 推进剂老化断裂性能实验[J]. 推进技术，2011，32(4)：564-568.

[6] 王哲君，强洪夫，王广，等. 低温高应变速度条件下 HTPB 推进剂拉伸力学性能研究[J]. 推进技术，2015，36(9)：1426-1432.

[7] 刘龑龙，陈鹏万，冉春，等. 温度对高聚物黏结炸药模拟材料拉伸性能的影响[J]. 兵工学报，2016，37(2)：36-41.

[8] 赖建伟，常新龙，龙兵，等. HTPB 推进剂的低温力学性能[J]. 火炸药学报，2012，35(3)：80-83.

[9] 刘群，姜毅，郝继光. 某型导弹发动机推进剂恶劣工况下温度模拟研究[J]. 兵工学报，2008，28(12)：1463-1467.

[10] 刘晓军，谢五喜，蔚红建，等. 浇铸改性双基推进剂极限力学性能研究[J]. 战术导弹技术，2013(3)：55-58.

[11] PALMER S J, FIELD J E, HUNTLEY J M. Deformation, strengths and strains to failure of polymer bonded explosives [J]. Proc. R. Soc. Lond. A, 1993, 440: 399-419.

[12] 陈鹏万，黄风雷. 含能材料损伤理论及应用[M]. 北京：北京理工大学出版社，2006.

[13] 董海山，周芬芬. 高能炸药及其相关物性[M]. 北京：科学出版社，1989.

[14] ESSIG W. Prediction the density distribution in pressed charges using finite element method[J]. Propellants, Explosives, Pyrotechnics, 1991(16): 73-80.

[15] ROTHON R. Particulate - filled polymer composites [M]. England: Longman Scientific & Technical, 1995.

[16] 罗景润. PBX 的损伤断裂及本构关系研究[D]. 绵阳：中国工程物理研究院，2001.

[17] 龙兵，，常新龙，陈刚，等. HTPB 推进剂裂纹起裂 J 积分研究[J]. 固体火箭技术，2015(3)：367-371.

[18] 闫淑卿，翁永刚，王杰芳，等. 活塞合金 ZL108 平面应变断裂韧度的研究[J]. 汽车工艺与材料，2004(7)：33-36.

[19] 华文，董世明，徐积刚. 复合型加载条件下锈岩断裂韧度实验研究[J]. 岩土力学，2016，37(3)：753-758.

[20] 曹宝文，田长亮. 平面应变断裂韧度 K_{IC} 实验力估算方法[J]. 机车车辆工艺，2017(3)：4-6.

[21] 但晨，蔡力勋，包陈，等. 平面应变断裂韧度评定中临界载荷研究[J]. 中国测试，2014，40(1)：21-24.

[22] 王伟. Ⅰ-Ⅱ复合型裂纹 J 积分计算[J]. 石油化工设备，2011，40(2)：53-55.

[23] 张奕，徐学利，张勇，等. 焊接接头性能不均匀性对焊缝裂纹尖端 J 积分的影响[J]. 焊管，2011，34(9)：5-8.

[24] 李敬明，郑雪，李伟，等. NEPE 推进剂拉伸破坏过程实验研究[J]. 含能材料，2009，17(2)：241-244.

[25] 黄风雷，王泽平，丁敬. 复合固体推进剂动态断裂研究[J]. 兵工学报，1995，2(2)：47-50.

[26]　陈向东,常新龙,赖建伟.不同状态 HTPB 推进剂动态冲击损伤研究[J].推进技术,
　　　2020,41(7):1649-1659.

[27]　李彦荣,祝世杰,刘学,等.高氯酸按热分解机理研究进展[J].化学推进剂与高分子
　　　材料,2015,13(1):32-37.

[28]　郑高飞,亢一澜,富东慧,等.湿度与时间因素对高分子材料力学性能影响[J].中国
　　　科学,2004,34(11):23-28.

[29]　伍鹏,李高春,王鑫.HTPB 推进剂三点弯曲过程实验与数值模拟[J].含能材料,
　　　2020,28(6):514-521.

[30]　WANG H. Accurate stress analysis on rigid central buckle of long-span suspension
　　　bridges based on submodel method [J]. Science in China Series E:Technological
　　　Science,2009,52(4):1019-1024.

[31]　马昌兵,强洪夫,武文明,等.丁羟推进剂微观结构的统计特性分析[J].火炸药学
　　　报,2011,34(3):52-57.

[32]　MORI T,TANAKA K. Average stress in matrix and average elastic energy of
　　　materials with misfitting inclusions [J]. Act Metallurgica,1973,21(5):571-574.

[33]　王广,赵奇国,武文明.复合固体推进剂/衬层黏结界面细观结构数值建模及脱黏过程
　　　[J].科学技术与工程,2012,12(30):7092-7097.

[34]　李高春,邢耀国,戢治宏,等.复合固体推进剂细观界面脱黏有限元分析 [J].复合材
　　　料学报,2011,28(3):229-235.

[35]　郦正能,张纪奎.工程断裂力学[M].北京:北京航空航天大学出版社,2011.

[36]　纪纲.固体火箭发动机推进剂材料 HTPB 断裂力学性能测量[J].价值工程,2018,37
　　　(24):155-157.

[37]　张建彬,鞠玉涛,周长省.双基固体推进剂的特性研究[J].固体火箭技术,2013,36
　　　(1):94-97.

[38]　刘梅,高波,董新刚,等.固体发动机药柱完整性失效的判据[J].固体火箭技术,
　　　2018,41(4):423-427.

[39]　刘中兵,利凤祥,李越森,等.高过载条件下固体推进剂药柱结构完整性分析计算
　　　[J].固体火箭技术,2003,26(2):12-16.

[40]　魏卫,王宁飞.轴向高过载下固体推进剂结构完整性数值模拟[J].火炸药学报,
　　　2004,27(1):53-55.

[41]　隋欣,魏志军.炮射导弹发射过程发动机装药强度分析[J].弹道学报,2009,21(2):
　　　19-22.

[42]　孙俊丽,龙达峰,王志军,等.泊松比对低温点火下装药结构完整性分析[J].弹箭与
　　　制导学报,2019,39(3):72-76.

[43]　蒙上阳,唐国金,雷勇军.材料性能对固体发动机结构完整性的影响[J].国防科技大
　　　学学报,2002,24(5):26-31.

[44]　刘甫,唐国金,周建平.药柱结构完整性分析模型参数的确定[J].上海航天,2002
　　　(1):32-35.

[45]　张海联,周建平.固体推进剂药柱泊松比随机黏弹性有限元分析[J].推进技术,

2001，22(3)：245－249.

[46] 张海联，周建平. 固体推进剂药柱松弛模量随机黏弹性有限元分析[J]. 推进技术，2001，22(4)：332－336.

[47] 刘明谦，雷勇军，唐国金，等. 不同几何构型对固体发动机结构完整性的影响[J]. 实验技术与实验机，2007(2)：1－3.

[48] 刘华，李旭昌. 轴向过载下固体推进剂装药内外径比和长径比对结构完整性影响的规律研究[J]. 弹箭与制导学报，2010，30(2)：171－173.

[49] 雷勇军，袁端才，何煌. 固体发动机星形药柱的形状优化分析[J]. 国防科技大学学报，2008，30(4)：6－10.

[50] 孟红磊. 改性双基推进剂装药结构完整性数值仿真方法研究[D]. 南京：南京理工大学，2011.

[51] 顾志旭，郑坚，彭威，等. 固体发动机中应力释放罩的结构功能[J]. 弹箭与制导学报，2014，34(4)：129－133.

[52] MARIMUTHU R，RAO B. Development of efficient finite elements for structural integrity analysis of solid rocket motor propellant grains [J]. International Journal of Pressure Vessels and piping，2013，111：131－145.

[53] 潘奠华，胡明勇，李兵尚. 固体推进剂药柱热-机耦合分析及应用[J]. 烟台大学学报(自然科学与工程版)，2005，18(3)：216－221.

[54] 丁永强，兰飞强. 温度载荷下材料参数对药柱结构完整性的影响[J]. 航空兵器，2007(5)：49－51.

[55] 许进升，郑健，鞠玉涛. 温度冲击速度对变截面药柱结构完整性的影响[J]. 江苏航空，2010(增刊)：127－130.

[56] 高凤莲. 某型固体火箭发动机药柱结构完整性研究[D]. 长沙：国防科技大学，2012.

[57] 邓康清，张路，庞爱民，等. 自由装填式固体火箭发动机药柱低温点火结构完整性分析[J]. 固体火箭技术，2018，41(4)：428－434.

[58] 钟涛，张为华，王中伟. 大长径比固体火箭发动机点火瞬态过程数值分析[J]. 国防科技大学学报，2004，26(6)：5－8.

[59] SIVIOUS C R，WALLEY S M，PROUD W G，et al. The high strain rate compressive behavior of polycarbonate and polyvinylidene difluoride [J]. Polymer，2015，46(26)：12546－12555.

[60] 王晨飞. 大长径比复杂装药结构完整性分析[D]. 南京：南京理工大学，2018.

[61] ZHANG C，SAVAIDIS A，SAVAIDIS G，et al. Transient Dynamic Analysis of a Cracked Functionally Graded Material by a Biem [J]. Computational Materials Science，2003，26：167－174.

[62] 周红梅，李季颖，袁嵩，等. 固化降温过程中固体火箭发动机药柱温度场应力场分析[J]. 导弹与航天运载技术，2015(1)：104－106.

[63] 张高章，司马凯. 复合固体推进剂力学性能的建模预测研究[J]. 化工新型材料，2018，46(12)：160－164.

[64] NIKAM T，PARDESHI M，PATIL A，et al. Structural integrity analysis of

propellant in solid rocket motor[J]. International Conference on Ideas, Impact and Innovation in Mechanical Engineering, 2017, 5(6): 896 - 902.

[65] 彭瑾, 戢治洪, 徐兴柱, 等. 固体火箭发动机药柱的有限元网格划分研究[J]. 海军航空工程学院学报, 2009, 24(3): 248 - 250.

[66] 宋玉普. 多种混凝土材料的本构关系和破坏准则[M]. 北京: 中国水利水电出版社, 2002.

[67] 陈磊. 复合材料结构宏、细观强度破坏分析[D]. 南京: 南京航空航天大学, 2006.

[68] MINER M A. Cumulative damage in fatigue[J]. J Applied Mechanics Trans Asme, 1945, 67: 159 - 164.

[69] LAHERU K L. Development of a generalized failure criterion for viscoelastic materials[J]. Journal of Propulsion & Power, 1992, 8(4): 756 - 759.

[70] DESMORAT R. Damage and fatigue: Continuum damage mechanics modeling for fatigue of materials and structures[J]. Revue Européenne de Génie Civil, 2006, 10(6/7): 849 - 877.

[71] DUNCAN E J S, MARGETSON J. A nonlinear viscoelastic theory for solid rocket propellants based on a cumulative damage approach[J]. Propellants, Explosives, Pyrotechnics, 1998, 23(2): 94 - 104.

[72] SULLIVAN R W. Development of a viscoelastic continuum damage model for cyclic loading[J]. Mechanics of Time Dependent Materials, 2008, 12(4): 329 - 342.

[73] KACHANOV L M. Introduction to continuum damage mechanics[M]. Dordrecht: Martinus Nijhoff, 1986.

[74] 孟红磊, 赵秀超, 鞠玉涛, 等. 基于累积损伤的双基推进剂强度准则及实验[J]. 推进技术, 2011, 32(1): 109 - 112.

[75] 史佩, 曲凯, 张旭东. 基于连续损伤模型的复合固体推进剂力学性能研究[J]. 海军航空工程学院学报, 2010, 25(6): 662 - 666.

[76] 梁蔚, 吕庆山, 陈雄, 等. 温度对 HTPB 推进剂疲劳特性的影响[J]. 含能材料, 2017, 25(3): 184 - 190.

[77] YILDINM H C, OZUPEK Š. Structural assessment of a solid propellant rocket motor: Effects of aging and damage[J]. Aerospace Science & Technology, 2011, 15(8): 635 - 641.

[78] CHYUAN S W. Dynamic analysis of solid propellant grains subjected to ignition pressurization loading[J]. Journal of Sound & Vibration, 2003, 268(3): 465 - 483.

[79] 杨挺青. 黏弹性力学[M]. 武汉: 华中理工大学出版社, 1990.

[80] 杨挺青. 黏弹性理论与应用[M]. 北京: 科学出版社, 2004.

[81] 许进升. 复合推进剂热黏弹性本构模型实验及数值模拟研究[D]. 南京: 南京理工大学, 2013.

[82] 孟红磊. 改性双基推进剂装药结构完整性数值模拟方法研究[D]. 南京: 南京理工大学, 2011.

[83] SAENZ L P. Discussion of "equation for the stress - strain curve of concrete" by

Desayi and Krishnan[J]. Aci Journal，1964，61：1229 - 1235.

[84] 常武军，鞠玉涛，王蓬勃. HTPB 推进剂脱湿与力学性能的相关性研究[J]. 兵工学报，2012，33(3)：261 - 266.

[85] 职世君，曹付齐，申志彬，等. 复合固体推进剂颗粒脱湿损伤参数反演[J]. 推进技术，2016，37(10)：1977 - 1983.

[86] 李辉，许进升，周长省，等. HTPB 推进剂温度相关性失效准则[J]. 含能材料，2018，26(9)：732 - 738.

[87] BABOUT L，MAIRE E，FOUGERES R. Damage initiation in model metallic materials：X - ray tomography and modelling[J]. Acta Materialia，2004，52：2475 - 2487.

[88] BABOUT L，MAIRE E，BUFFI6RE J Y，et al. Characterization by X - ray computed tomography of decohesion porosity growth and coalescence in model metal matrix composites [J]. Acta Materialia，2001，49：2055 - 2063.

[89] CHAWLA N，ANDRES C，JONES J W，et al. Effect of SiC volume fraction and particle size on the fatigue resistance of a 2080 Al/SiC$_n$ composite[J]. Metallurgical and Materials Transactions A，1998，29：2843 - 2854.